污水处理与资源化利用

黑　亮　等编著

黄河水利出版社

·郑　州·

内 容 提 要

本书系统地介绍了污水处理及资源化利用前景，是编写组多年来从事污水治理研究的一些经验和成果。全书共分为8章，主要内容包括污水处理及利用概况、我国污水相关法律法规和标准规范的解读、污水处理的相关技术介绍及案例分析、污水资源化利用途径及其工程案例、污水有效利用的前景与风险分析等。

本书集系统性、理论性、知识性和实用性于一体，重在理论与实践应用结合，可供广大的环保、水利、城建和农业等专业的生产、科研、教学和管理人员学习、借鉴和参考。

图书在版编目(CIP)数据

污水处理与资源化利用/黑亮等编著. —郑州：黄河水利出版社，2021.1

ISBN 978-7-5509-2921-0

Ⅰ. ①污… Ⅱ. ①黑… Ⅲ. ①污水处理-研究②污泥利用-研究 Ⅳ. ①X703

中国版本图书馆 CIP 数据核字(2021)第026041号

出 版 社：黄河水利出版社　　网址：www.yrcp.com

地址：河南省郑州市顺河路黄委会综合楼14层　　邮政编码：450003

发行单位：黄河水利出版社

发行部电话：0371-66026940、66020550、66028024、66022620(传真)

E-mail：hhslcbs@126.com

承印单位：河南新华印刷集团有限公司

开本：787 mm×1 092 mm　1/16

印张：14

字数：323千字

版次：2021年1月第1版　　印次：2021年1月第1次印刷

定价：70.00元

《污水处理与资源化利用》
编 著 人 员

主　　编:黑　亮

编写人员:雷列辉　唐红亮　陈　思

前　言

我国虽然水资源总量丰富,但由于人口众多,人均水资源占有量仅为 2 200 m^3,而世界人口水资源平均占有量约为 9 000 m^3,我国人均水资源量仅为世界人均水资源量的24%,位于世界第 125 位,被列为世界上最缺水的 13 个国家之一。据有关部门统计,我国目前缺水 400 亿 m^3,约有 2/3 的城市缺水,农村居民约有近 3 亿人饮水问题得不到安全保障,这是一个非常庞大的数字,应当引起相关部门的高度重视。随着我国近年来对工业化投入及国家城镇化的发展,工业用水量、城市用水量急剧增加,水资源供需矛盾越来越明显,因而造成工业生产停滞、城市供水限时等困难出现,严重影响我国经济形势及城市化进程的整体发展。

近年来,随着社会经济快速发展,带来的是水资源严重污染问题。我国工业、农业的不断发展,污水的排放量逐渐增加,我国每年所排放的污水量为 600 亿 t,并且很多污水都是未经处理直接排放到江河湖泊中,对于河流湖泊的污染越来越严重,我国有 8%的河段污染严重,全国 700 多条河流中,有近 50 个河段水域污染严重,其中工业废水中的有机物和重金属含量占总污染量的一半。农村地区的河流也没有幸免,农业大量使用化肥、农药,导致河流中的硝酸盐严重超过饮用水的标准。

污水排放是人们生活和社会发展不可避免的问题,但由于人口剧增和城市化的快速发展,污水排放量不断增加,大量污水的排入,使我国水资源面临严重的污染问题,因此污水资源化利用必不可少。污水资源化能够将污水经过技术处理使其达到一定标准水质并应用于一定用途,不仅在一定程度上解决了污水排放问题,更在客观上减少了水资源在开发阶段的输入,同时提高了水资源的利用率,是一种缓解水资源压力的有效措施,因此实现污水资源化在社会的全面推广不仅是人类用水方式的发展趋势,也是社会发展的必然选择。

本书重点围绕污水处理及资源化利用等问题,主要围绕污水处理概况、我国污水相关法律法规和标准规范的解读、污水处理的相关技术介绍、污水处理技术案例分析、污水资源化利用途径介绍、污水资源化利用的工程案例、污水有效利用的前景与风险分析等几个方面展开编写。本书共有 8 章,由黑亮主编,编写成员有雷列辉、唐红亮、陈思,具体分工为:第 1 章、第 8 章由陈思完成,第 2 章由雷列辉完成,第 3 章、第 6 章、第 7 章由黑亮完成,第 4 章、第 5 章由唐红亮完成。全书由黑亮统稿、定稿。

珠江水利科学研究院依托广东省水利科技创新项目(201707)、国家自然科学基金项目(41071147)、水利部“948”项目(201106)等相关的项目研究成果,参考近年来国内外相关资料文献,结合典型研究案例,编著完成了本书。在本书编写过程中,蔡名旋、黄徐、朱小平、黄梓涛等参与了文献收集、资料整编等工作,感谢他们的辛勤付出。在本书出版过程中,十分感谢珠江水利科学研究院陈文龙院长、李亮新书记、徐峰俊总工、余顺超副总工。在此,本书编著成员同时向所有支持和帮助我们的领导、同事以及所有参考文献资料的作者表示最由衷的感谢!

由于污水处理及资源化问题的复杂性,加之时间仓促和受水平所限,书中难免有不妥之处,敬请广大读者批评指正。相关建议可联系电子邮件 hidige@ sina. com 编者收。

作　者

2020 年 10 月

目　录

第 1 章　绪　论

本章主要介绍我国水资源的基本概况，重点介绍我国水资源现状所面临的问题，包括水资源的时空分布不均、水资源供需矛盾加剧、各类用水需求不尽合理、水资源开发利用不合理等问题，并对我国水资源污染现状展开分析，我国受到来自工业、农业、生活污水、城市地表径流等污染源的影响，水质状况不容乐观，给河流、湖泊、水库等地表水和地下水都带来了不同程度的污染，严重阻碍了经济发展。

1.1　我国水资源概况

据《2019 年中国水资源公报》显示，2019 年全国降水量和水资源总量比多年平均值偏多，大中型水库和湖泊蓄水总体稳定，全国用水总量比 2018 年略有增加，用水效率进一步提升，用水结构不断优化。全国平均年降水量 2019 年为 651.3 mm，从水资源分区看，10 个水资源一级区降水情况：松花江区 603.4 mm，辽河区 557.9 mm，海河区 449.2 mm，黄河区 496.9 mm，淮河区 610.0 mm，长江区 1 059.8 mm，东南诸河区 1 844.9 mm，珠江区 1 627.5 mm，西南诸河区 1 013.6 mm，西北诸河区 183.2 mm；全国水资源总量 29 041.0 亿 m^3，比多年平均值偏多 4.8%，其中，地表水资源量 27 993.3 亿 m^3，地下水资源量 8 191.5 亿 m^3，地下水与地表水资源不重复量为 1 047.7 亿 m^3。全国水资源总量占降水总量的 47.1%，平均单位面积产水量为 30.7 万 m^3/km^2。与多年平均值比较，全国各年代水资源总量变化不大，1990~1999 年偏多 3.9%，2000~2009 年偏少 3.9%，2010~2019 年偏多 2.7%。

虽然我国水资源总量较为丰富，约有 2.8 万亿 m^3，居世界第 6 位，占全球水资源的 6%，但是水资源现状仍较为严峻，矛盾突出，在我国经济技术高速发展及水资源大力开发利用的背景下，我国的水资源保护压力也不断增加。

1.1.1　水资源供需矛盾加剧，各种用水需求不合理

我国虽然水资源总量丰富，但是由于人口众多，人均水资源占有量仅为 2 200 m^3，而世界人均水资源平均占有量约为 9 000 m^3，我国人均水资源量仅为世界人均水资源量的 24%，位于世界第 125 位，被列为世界上最缺水的 13 个国家之一。据有关部门统计，我国目前缺水 400 亿 m^3，约有 2/3 的城市缺水，农村居民约有近 3 亿人饮水问题得不到安全保障，这是一个非常庞大的数字，应当引起相关部门的高度重视。随着我国近年来对工业化的投入及国家城镇化的发展，工业用水量、城市用水量急剧增加，水资源供需矛盾越来越明显，因而造成工业生产停滞、城市供水限时等困难出现，严重影响我国经济形势及城市化进程的整体发展。

我国北方的高纬度地区由于长时间的持续干旱，用水相当紧张，工业用水挤占农业用

水,农业用水挤占生态环境用水,生态环境用水濒临枯绝,不合理地配置工业、农业、生态环境用水之间的比例,必然会对生态系统和环境造成极大的破坏,导致植被覆盖率减少、自然绿洲萎缩、草场退化、土地沙漠化严重。目前,我国沙化面积扩展速度呈增加的趋势。我国有些缺水区,为了保证当地的生产、生活需要,对地下水开采过度,全国超采地下水约74 亿 m^3,形成了 160 多个地下水超采区,导致地下水位下降、低海水倒灌、地面下沉,地下水盐碱化严重。

1.1.2　水资源时空分布不均,开发利用不合理

我国地大物博、气候条件多样,但我国水资源与人口、土地、经济发展组合状况不理想,我国降水在空间上分布不均衡,降水量南方比较充沛,年均降水量普遍达到 1 000 mm 以上,而北方内陆地区降水量少,特别是西北地区,年均降水量不足 400 mm,这种降水分布的区域性差异导致水资源分布南北不均衡,北方资源性缺水严重。我国的长江流域及其以南地区国土面积占全国的 36.5%,但占据全国水资源的 81%,而淮河流域及其以北地区国土面积占全国的 63.5%,但水资源匮乏,水资源量仅占 19%,其中西北内陆地区资源性缺水更严重,这种南北水资源分布不均衡造成北方资源性缺水严重。

在时间上分布也不均匀,由于受季风的影响,我国降水多集中在汛期的 6~8 月内,汛期雨量太过集中,江河下游人口集中,往往引发洪涝灾害,给社会经济带来巨大的危害。20 世纪 90 年代以来,我国有 7 年发生洪涝灾害,年均洪涝灾害损失约 1 100 亿元,局部洪涝灾害每年发生,平均每年有 7 个台风登陆,在山区也导致山洪泥石流灾害严重。大洪之后又是大旱,汛期抗洪汛后抗旱,严重阻碍经济发展。

目前,有很多城市因为对水资源进行过度开发利用,局部流域内上游不顾下游,左岸不顾右岸,拦河修坝截流,在上游对水资源进行过度的开发利用,导致水资源在上、下游和左、右岸分配利用不合理,严重影响居民的生产生活,造成了巨大的经济损失。流域之间水资源利用分配也不合理,水资源丰富的流域,用水浪费现象十分严重,水资源利用率较低,而在水资源匮乏的流域却经常出现区域间歇性断流,水库干涸,甚至是无水可用,连最基本的生态环境和生活用水都无法保障。再比如我国的某些地区,当地对于地下水的过度开发,导致了水资源的分配利用十分不合理,对当地居民的生产生活产生巨大的干扰。同时,在农业发展方面,农业用水中存在严重的浪费现象,有研究表明我国农业灌溉用水中有效利用系数仅为 0.5,表明水资源在灌溉和输送过程中利用不合理,存在极大的浪费现象。不适当、不合理的农业灌溉和水利设施渗漏补给地下水造成的土壤次生盐碱化更是一大困难。农业大开发初期,人们对土壤次生盐碱化的机制认识不深,重视不够,盲目开荒灌溉,不仅占用大量生态水源,而且造成土壤严重次生盐碱化。此外,煤矿区还有更惊人的水资源浪费情况。采煤时需要把地下含水层中的水预先疏导出来,而采矿形成的导水裂缝也会使含水层自然疏干, 这样就浪费了本就缺乏的水资源。据统计,每年因地下采煤排出的地下水资源约 22 亿 m^3,水资源就这样被白白浪费掉了。

1.2　我国水资源污染状况分析

近年来,随着社会经济快速发展,带来的是水资源严重污染问题。我国工业、农业的不断发展,污水的排放量逐渐增加,我国每年所排放的污水量为600亿t,并且很多污水都是未经处理直接排放到江河湖泊中,对于江河湖泊的污染越来越严重,我国有8%的河段污染严重,全国700多条河流中,有近50个河段水域污染严重,其中工业废水中的有机物和重金属含量占总污染量的一半。农村地区的河流也没有幸免,农业大量使用化肥、农药,导致河流中的硝酸盐严重超过饮用水的标准。从水资源分区看,Ⅰ~Ⅲ类水河长占评价河长比例为:西北诸河区、西南诸河区在97%以上;长江区、东南诸河区、珠江区为79%~85%;黄河区、松花江区为66%~70%。大量河流、湖泊的水资源遭到污水的污染而不能够进行生活、生产用水的采集,造成了我国大面积的水质性缺水,减少了生活水资源总量,进一步加剧了水资源危机。此外,过度开发地下水资源,也对地下水造成污染。据水利部调查的118个城市中,有97%地下水资源污染严重,64%饮用水水源为地下水源的城市中受到严重污染。同时,人们对生态环境保护重视不够,不合理地开发利用水资源,导致天然湖泊、湿地面积减少,沙尘暴增多,气候劣变的现象越来越多。水资源生态已经遭受了严重破坏,且因为部分地区一味地坚持追求经济上的发展,大力垦荒造田,过度放牧,加速破坏了我国现有的植被。据统计,我国每年的土壤侵蚀量可达50亿t,且呈逐年递增的趋势,这种现象导致河床冲淤将发生非常大的变化,降低了下垫面对水分的涵养能力,破坏了水文循环过程,使水资源生态结构发生了严重失衡现象。

1.2.1　污染物来源分析

按照污染物来源分析,主要受以下因素的影响。

1.2.1.1　工业污染

随着现代化建设步伐的不断加快,工业对我国的经济发展起着举足轻重的作用,但是工业生产过程中产生大量的工业废水,同样给我国的生态环境带来巨大压力,工业废水具有处理难度大、毒性大、成分复杂等特点,是水环境污染的主要源头之一。由于缺少行之有效的法律规定,很多大型企业造成水污染,却没有受到相应的法律制裁。这就导致一些企业为了节省成本任意排放污水,出现“一个企业污染一方水土”的局面。尤其是在我国乡镇地区,存在着一定数量的乡镇企业,这些企业普遍存在着规模小、资金不足、设备陈旧和技术落后等问题,其中很多是污染严重的造纸、印染、电镀、化工、冶炼等企业,特别是近年来城市环境污染的治理力度加大,许多污染严重的企业向农村转移,加剧了小城镇和乡村周边水体的恶化。近些年来,虽然我国对工业废水加强加大了处理,但污水的排放量还在不断地增加,导致水环境也不断恶化。根据相关统计可知,2016年的工业废水排放量达到了186.4亿t,虽然近些年我国的工业废水排放量在逐年下降,但是废水基数依然十分庞大,而且危害巨大,大量未经过处理的工业废水直接排入江河湖泊,污染周边的生态环境,甚至渗入地下会污染地下水和地表水,渗入土壤将会造成土壤污染并在植物体内残留,最终危害人类的健康。

1.2.1.2 生活污水污染

随着城市的人口数量规模扩大,城市居民活动产生的废水排放量也越来越大,居民活动产生的废水包括厕所污水、浴室污水和厨房污水,这些污水中包含了致病微生物病毒、细菌,尿素、蛋白质及碳水化合物等,这样的污水不经过达标处理直接排放会造成水资源的污染,造成水体富营养化。根据相关统计,2014 年我国城市生活废水排放量达到了 510.3 亿 t,城镇生活氨氮排放量上升到 138.1 万 t,生活污水排放呈现出逐渐增长的趋势。与此同时,生活污水污染的情况在农村地区同样不可小觑。随着农民生活水平的提高,生活用水量逐年增加。而长期以来形成的农村陋习,环境保护意识落后,给农村水环境带来不小压力。生活污水随处排放,生活垃圾随处堆放并产生渗滤液,使得农村水环境日益恶化,在很大程度上已经严重地影响到广大农村居民的生活质量。据国家环境保护总局在《国家农村小康环境保护行动计划》中指出,全国农村每年产生生活污水约 80 亿 t。我国农村几乎没有污水处理设施,大部分生活污水直接排进入河流、湖泊,造成水体污染。

1.2.1.3 农业面源污染

现代农业的高速发展,带来了社会经济的空前繁荣。然而,伴随着农业生产的发展,人类的生态环境也遭到了前所未有的破坏,如水土流失加剧、农药化肥污染严重、规模化畜牧养殖导致农村环境恶化等。

据报道,我国约有 1/3 的农田存在明显的水土流失,水土流失面积由中华人民共和国成立初的 153 万 km^2,增加到目前的 367 万 km^2,占国土面积的 8.2%。水土流失造成江、河、湖泊、水库的淤积,导致湖泊水库水容量减少,功能降低,水质恶化,水体自净能力下降,从而加快湖泊水库的富营养化进程。

化肥农药的当季利用率普遍偏低,未被作物利用的化肥和大部分农药可能散发至大气或滞留于土壤中,在降水的作用下,最终都可以通过地表径流、淋溶渗透作用进入受纳水体,导致地表水水质恶化或污染地下水。我国是农业大国,化肥施用量已达 1 亿 t/年,其中 50%~70% 的化肥通过各种途径流失。按平均计算,农村化肥施用量为 208.5 kg/hm^2,超出世界平均水平 1 倍多。其利用率只有 30%~40%,其余进入环境,污染水体。我国每年有 80 万 t 以上的化学农药通过各种施药方式暴露于环境,其中 10%~20%的农药附在作物体上,80%~90%的农药散落在土壤、水体或漂浮在大气中污染环境。农村除存在对农药的不合理使用外,对残余农药的管理不当也给环境激素污染带来极大安全隐患,如将农药残渣、空瓶和农药废液随意放置、任意倾倒等不良行为,往往引起水体污染甚至污染饮用水源,导致人畜中毒。

随着农业产业结构的调整,养殖生产规模不断扩大,集约化程度不断提高,农村养殖业已成为农村环境和广大水体的严重污染源,成为养殖业发展的制约因素之一。农业养殖主要包括水产养殖和畜牧养殖,虽然水产养殖也导致了一定环境的污染,主要表现为饵料和肥料、农药的流失,但总的来说,水产养殖业对环境的压力远抵不上畜禽养殖业。集约化养猪场,每天商品猪排放的粪尿数量大,排放集中,对环境造成的影响也大。据估算,一个万头猪场每年约有 40.7 t 的 COD 和 30.3 t 的 BOD 流失到水体中,相当于具有一定规模的工业企业的污染物排放量。

1.2.1.4 城市径流污染

城市地表径流属面源污染,其污染程度仅次于农业面源污染,主要指城市路面径流。在城市规模增大过程中,建筑行业、汽车行业都处于繁荣发展的上升阶段,是城市中粉尘等污染物的主要来源;而城市繁荣的同时,城市绿化面积很难得到有效控制和提升,导致城市自身的降尘能力和涵养水土的能力下降,因此降水为城市带来了大量的地表径流,不断冲刷城市路面,将地面上的有毒污染物带入城市污水集中管道,不仅加大了污水集中处理的难度,还容易把部分污染物直接带入城市水体,造成水污染处理的效果下降。城市地表径流带来的有毒污染物种类多、数量大,包含固态废物碎屑、化学药品、空气颗粒物沉降和车辆排放物等。研究表明,中型城市水体中BOD与COD总含量40%~80%来自面源污染,在降水多的年份,90%~94%的BOD与COD总负荷来自城市下水道的溢流。城市地表径流中污染物SS、重金属及碳氢化合物的浓度与未经处理的城市污水基本相同。

1.2.2 污染水体

按照受污染水体类型划分,主要有如下水体受到污染。

1.2.2.1 河流水污染

根据《2019年中国生态环境状况公报》,长江、黄河、珠江、松花江、淮河、海河、辽河七大流域和浙闽片河流、西北诸河、西南诸河监测的1 610个水质断面中,Ⅰ~Ⅲ类水质断面占79.1%,比2018年上升4.8个百分点;劣Ⅴ类水质断面占3.0%,比2018年下降3.9个百分点。主要污染指标为化学需氧量、高锰酸盐指数和氨氮。

从总体角度来看,我国河流污染状况一般都是在城市段,然后从下游地区逐渐转向上游地区,其中,珠江流域和长江流域的水质比较好,而淮河流域和黄河流域的污染比较严重。

长江流域是中国经济的重心所在,也是重化工业分布密集的地区,沿江的化工产量占据全国总产量46%左右。多年来,重化工业带来长江流域经济发展的同时,带来了诸多环境问题,每年向长江流域排放大量的工业废水超过了环境可承载量。《2019年中国生态环境状况公报》显示,长江流域水质为优,其中Ⅰ~Ⅲ类、Ⅳ~Ⅴ类和劣Ⅴ类的水质断面比例分别是91.7%、7.7%和0.6%。其中,干流和主要支流水质均为优。长江流域虽总体水质较好,但存在着干流岸边污染及中小河流污染威胁用水安全、水体富营养化问题日益突出、重大调水工程及水利工程建设对流域生态的胁迫影响等问题。

《2019年中国生态环境状况公报》显示,黄河流域属于轻度污染程度,主要污染指标为氨氮、化学需氧量和总磷。其中Ⅰ~Ⅲ类、Ⅳ~Ⅴ类和劣Ⅴ类的水质断面比例分别是73.0%、18.2%、8.8%。其中,干流水质为优,主要支流为轻度污染。黄河作为中华民族的母亲河,是我国华北地区和西北地区主要的供给水源,同时承担着向流域外部分地区远距离调水的任务。随着社会经济的快速发展,加上西部大开发进程的加快,特别是乡镇工业的发展和人口城市化的加速,来自工矿企业和城镇居民生活的废污水急剧增加,再加上流域种植区农药、化肥等的过度施用,流域水质遭到严重污染。黄河以全国2%的水资源,承纳了全国约6%的废污水和7%的化学需氧量,受纳污染物总量超出自身水环境承载能力,由此带来了严重的河流污染问题。进入21世纪以来,随着主要干支流工农业废污水排放量的增加,黄河流域已多次发生水体严重污染事件。2003 年黄河兰州段油污染事件得到温家宝总理的亲自批示,2006 年黄河下游主要支流伊洛河突发水污染事件也引起各方关注。2011 年黄河流域承纳废污水排放量为 45.25 亿 t,占全国排放总量的 6%。随着黄河支流水质的不断下降,部分河道的水资源已经丧失了使用功能,且在枯水期黄河流域的水污染问题更为突出。

珠江流域河流众多,多年平均径流量为 3 366 亿 m^3,仅次于长江流域,居全国七大流域第二位,由西江、北江、东江、珠江三角洲水系组成。根据珠江流域主要河流 2006~2015 年水质监测资料显示,近 10 年内,珠江流域整体水质状况良好,且Ⅰ~Ⅲ类河长比例明显提升,水污染逐步得到控制。沿程比较珠江流域上、中、下游水质状况,可见珠江中游段水质较上游、下游好,Ⅰ~Ⅲ类河长比例明显较高。从时间维度上比较,珠江流域上游在近 10 年内水质好转趋势最明显,中、下游水质状况偶有波动,但也均呈好转趋势。《2019 年中国生态环境状况公报》显示,珠江流域水质良好,监测的 165 个水质断面中,Ⅰ~Ⅲ类、Ⅳ~Ⅴ类和劣Ⅴ类的水质断面比例分别是 86.1%、10.9%、3.0%。其中,海南岛内河流水质为优,干流和主要支流水质良好。

淮河是我国第一条开展全面系统治理的大河,中华人民共和国成立以来,对淮河的治理可分为 3 个阶段,分别是:第一阶段(1949~1978 年),旱涝灾害频发时期,主要遵循"蓄泄兼筹"思路,进行抗旱防洪等水利工程建设;第二阶段(1979~2005 年),水质严重恶化,以提升防洪标准和强力治理污染源为思路,进行旱涝灾害和水污染的共同治理;第三阶段(2006 年至今),淮河被列为水专项重点示范流域,在控源减排、减负修复、综合调控思路指导下,开展水污染的系统治理。近几年淮河流域的水资源呈现增加趋势,淮河流域水质也有了明显改善,目前,淮河流域属于轻度污染程度,主要污染指标为化学需氧量、高锰酸盐指数和氟化物。监测的 179 个水质断面中,Ⅰ~Ⅲ类、Ⅳ~Ⅴ类和劣Ⅴ类的水质断面比例分别为 63.7%、35.8%、0.6%。其中,干流水质为优,沂沭泗水系水质良好,主要支流和山东半岛独流入海河流为轻度污染。但随着经济发展水平和能源消耗的持续增加,该流域水环境污染现象也进入了高发期。目前,我国针对燃煤电厂、钢铁厂等行业开展了超低排放改造工程,淮河流域周边的大型企业也改造了生产工艺和污水处理设备,但目前仍然存在部分企业和小作坊采用落后设备和工艺,将未经处理的废水直接排放至河流,导致水体严重污染,进而会导致地下水的过度开采,加重了生态系统的失衡。其次,受制于农村的经济发展水平,农村地区的生活污水处理设施薄弱,居民缺乏对水环境保护的认识,国家和地方政府尚未建立健全废水资源化利用体系。

1.2.2.2 湖泊水污染

在我国,湖泊水的污染比较严重,尤其是富营养化的问题相当严重,总磷和总氮的污染指数比较高。相关调查表明,2019 年开展水质监测的 110 个重要湖泊(水库)中,Ⅰ~Ⅲ类湖泊(水库)占 69.1%,劣Ⅴ类占 7.3%。主要污染指标为总磷、化学需氧量和高锰酸盐指数。开展营养状态监测的 107 个重要湖泊(水库)中,贫营养状态湖泊(水库)占 9.3%,中营养状态占 62.6%,轻度富营养状态占 22.4%,中度富营养状态占 5.6%。

太湖轻度污染,主要污染指标为总磷,其中,东部沿岸区水质良好,北部沿岸区和湖心区为轻度污染,西部沿岸区为中度污染。全湖平均为轻度富营养状态,其中,北部沿岸区、东部沿岸区和湖心区为轻度富营养状态,西部沿岸区为中度富营养状态。巢湖轻度污染,主要污染指标为总磷,其中,东半湖为轻度污染,西半湖为中度污染。全湖平均为轻度富营养状态,其中,东半湖和西半湖均为轻度富营养状态。滇池轻度污染,主要污染指标为化学需氧量和总磷,其中,草海为轻度污染,外海为三峡库区,2019 年,三峡库区水质为优。汇入三峡库区的 38 条主要支流水质为优,监测的 77 个水质断面中,Ⅰ~Ⅲ类水质断面为中度污染。全湖平均为轻度富营养状态,其中,草海和外海均为轻度富营养状态。

1.2.2.3 地下水污染

随着人口的增加和社会的快速发展,我国对于水资源的需求量也在不断增加,尤其是近 30 年来,地下水的开采量也保持一定的增长,我国地下水的开采量以每年 26 亿 m^3 的速度迅猛增加,目前近 400 个大中小城市的供水来自地下水,将近 45%的农业耕地要使用地下水进行灌溉。地下水的供水量高达 20%。很多城市的城市用水必须依靠地下水才能满足居民正常的生活用水和生产用水。在农村地区,地下水是主要的饮用水源。地表水的不合理使用会加速地下水的污染问题,对人体的身体健康造成非常严重的危害。《2019 年中国生态环境状况公报》显示,2019 年全国 10 168 个国家级地下水水质监测点中,Ⅰ~Ⅲ类水质监测点占 14.4%,Ⅳ类占 66.9%,Ⅴ类占 18.8%。全国 2 830 处浅层地下水水质监测井中,Ⅰ~Ⅲ类水质监测井占 23.7%,Ⅳ类占 30.0%,Ⅴ类占 46.2%。超标指标为锰、总硬度、碘化物、溶解性总固体、铁、氟化物、氨氮、钠、硫酸盐和氯化物。有研究指出,现在我国的地下水污染的发展趋势是由浅至深、从点到面、从城市到农村,地下水的污染问题越来越严重。监测显示,北方地区的地下水污染情况非常严重。在北京,浅层地下水中监测出含有六六六、DDT 等有机农药的残留物质和多环芳烃、单环芳烃等有机物,这些有机物可以致畸、致癌、致突变。地下水的污染和超采互相作用,形成恶性的循环,对地下水的继续使用非常不利。地下水的污染会引起优质水源的减少,超采现象会更加严重,会造成地下水的降落漏斗的面积越来越大,导致地下水位持续下降。地下水位的降低改变原来的水动力状态,会导致污水向降落漏斗倒灌,造成深层地下水污染,对地下水的水质产生严重不利影响。

城市垃圾填埋场、农业施药不当、工业“三废”、油泄露都会造成地下水的污染。我国城市中垃圾的主要处理方式为卫生填埋,虽然该方法能够有效减少垃圾堆放面积,但是垃圾堆积后会导致渗滤液、甲烷等多种次生产物的出现,对于渗滤液的处理,当前国内技术仍无法做到规范处理,垃圾填埋周期较长,填埋厂也无法做到有效防渗,渗滤液中含有大量细菌、重金属等有害物质,经过土壤渗入地下,会对地下水造成难以估计的污染。数据表明,如今全国范围内已有 300 个大中小城市因为生活垃圾问题而出现饮用水使用困难的现象。同时,城市内设立大量加油站,部分加油站建设并不规范,很多地下油罐及管线没有及时进行维修,都会容易出现大量油泄露,由于油的密度原因而无法溶于水中,长期以来油内物质得不到挥发,积累起来会对地下水造成污染。伴随着经济发展,农业水平也在提升,为提高作物产量,通常会对其使用农药、化肥,如果过量施加,残留物质会随着土壤循环到地下水中。工业废水更是污染主要源头,其排放量大、污染物种类多,是治理措施实施的重点、难点。

1.3 本书研究内容

本书分为8章,对污水处理及资源化利用技术进行了论述。第1章为绪论,主要对介绍了我国水资源的基本概况,重点介绍了我国水资源现状所面临的问题,包括水资源的时空分布不均、水资源供需矛盾加剧、各类用水需求不尽合理、水资源开发利用不合理等问题,并对我国水资源污染现状展开分析,我国受到来自工业、农业、生活污水、城市地表径流等污染源的影响,水质状况不容乐观,给河流、湖泊、水库等地表水和地下水都带来了不同程度的污染,严重阻碍了经济发展。第2章为污水概况,概括了污水的类型、特性,主要为生活污水、工业废水和初期雨水三种污水及其不同的污水特性,并叙述了各类污水的处理现状、常用的污水处理技术和污水资源化利用现状,常用污水处理技术包括物理法、化学法、物理化学法和生物法四大类以及综合处理方法,其中生物法又可分为好氧生物处理及厌氧生物处理,详细介绍了每种方法的原理和优缺点等,并对污水处理过程中产生的主要问题和污水资源化利用存在的主要问题提出相应的解决建议。第3章归纳整理了我国污水相关的法律法规和标准规范,详细介绍了我国污水相关法律法规和标准规范的修订情况,并对相关内容进行解读,总结分析法律法规和标准规范在污水处理领域存在的问题,以期归纳现行污水处理法律法规和标准规范待完善问题,并对现行污水处理法治存在问题进行合理建议。第4章是水处理相关技术的介绍,主要包括污水处理的概述、生活污水治理模式的介绍、污水处理基本原理的分析、污染物去除机制的分析、生物脱氮除磷机制的分析以及常见污水处理工艺的阐述,还介绍了污水处理的前沿技术,提供了污水处理技术未来发展方向。第5章是污水处理技术的案例分析,介绍了2个典型的污水处理厂案例,包括广州市京溪污水处理厂和东莞市污水处理厂,主要从工程概括和经验总结两方面进行阐述,还概括了河道污染治理技术工艺,并对相关工艺的实地治理案例进行分析,从项目背景、治理措施、经验总结与启示等几方面展开叙述,具体包括韩国清溪川、欧洲莱茵河、英国泰晤士河、新加坡河、佛山汾江河、江苏苏州河和厦门筼筜湖等地方的案例分析。最后提出关于我国河流综合治理的对策建议。第6章是污水资源化利用途径的介绍,包括城镇污水资源化利用、规模化养殖业污水资源化利用、火力发电厂污水资源化利用、煤矿污水资源化利用、石油化工业污水资源化利用和食品工业污水资源化利用,从资源化利用意义、资源化利用的可行性分析、资源化利用途径、资源化利用模式以及资源化利用存在的问题等方面进行分析。第7章是污水资源化利用的工程案例,在接着第6章的污水资源化利用途径的相关介绍后,本章选取几个利用途径来详细分析污水资源化利用的工程案例,分析了煤矿工业废污水处理循环利用的工程案例、石油化工废水回用冷却水的工程案例、食物加工废水回用的工程案例、污水回用景观用水的工程案例、污水回用城市杂用水的工程案例、污水回用灌溉用水的工程案例、污水回用补给水的工程案例。第8章是污水有效利用的前景与风险分析,从解决水资源短缺的必要性、国家层面的政策和法律法规的支持以及污水处理技术发展的推动等方面来展望未来污水能有效利用的前景,对其中存在的风险进行分析,包括水质不稳定、潜在环境污染、经济成本等风险,并提出相应的风险应对策略和措施。

第2章　污水概况

污水是居民活动过程中排出的水及径流雨水的总称,污水中往往含有各种污染和有毒物质,不宜直接排放,需对其进行处理后方可排放或资源化利用。本章从污水的产生、处理的方法和资源化利用等方面对污水的“生命周期”进行阐述。

2.1　污水产生及类型

污水是生活污水、工业废水合被污染的雨水的总称。其主要特征是丧失了原来的使用功能。

由于污染源的不同,所产生的污水性质也不完全相同,按照不同污染性质,污水一般分为以下类型。

2.1.1　生活污水

生活污水是人类在生活活动过程中产生的污水。生活污水中含有大量有机物(如纤维素、淀粉、糖类、脂肪和蛋白质等)和无机盐类(如氮化物、硫酸盐、磷酸盐、碳酸氢盐以及钠、钾、钙、镁等),也常含有病原菌、病毒和寄生虫卵。生活污水水质总的特点是含氮、硫和磷高,在厌氧细菌作用下易生恶臭物质,其水质、水量随季节而变化,一般夏季用水相对较多,浓度低;冬季相应量少,浓度高。生活污水一般不含有毒物质,但是它有适合微生物繁殖的条件,含有大量的病原体,从卫生角度来看有一定的危害性。

2.1.2　工业废水

工业废水是指工业生产过程中产生的废水和废液,其中含有随水流失的工业生产用料、中间产物、副产品以及生产过程中产生的污染物。

工业废水可分为生产污水与生产废水。生产污水是指在生产过程中形成并被生产原料、半成品或成品等原料所污染的水,包括在生产过程中产生,受热污染,水温超过60 ℃的水;生产废水是指在生产过程中形成,但未直接参与生产工艺,未被生产原料、半成品或成品污染或只是温度稍有上升的水。生产污水需要进行净化处理;生产废水不需要净化处理或仅需做简单的处理(如冷却处理)。

生活污水与工业废水的混合污水称为城市污水。

2.1.3　初期雨水

被污染的雨水主要是指初期雨水。由于初期雨水溶解了空气中的污染性气体,降落后,冲刷建筑物和地表的各种污染物等,使得初期雨水中含有大量的污染物质。

2.2 污水特性

不同类型的污水有其各自不同的特性,具体介绍如下。

2.2.1 生活污水特性

(1)排放范围散、广,排放量大。生活污水是人类在日常生活中使用过的,并被生活废料所污染的水,可以说,只要有人类活动的地方,就有生活污水的排放;根据《2015 年环境统计年报》,2015 年全国废水排放总量 735.3 亿 t。其中,城镇生活污水排放量 535.2 亿 t。

(2)可生化性强。生活污水所含的污染物主要是有机物(如蛋白质、碳水化合物、脂肪、尿素、氨氮等)和大量病原微生物(如寄生虫卵和肠道传染病毒等),可生化性强。

(3)容易引起水体黑臭。存在于生活污水中的有机物极不稳定,容易通过微生物的生物化学作用而分解,在分解过程中消耗水中的溶解氧,在缺氧条件下污染物就发生腐败分解、恶化水质、产生恶臭。

(4)具有一定的卫生危害性。生活污水一般不含有毒物质,但是它有适合微生物繁殖的条件,生活污水中的细菌和病原微生物数量大、存活时间较长、繁殖速度快、易产生抗性,很难消灭,以生活污水中有机物为营养而大量繁殖,可导致传染病蔓延流行,从卫生角度来看有一定的危害性。

2.2.2 工业废水特性

(1)排放量大。根据《2015 年环境统计年报》,2015 年全国废水排放总量 735.3 亿 t。其中,工业废水排放量 199.5 亿 t。

(2)排放方式复杂。工业废水的排放方式复杂,有间歇排放,有连续排放,有规律排放和无规律排放等,给污染防治造成很大困难。

(3)污染物种类繁多,浓度波动幅度大。由于工业产品品种繁多,生产工艺也各不相同,因此工业生产过程中排出的污染物也数不胜数,不同污染物性质有很大差异,浓度也相差甚远。

(4)污染物质毒性强,危害大。被酸碱类污染的废水有刺激性、腐蚀性,而有机含氧化合物如醛、酮、醚等则有还原性,能消耗水中的溶解氧,使水缺氧而导致水生生物死亡。工业废水中含有大量的氮、磷、钾等营养物,可促使藻类大量生长耗去水中溶解氧,造成水体富营养化污染。

(5)污染物排放后迁移变化规律差异大。工业废水中所含各种污染物的性质差别很大,有些还有较强毒性或较大的蓄积性及较高的稳定性。一旦排放,迁移变化规律很不相同,有的沉积水底,有的挥发转入大气,有的富集于生物体内,有的则分解转化为其他物质,甚至造成二次污染,使污染物具有更大的危险性。

2.2.3　初期雨水特性

(1)初期雨水污染程度与下垫面性质息息相关。因初期雨水是冲刷建筑物和地表的各种污染物,使得其含有大量的污染物质,所以初期雨水污染程度与下垫面及其表面的污染物息息相关。下垫面一般分为草地、林地、屋面和道路。其中,草地、林地初期雨水污染较轻,屋面、道路初期雨水污染较重。

(2)初期雨水具有冲刷效应。初期雨水中污染物浓度随降雨历时而衰减,污染物浓度与降雨历时之间近似呈负指数函数关系。

2.3　污水处理现状

长期以来,我国城市基础设施的发展与人口、资源、环境和工业建设不协调,导致基础设施长期超负荷承载。特别是城市环境保护基础设施建设,全国绝大多数城市的污水处理能力远远满足不了实际需要,导致了严重的水环境污染,加剧了水资源的短缺。随着水资源短缺问题的日益突出,人们逐渐意识到水资源问题的严重性,相关管理部门加大了污水处理和治理的力度。

2.3.1　污水处理总量

根据国家环境保护部统计,2003~2013年,全国废水排放总量保持较快增长趋势,复合增长率达到4.22%。生活污水排放量占废水排放总量的比例亦逐年提高,2013年全国城镇生活污水排放量达到485.1亿t,占废水排放总量的比例达到69.76%。生活污水排放量持续增长并有加快的趋势。

我国城镇污水排放的特点是量大,并随着城镇化发展呈逐年上升趋势,同时占全国废水排放总量的比例最大。参照2011~2015年的平均增速为6%,2016~2020年城镇生活污水排放量仍将保持6%的增长速度。随着我国经济不断发展,城市化进程的继续推进,城镇生活污水成为我国废水排放量不断增加的主要来源。

生态环境部公开数据显示,从废水的排放量来看,2017年,全国废水排放量777.4亿t,比2016年增加2.03%。其中,工业废水排放量182.9亿t,比2016年减少4.26%,占废水排放总量的23.52%;城镇生活污水排放量588.1亿t,比2016年增加5.07%,占废水排放总量的76.48%。在工业领域,废水排放量得到了有效控制,2010年以来工业废水的排放量持续下滑,从237.5万t下滑到2017年的189.9万t。

2.3.2　各类别污水处理情况

2.3.2.1　生活污水处理情况

为防治水污染,缓解水资源短缺,近年来我国大力实施节能减排政策,中央和各级地方政府不断加大对城镇污水处理设施建设的投资力度,同时积极引入市场机制,建立健全政策法规和标准体系,城镇污水处理行业发展迅速。2003~2013年,全国城镇污水处理厂由511座发展到5 364座,复合增长率达到26.50%。

同时，随着污水处理设施和污水处理技术的不断改进，城镇污水处理厂的污水处理能力亦不断提升，由 2003 年的 0.32 亿 t/d 提升到 2013 年 1.66 亿 t/d，城镇污水处理能力得到大幅提升，2013 年城镇污水处理量达到 456.1 亿 t。截至 2017 年 6 月底，全国设市城市建成运行污水处理厂共计 2 327 座，形成污水处理能力 1.48 亿 m^3/d，全国城镇污水处理厂累计处理污水 269.39 亿 m^3；同期，36 个重点城市建成运行污水处理厂共计 570 座，形成污水处理能力 0.65 亿 m^3/d，累计处理污水量 101.88 亿 m^3，同比增长 3.7%。在城市污水处理率方面，2016 年底，城市污水处理率已达到 93.44%。

2.3.2.2　工业废水处理情况

目前，城市建设速度加快，未经处理或者处理不达标的废水被直接排放到自然水系内，三级进程污染现象严重。很多工业企业产品附加值比较低，不能完全承担过高的运行费用，尤其是对于降解难度大的工业废水来说，为控制经济成本，很多企业放松了对废水的处理管控，导致污染程度增加。非法排污目的是降低生产成本，提高生产利润，来增加领导人员业绩，将本应由企业承担的成本转嫁给国家与社会，不仅造成社会污染，还会危及社会综合发展效率。

生态环境部公开数据显示，截至 2018 年 9 月底，全国 2 411 家涉及废水排放的经济技术开发区、高新技术产业开发区、出口加工区等工业集聚区，污水集中处理设施建成率达 97%，自动在线监控装置安装完成率达 96%，均比《水污染防治行动计划》（简称“水十条”）实施前提高 40 多个百分点，推动 950 余个工业集聚区建成污水集中处理设施，新增废水处理规模 2 858 万 t /d。同时，规划布局不合理、污染治理主体责任不落实、园区管网不完善、处理工艺和废水类型不匹配等问题突出，工业集聚区污染防治任务仍然十分艰巨。

2.3.2.3　初期雨水处理情况

目前，雨水径流中初期雨水的污染问题在国内外受到了广泛关注，初期雨水是指在不同的汇水面和管渠中所形成径流初期的雨水。在降雨条件下，雨水和径流冲刷城市地面，使初期雨水中含有大量的污染物。若这部分雨水直接排放，会加重地表水及受纳水体的污染，极易引起富营养化和水华等环境问题，影响水资源的可持续利用。因此，对城市初期雨水进行处理是十分必要的。

国外对初期雨水及处理措施的研究比较成熟，制定了相应的政策法规，建立了比较完整的雨水处理和利用系统。美国要求雨污合流污水在进入受纳水体前必须处理。为了控制城市初期雨水的污染，修订了《水质法》，随后提出“低影响开发”（LID）和“最佳管理措施”（BMPs），从法律和技术两方面完善了对城市初期雨水污染的控制。德国提出源头控制、过程削减的理念；澳大利亚提出“水敏感城市设计”（WSUD）；英国提出“可持续城市排水系统”（SUDS）。我国初期雨水的控制和利用方面的研究起步较晚，始于 20 世纪 90 年代对城市非点源污染的研究。随后在广州、上海和天津等城市相继开展了城市初期雨水的控制研究 。2014 年，国家提出海绵城市建设理念，采用“渗、滞、蓄、净、用、排”等措施管理和利用雨水。

随着我国海绵城市的建设，初期雨水的处理措施受到越来越多学者的关注和研究。虽然这些措施在改善初期雨水水质方面具有良好的效果，但是，总的来说，对这些措施的研究尚待深入,应用也还不是很成熟,提高其效率和增加其工程应用是今后研究的重点。

2.3.3 常用污水处理技术

生活污水和工业废水的处理技术按其作用原理可分为四大类,即物理法、化学法、物理化学法和生物法。生物法中又分为好氧生物处理及厌氧生物处理。

2.3.3.1 物理法

利用废水中污染物的物理特性(如比重、质量、尺寸、表面张力等),将废水中主要呈悬浮状态的物质分离出来,在处理过程中不改变其化学性质。属于物理的处理方法主要有以下几种。

1. 沉淀(重力分离)法

利用废水中的悬浮物和水的比重不同的原理,借重力沉降或上浮作用,使密度大于水的悬浮物沉降,密度小于水的悬浮物上浮,然后分离除去。常用的沉淀装置有沉砂池、沉淀池、隔油池等。

2. 过滤法

利用过滤介质截留废水中残留的悬浮物质,使水变得澄清。过滤介质有筛网、砂层、滤布等。过滤设备有格栅、砂滤池、压滤机等。.

3. 离心分离法

利用悬浮物与水的密度不同,借助于离心设备的旋转,在离心力作用下,使悬浮物与水分离。离心力与悬浮物的质量、转速的平方呈正比。因转速在一定范围内是可以调节的,所以能获得远远超过重力分离法的效果。离心设备有水力旋流器、旋流沉淀池、离心机等。一般离心分离法多用于去除轧钢废水中的氧化铁屑,回收洗毛废水中的羊毛脂以及污泥的脱水等。

4. 气浮(浮选)法

气浮法是指利用高度分散的微小气泡作为载体黏附于废水中污染物上,使其浮力大于重力和上浮阻力,从而使污染物上浮至水面形成泡沫,然后用刮渣设备自水面刮除泡沫,实现固液或液液分离的方法。气浮过程的必要条件是:在被处理的废水中,应分布大量细微气泡,并使被处理的污染质呈悬浮状态,且悬浮颗粒表面应呈疏水性,易于黏附于气泡上而上浮。具体应用形式有叶轮气浮法和电解气浮法。叶轮气浮法将空气引至高速旋转叶轮,利用旋转叶轮造成负压吸入空气,废水则通过叶轮上面固定盖板上的小孔进入叶轮,在叶轮搅动和导向叶片的共同作用下,空气被粉碎成细小气泡。叶轮气浮法宜用于悬浮物浓度高的废水,设备不易堵塞。电解气浮法是用不溶性阳极和阴极,通以直流电,直接将废水电解。阳极和阴极产生氢和氧的微细气泡,将废水中污染物颗粒或先经混凝处理所形成的絮体黏附而上浮至水面,生成泡沫层,然后将泡沫刮除,实现污染物的去除。电解过程所产生的气泡远小于散气气浮法和溶气气浮法所产生的气泡,且不产生紊流。电解气浮法不但起一般气浮分离作用,它兼有氧化还原作用,能脱色和杀菌。处理流程对废水负荷变化适应性强,生成的泥渣量相对较少,占地面积也少。

5. 高梯度磁分离法

高梯度磁分离法是指利用磁场中磁化基质的感应磁场和高梯度磁场所产生的磁力从

废水中分离出颗粒状污染物或提取有用物质的方法。利用磁场中磁化基质的感应磁场和高梯度磁场所产生的磁力从废水中分离出颗粒状污染物或提取有用物质的方法。磁分离器可分为永磁分离器和电磁分离器两类,每类又有间歇式和连续式之分。高梯度磁分离技术用于处理废水中磁性物质,具有工艺简便、设备紧凑、效率高、速度快、成本低等优点,但同样存在基建及运行费用高、能耗大的缺点。

2.3.3.2　化学法

利用污染物质的化学特性(如酸碱性、电离性、氧化还原性)来分离回收废水中的污染物,或改变污染物的性质,使其从有害变为无害,属于化学处理方法的有以下几种。

1. 中和法

中和法是降低废水的酸性或碱性的处理方法,即调整废水的 pH,使之接近中性,为进一步处理打下基础。常用的中和方法有以下几种:

(1)酸性废水与碱性废水混合。当有酸性与碱性两种废水同时均匀地排出时,且两者各自所含的酸、碱量又能够相互平衡,那么两者可以直接在管道内混合,不需设中和池,但是当排水情况经常波动变化时,则必须设置中和池,在中和池内进行中和反应。中和池一般应是平行设计 2 套,进行交替使用。

本方法的优点是以废治废,投资省,运行费用低;缺点是出水中的硫化物、耗氧量和色度都会明显增加,需进一步处理。

(2)投药中和。是将碱性或酸性中和药剂投入酸性或碱性废水中,经过充分中和反应,从而调整废水的 pH,使之接近中性。

2. 混凝法

混凝法是向废水中投放化学混凝剂,使废水中的某些污染物由溶解状态或胶体状态变成凝胶状态,集结为絮体。絮体吸附、捕集悬浮物并使之进一步集结,沉淀下来。

废水在未加混凝剂之前,水中的胶体和细小悬浮颗粒本身的质量很轻,受水的分子热运动的碰撞而做无规则的布朗运动。首先,颗粒都带有同性电荷,它们之间的静电斥力阻止微粒间彼此接近而聚合成较大的颗粒;其次,带电荷的胶粒和反离子都能与周围的水分子发生水化作用,形成一层水化壳,阻碍各胶体的聚合。一种胶体的胶粒带电越多,其电位就越大;扩散层中反离子越多,水化作用也越大,水化层也越厚,因此扩散层越厚,稳定性越强。

废水中投入混凝剂后,胶体因电位降低或消除,破坏了颗粒的稳定状态(称脱稳)。脱稳的颗粒相互聚集为较大颗粒的过程称为凝聚。未经脱稳的胶体也可形成大的颗粒,这种现象称为絮凝。不同的化学药剂能使胶体以不同的方式脱稳、凝聚或絮凝。

凝聚是指通过中和胶体粒子表面电荷使颗粒聚集的过程。

混凝剂是能使水中的胶体粒子相互黏结或凝聚的化学物质。混凝剂分无机混凝剂和有机混凝剂两类。无机混凝剂有硫酸铝、硫酸铁、硫酸亚铁、铝酸钠、氯化铁、聚合铁(PFS)、氯化锌、四氧化钛、聚气化铝、明矾、铵矾、硫酸、盐酸、二氧化碳、碳酸钠、氢氧化钠、石灰、电解氢氧化铝、电解氢氧化铁、磷酸盐、活性硅酸等。有机混凝剂包括阳离子型聚合电解质[如水溶性苯胺树脂、聚合硫脲、多乙胺、聚乙环亚胺、聚乙烯苯三甲基氯化铵等)和阴离子型聚合电解质[如聚丙烯酸钠、羧甲基纤维素钠、藻垸酸钠、马来酸酐与丙烯酸酯的共聚物、聚苯乙烯磺酸盐(PSS)等]以及非离子型聚合物(如聚丙烯酸胺、苛性淀粉、水溶性脲树脂等)。

3. 氧化还原法

氧化还原法是用氧化剂或还原剂去除水中有害物质的方法。

水中有些无机的和有机的溶解性物质,可以通过化学反应将其氧化或还原,转化成无害的物质,或转化成气体或固体而容易从水中分离,从而达到处理的要求。

还原法是利用一些物质作为还原剂,使其与废水中的污染物发生反应,把有毒物质转变成低毒物质或无毒物质,或把废水中的有害物质置换出来,或转变成难溶于水的物质分离出来。还原法包括利用各种化学药剂的还原法和用金属原子置换的金属还原法。

采用一些化学药剂的还原法,目前主要用于处理六价铬和汞化合物的废水,常用的还原剂有硫酸亚铁、硫化氢、硫酸氢钠、硫代硫酸钠、二氧化硫、甲醛等。对含汞废水可以用硼氢酸钠、甲醛等作为还原剂,也可以在废水中加入比汞活泼的金属铁、锌、铜、锰、铝等作为还原剂,使汞被置换出来,然后加以分离,而作为金属还原剂应用较多且效果较好的是铁和锌。

化学氧化处理根据氧化方法或氧化剂的不同,有以下几种常用的方法:

(1)空气氧化。利用空气中的氧来氧化废水中待氧化物质。其方法是将空气通入废水,必要时加高温、高压或催化剂,以增强氧化效果。

(2)氯氧化。氯在给水处理和废水处理中,常被广泛地用作消毒剂,用以杀灭水中的细菌和有害微生物。氯又可作为氧化剂,用于废水处理,如电镀含氰废水的处理,废水中致毒物质是氰根,在一定条件下向废水中加氯,使氰根氧化为二氧化碳和氮,从而失去毒性。常用的药剂有液氯、漂白粉、次氯酸钠等。

(3)臭氧氧化。臭氧是一种强氧化剂,其氧化能力仅次于氟,比氧、氯及高锰酸盐等常用的氧化剂都高。在理想的反应条件下,臭氧可以把水溶液中大多数单质和化合物氧化到它们的最高氧化态,对水中有机物有强烈的氧化降解作用和消毒杀菌作用。可用于处理含氰、酚、油、洗涤剂废水,也可脱除自来水中的铁和锰,去除COD和BOD,是一种较为理想的三级处理手段。

其优点是氧化能力强,对脱色、除臭、杀菌、去除有机物和无机物等效果,无二次污染,制备臭氧只用空气和电能,操作管理方便;缺点是臭氧发生器投资大,运行费用高,臭氧具有强腐蚀性,设备及管路需采用耐腐蚀的材料或防腐处理。

(4)光氧催化。是利用紫外光线和氧化剂的协同氧化作用分解废水中有机物,使废水净化的方法。废水光氧化处理法使用的氧化剂,如氯、次氯酸盐、过氧化氢、臭氧等,由于受到温度的影响,往往不能充分发挥其氧化能力。因此,人们采用人工紫外光源照射废水,废水中的氧化剂的分子吸收光能,被激发而形成具有更强的氧化性能的自由基,从而增强氧化剂的氧化能力,以便在废水处理过程中,迅速而有效地去除废水中的有机物。光氧化处理法适用于废水的高级处理,尤其适用于生物法和化学法难以氧化分解的有机废水的处理。

4. 电解法

废水电解处理法是指应用电解的机制,使原本废水中有害物质通过电解过程在阳、阴两极上分别发生氧化和还原反应，从而转化成为无害物质以实现废水净化的方法。电解法主要用于处理含铬废水和含氰废水。此外，还用于去除废水中的重金属离子、油以及悬浮物；也可以凝聚吸附废水中呈胶体状态或溶解状态的染料分子，而氧化还原作用可破坏生色基团，取得脱色效果。其优点是使用低压直流电源，不必大量耗费化学剂；在常温常压下操作，管理简便，如废水中污染物浓度发生变化，可以通过调整电压和电流的方法，保证出水水质稳定，且处理装置占地面积不大。其缺点是在处理大量废水时电耗和电极金属的消耗量较大，分离出的沉淀物质不易处理利用。

5. 化学沉淀法

化学沉淀法是向废水中投加某些化学物质，使其与废水中欲去除的污染物发生直接的化学反应，生成难溶于水的沉淀物而使污染物分离除去的方法。但由于本方法要加入大量的化学药剂，并以沉淀物的形式沉淀出来，会引起二次污染，如大量废渣的产生，而对这些废渣，目前尚无较好的处理处置方法，所以本方法在工程上的应用和以后的可持续发展都存在巨大的负面作用。

2.3.3.3　物理化学法

物理化学法是运用物理和化学的综合作用使废水得到净化的方法。它是由物理方法和化学方法组成的废水处理系统，或是包括物理过程和化学过程的单项处理方法。常用的物理化学法有以下几种。

1. 吸附法

吸附法是指利用多孔性固体（吸附剂）吸附废水中某种或几种污染物（吸附质），以回收或去除某些污染物，从而使废水得到净化的方法。吸附法单元操作通常包括三个步骤：首先是使废水和固体吸附剂接触，废水中的污染物被吸附剂吸附；其次将吸附有污染物的吸附剂与废水分离；最后进行吸附剂的再生或更新。按接触、分离的方式，吸附操作可分为静态间歇吸附法和动态连续吸附法两种。

2. 离子交换法

离子交换法是指借助于离子交换剂中的交换离子同废水中的离子进行交换而除去废水中有害离子的方法，是一种特殊的吸附过程，通常是可逆性化学吸附。在废水处理中，主要用于去除废水中的金属离子，如含铬废水或含汞废水等的处理。

3. 萃取法

萃取法是利用萃取剂，通过萃取作用使废水净化的方法。根据一种溶剂对不同物质具有不同溶解度这一性质，可将溶于废水中的某些污染物完全或部分分离出来。向废水中投加不溶于水或难溶于水的溶剂（萃取剂），使溶解于废水中的某些污染物（被萃取物）经萃取剂和废水两液相间界面转入萃取剂中以净化废水的方法。萃取法一般用于处理浓度较高的含酚或含苯胺、苯、醋酸等工业废水。

4. 膜析法

膜析法是利用天然或人工合成膜以外界能量或化学位差作为推动力对水溶液中某些物质进行分离、分级、提纯和富集的方法的统称。目前有电渗析法、反渗透法和超滤法等。

电渗析法是在直流电场的作用下，利用阴、阳离子交换膜对溶液中阴、阳离子的选择透过性（阳膜只允许阳离子通过，阴膜只允许阴离子通过），而使溶液中的溶质与水分离的一种物理化学过程。

反渗透法是一种借助于压力促使水分子反向渗透,以浓缩溶液或废水的方法。

超滤法是利用半透膜的微孔结构,以一定的外界压力(0.1~0.5 MPa)为推动力,实现对物质的选择性分离、回收的膜分离方法。在污水处理中主要用于分离分子量大于500、直径为0.005~10 μm 的大分子和胶体,如酶、蛋白质、病毒等中低浓度的高分子溶解态及胶体态污染物的分离与回收。

超滤技术由于操作简单、能耗低、分离效率高,特别是可以回收有用物质,实现污水的资源化,在环境污染治理中受到高度重视,已在纺织印染、机械、石油化工、造纸、食品、医药等行业以及生活污水的处理与资源化利用中获得了广泛的研究和应用。

2.3.3.4　生物法

生物法是利用微生物降解代谢有机物为无机物来处理废水。通过人为地创造适于微生物生存和繁殖的环境,使之大量繁殖,以提高其氧化分解有机物的效率,是基于微生物的代谢机制并考虑到有机废气自身特点而开发出的废气处理方法。具有无二次污染、处理能力大、运行费用低、净化效果好、能耗小等优点。

根据使用微生物的种类,可分为好氧法、厌氧法等。好氧法采用机械曝气或自然曝气(如藻类光合作用产氧等)为污水中好氧微生物提供活动能源,促进好氧微生物的分解活动,使污水得到净化,广泛应用于处理城市污水及有机性生产废水,主要有活性污泥法和生物膜法两种;厌氧法是在无氧的条件下利用厌氧微生物的降解作用使污水中有机物质净化。污水中的厌氧细菌可把碳水化合物、蛋白质、脂肪等有机物分解生成有机酸,然后在甲烷菌的作用下,把有机酸分解为甲烷、二氧化碳和氢等,从而使污水得到净化,多用于处理高浓度有机废水与污水处理过程中产生的污泥。

1. 活性污泥法

活性污泥法是一种污水的好氧生物处理法,由英国的克拉克(Clark)和盖奇(Gage)约在1913年于曼彻斯特的劳伦斯污水试验站发明并应用。如今,活性污泥法及其衍生改良工艺是处理城市污水最广泛使用的方法。它能从污水中去除溶解性的和胶体状态的可生化有机物以及能被活性污泥吸附的悬浮固体和其他一些物质,同时能去除一部分磷素和氮素。

活性污泥法是在人工充氧条件下,对污水和各种微生物群体进行连续混合培养,形成活性污泥。利用活性污泥的生物凝聚、吸附和氧化作用,以分解去除污水中的有机污染物,然后使污泥与水分离,大部分污泥再回流到曝气池,多余部分则排出活性污泥系统。

典型的活性污泥法是由曝气池、沉淀池、污泥回流系统和剩余污泥排放系统组成的。曝气池是所有活性污泥法的心脏,其作用是搅拌混合液使泥、水充分接触和向微生物供氧,曝气池内设有曝气系统,其主要作用是充氧和搅拌、混合。曝气系统将空气中的氧转移到曝气池的混合液中,提供微生物生长及分解有机物所必须的氧气;同时,通过曝气产生搅拌、混合的效果,使曝气池内的泥水混合液处于剧烈的混合状态,使活性污泥、溶解氧、污水中的有机污染物能够充分接触。沉淀池是活性污泥系统的重要组成部分,它用以泥水分离,使混合液澄清,保证出水水质,使污泥得到浓缩以及提供回流污泥,维持曝气池内污泥浓度的稳定,其效果的好坏直接影响出水的水质和回流污泥的浓度。污泥回流系统主要用于维持曝气池的污泥浓度在一个稳定的范围内，保证曝气池的处理效果，通过调整回流比，控制曝气池的运行状况。剩余污泥主要是由具有活性的微生物、微生物自身氧化残余物、附在活性污泥表面上尚未降解或难以降解的有机物和无机物四部分组成的，剩余污泥排放系统就是为维持系统的稳定运行，将剩余污泥排出的系统。

2. 生物膜法

生物膜法是污水水体自净过程的人工化和强化，主要去除废水中溶解性的和胶体状的有机污染物。处理技术有生物滤池（普通生物滤池、高负荷生物滤池、塔式生物滤池）、生物转盘、生物接触氧化设备和生物流化床等。

生物膜法是在充分供氧条件下，用生物膜稳定和澄清废水的污水处理方法。生物膜是由高度密集的好氧菌、厌氧菌、兼性菌、真菌、原生动物以及藻类等组成的生态系统，其附着的固体介质称为滤料或载体。生物膜自滤料向外可分为厌氧层、好氧层、附着水层、运动水层。

生物膜法是使微生物附着在载体表面上，污水在流经载体表面的过程中，污水中的有机污染物作为营养物，为生物膜上的微生物吸附和转化，从而净化污水，微生物自身同时得以繁衍增殖。

生物膜是由高度密集的好氧菌、厌氧菌、兼性菌、真菌、原生动物以及藻类等组成的生态系统，其附着在滤料或载体等固体介质上，形成膜状生活污泥。生物膜自滤料向外可分为厌氧层、好氧层、附着水层、运动水层。

在污水处理构筑物内设置微生物生长聚集的载体（一般称填料），在充氧的条件下，微生物在填料表面聚附着形成生物膜，经过充氧（充氧装置由水处理曝气风机及曝气器组成）的污水以一定的流速流过填料时，生物膜中的微生物吸收分解水中的有机物，使污水得到净化，同时微生物得到增殖，生物膜随之增厚。当生物膜增长到一定厚度时，向生物膜内部扩散的氧受到限制，其表面仍是好氧状态，而内层则会呈缺氧甚至厌氧状态，并最终导致生物膜的脱落。随后，填料表面还会继续生长新的生物膜，周而复始，使污水得到净化。

微生物在填料表面聚附着形成生物膜后，由于生物膜的吸附作用，其表面存在一层薄薄的水层，水层中的有机物已经被生物膜氧化分解，故水层中的有机物浓度比进水要低得多，当废水从生物膜表面流过时，有机物就会从运动着的废水中转移到附着在生物膜表面的水层中去，并进一步被生物膜所吸附，同时，空气中的氧也经过废水而进入生物膜水层并向内部转移。

生物膜上的微生物在有溶解氧的条件下对有机物进行分解和机体本身进行新陈代谢，因此产生的二氧化碳等无机物又沿着相反的方向，即从生物膜经过附着水层转移到流动的废水中或空气中去。这样一来，出水的有机物含量减少，废水得到了净化。

目前，生物膜处理技术有生物滤池（普通生物滤池、高负荷生物滤池、塔式生物滤池）、生物转盘、生物接触氧化设备和生物流化床等。

3. 厌氧法

厌氧生物处理法是利用兼性厌氧菌和专性厌氧菌将污水中高分子有机物降解为低分子化合物，进而转化为甲烷、二氧化碳的有机污水处理方法。高分子有机物的厌氧降解过程可以被分为四个阶段:水解阶段、发酵(或酸化)阶段、产乙酸阶段和产甲烷阶段。水解阶段是复杂的非溶解性的聚合物被转化为简单的溶解性单体或二聚体的过程。发酵(或酸化)阶段是有机物化合物既作为电子受体也是电子供体的生物降解过程,在此过程中溶解性有机物被转化为以挥发性脂肪酸为主的末端产物,因此这一过程也称为酸化。产乙酸阶段是在产氢产乙酸菌的作用下,上一阶段的产物被进一步转化为乙酸、氢气、碳酸以及新的细胞物质。产甲烷阶段,甲烷细菌将乙酸、乙酸盐、二氧化碳和氢气等转化为甲烷。该过程由两种生理上不同的产甲烷菌完成,一组把氢和二氧化碳转化成甲烷,另一组从乙酸或乙酸盐脱羧产生甲烷。

厌氧生物处理具有不需额外供氧、最终产物为热值很高的甲烷气体,可用作清洁能源等优点,特别适宜于处理城市污水处理厂的污泥和高浓度有机工业废水。

2.3.3.5　综合处理方法

废水中的污染物是多种多样的,仅靠一种方法不可能把所有的污染物都去除干净,往往需要通过几种方法组成处理系统,才能达到预期的处理效果。

按照不同的处理程度,废水处理系统可分为一级处理、二级处理和深度处理等不同阶段。污水经一级处理后,一般达不到排放标准。所以,一般以一级处理为预处理,以二级处理为主体,必要时再进行深度处理,使污水达到排放标准或补充工业用水和城市供水。

一级处理指的是去除污水中的飘浮物和悬浮物的净化过程,同时调节废水 pH,减轻废水的腐化程度和后续处理工艺负荷。一级处理采用物理方法,常用的有筛滤法、沉淀法、上浮法和预曝气法。二级处理是指污水经一级处理后,用生物处理方法继续除去污水中胶体和溶解性有机物的净化过程。深度处理是指污水或废水经一级、二级处理后,为了达到一定的回用水标准使污水作为水资源回用于生产或生活的进一步水处理过程。针对污水(废水)的原水水质和处理后的水质要求可进一步采用三级处理或多级处理工艺。常用于去除水中的微量 COD 和 BOD 有机污染物质,SS 及氮、磷高浓度营养物质及盐类。深度处理方法有絮凝沉淀法、砂滤法、活性炭法、臭氧氧化法、膜分离法、离子交换法、电解处理、湿式氧化法、催化氧化法、蒸发浓缩法等物理化学方法与生物脱氮、脱磷法等。深度处理方法费用昂贵,管理较复杂,处理每吨水的费用为一级处理费用的 4~5 倍以上。

初期雨水处理措施主要包括雨水弃流、绿色屋顶、渗透铺装、植草沟、植被缓冲带、人工湿地和生物滞留池。可将其分为源头治理、传输过程治理和末端治理 3 大类。

1. 源头治理

1) 雨水弃流

研究表明,雨水径流存在"初期冲刷"效应,初期雨水中的污染物浓度远高于后期径流雨水。可将其弃流,排入市政污水管道,或收集后统一处理。在实际运用中,可根据本地区的相关规定完成弃流,以达到降低后续雨水的处理和收集难度及减少运行成本的目的。

2) 绿色屋顶

绿色屋顶是一种有效的屋面初期雨水污染处理措施,可起到改善雨水水质、持留雨水和降低城市热岛效应等积极作用,在美国、德国和澳大利亚等国家已经被广泛应用。近几年,我国逐渐重视绿色屋顶的建设,在很多办公大楼和商场开始推广。绿色屋顶对屋面初期雨水的处理主要依靠土壤层和植物,能有效去除大多数污染物,但去除营养物时效果不稳定。

3)渗透铺装

渗透铺装是一种典型的LID措施,可有效降低不透水面积,增加雨水的渗透量,同时对初期雨水有一定的处理能力。渗透铺装主要通过透水层的过滤、吸附和微生物降解实现初期雨水的净化。

2.传输过程治理

1)植草沟

植草沟是指种植植被的景观性地表沟渠排水系统。通过植草沟的持留、过滤和渗透作用,可以去除初期雨水中的颗粒和部分溶解态污染物。主要影响因素包括水力停留时间和植草沟的长度,植草沟的去除能力随着长度的增加而增加,但也会增加建设成本。

2)植被缓冲带

植被缓冲带对污染物去除效果良好,建设灵活,在很多国家和地区得到了广泛应用。其对污染物的去除机制包括植被过滤、SS沉积和可溶物入渗等。植被缓冲带净化效果的影响因素主要包括植被、结构和污染物特征。与没有种植植被的缓冲带相比,植被缓冲带对氮、磷和其他污染物去除效果更好。植被密度增加,可以减缓水流速率,增加污染物的持留时间。结构的影响主要包括坡度和宽度。坡度越低,接触时间越长,污染物的去除效果越好,宽度增加,渗透量增大,去除效果提升。

3.末端治理

1)人工湿地

人工湿地对保护生态多样性、保护和净化水源具有重要作用,它对污染物的去除主要包括物理作用、化学作用和生化反应。影响人工湿地处理效率的因素包括湿地植物、湿地基质和微生物种群等。

2)生物滞留池

生物滞留池在削减径流量、控制径流污染及景观等方面发挥了重要的作用。生物滞留池可稳定去除初期雨水中的大多数污染物。

2.3.4 污水处理存在的主要问题及解决建议

2.3.4.1 污水处理存在的主要问题

我国当前污水处理行业存在着城市污水处理基础设施资金和资源投入不足、城市污水处理深加工能力不足、城市污水处理系统的运行能力不足等问题,如何有效解决这些问题,是促进行业长期发展和推动污水资源化发展的重要课题。

1.城市污水处理基础设施资金和资源投入不足

城市污水处理是水处理环节中不可或缺的一环,也是城市用水能够持续供应的重要一环,任何城市的发展都应将城市污水处理作为一项长久的重要工程来抓,但是我国很多地区并没有对污水处理的强烈意念,一味地追求GDP的发展,并不会成立专项资金来处理城市污水,由于政府的重视程度不够造成各项资金政策支持力度不够,导致城市污水处理资金短缺,这不仅降低了城市污水处理能力,也使得城市污水处理技术难以得到改进和提高,技术与设备引进也受制约,不能较好地契合城市的发展步伐和污水量的增长。

当前城市污水处理基础设施的投入以政府财政支持为主,虽然这种方式能够有稳定的投入主体,但是如果政府出现财政困难很难做到对城市污水处理基础设施资金投入数量和质量的保障。而很多有志于投资城市污水处理基础设施的企业和单位,由于看不到城市污水处理行业的经济性和长远社会利益,导致其资金投入城市污水处理基础设施的意愿大打折扣,造成了城市污水处理基础设施社会化支持不足的现实性问题。

2. 污水处理设备与技术管理时效不高

由于资金短缺,多数污水处理设备得不到及时更新,陈旧的污水处理设备操作相对比较麻烦,并且维护和管理质量也不高。同时污水处理对专业技术人员的专业技能要求较高,并且能够熟练地操作设备,并且在设备出现问题时能够得到及时的处理,但是当前这方面的人才相对较为短缺,在出现问题时通常需要聘请专家进行解决,极大地降低了城市污水的时效性,造成城市污水处理恶性循环的发展。

3. 城市污水处理深加工能力不足

很多城市污水处理单位及其管理部门单纯地将城市污水看作是工作的对象,更有甚者将城市污水看作是一种危害和负担,这导致在实际中只能就城市污水处理而做一般处理工作,不能将城市污水当作是可开发、可回收、可利用的资源。只将城市污水作以简单处理,达到相关标准后进行排放,难以深度开发城市污水存在的再生水、可燃气体、肥料等潜在价值和资源,极容易在城市化进程加速的背景下造成城市污水处理能力上的不足,也难以开辟城市污水处理工作的新模式和新方法。

4. 城市污水处理系统的运行能力不足

在城市逐步大型化、功能化发展的今天,城市污水的来源、数量和种类正在发生着重要的转变,而传统的城市污水处理系统在处理能力、加工水平上显现出与现实和未来不相适应的缺陷。在污水收集、管道网络、基础设施、处理原材料等环节上显现出体系和功能上的障碍,难以适应市场化、城市化进程,最终导致城市污水处理质量、效率等诸多目标难以实现。

5. 工业废水处理再利用水平较低

我国在工业废水的处理方面一直处于初级阶段,技术和设施并不完善。比如说某些中小企业的生产规模小,资金不足,所以对废水处理的投入比例较低,甚至没有安装废水处理设施,最重要的是企业为了节省成本的支出,偷工减料,降低了废水的处理能力。

6. 工业废水处理再利用方式不恰当

在处理工业废水的过程中,必须要依靠先进的处理技术,并且要根据企业自身的状况,制订合理的方案。不同的工业废水的特点大相径庭,也有着不同的处理方法。这就要求企业必须根据自己工业生产所采用的原材料进行分类和整合。我国大多企业虽然都采用了热门的处理技术,但是并没有与自身的实际情况相结合,没有做出正确的分析,并且在废水处理的过程中留下了很大的隐患,严重影响了我国经济的可持续发展。

7. 工业废水处理再利用的管理机制并不健全

我国在工业废水的处理方面监管并不到位,存在很大的监管漏洞,国家要完善监管机制中存在的弊端,从而为废水处理提供强有力的保障。现如今,我国的市场环境过于复杂,监管机制不健全,发展速度较慢,行政干预性强,没有统一的制度进行管理和约束,严重阻碍了废水处理的进程。

8. 污泥、臭气控制不力

当前我国大多数地区的污水处理方式还是以最为原始常规的活性泥法为主,这种方式最大的优势就是成本便宜,设备相对简单,但是其污水处理速度相对较慢,并且对污水处理不彻底,极大地降低了污水处理的效果,在此过程中由于处理后的水仍然含有未除尽的污物,并且处理周期相对较长,因此常会出现处理后的水出现水体发臭的状况,并且采用活性污泥处理后的污泥通常采用填埋的方式进行处理,这种方式对掩埋处的环境也会造成极大的影响,不能从根本上消除对环境的影响。此外,产生的臭气常含有大量对人体有害的含硫化合物,处理不当会造成严重的污染,对人们的生活造成极大的影响,严重影响一个城市的形象。另外,臭气也是污水处理过程中的一大难题,臭气是污水与污泥中的各种物质及其反应物发出来的,里面含有很多对人体有害的物质,如果处理不当,会严重污染环境与空气,给人们的生活质量带来很大影响,并影响城市的形象。

2.3.4.2　改善的建议

针对污水处理存在的主要问题,提出以下解决或改善的建议。

1. 重视污水处理资金投入

目前最大的问题就是城市污水资金投入不够,导致所有的问题都很难展开,政府应该将城市污水处理能力作为裁定一个城市发展水平的重要指标,将城市的污水处理回收率作为评判一个城市指标。作为一项技术性很强的工作,城市污水处理必须要以坚实、高效、先进技术作为支撑。不过,由于受到多种因素的影响,当前我国城市污水处理技术相对于发达国家来说,是相对落后的,长期以来也只是沿用国外的处理技术,没有独立自主的技术,同时要强制对陈旧的处理设备进行更新,另外政府要设立专项的资金对城市污水人才进行培养,定向培训出一批具有专项技能的高素质城市污水处理人才,从而从根本上提高我国的城市污水处理水平。

2. 提高污水和污泥的资源化利用水平

城市污水处理的目的就是达到污水资源的二次利用,因此要提高变废为宝的水平,城市污水处理后可以用于园林和道路养护。必要的时候可以作为建筑用水,并且处理后的污泥可以对其具体成本进行分析,对于可以利用的重金属进行回收,对污泥进行化学处理,使其最终可以作为肥料使用,提高城市污水处理后的回收率,将其回收率提高一个档次,减少资源的浪费。同时,要加大人才培养力度,定向培养更多具有良好专业素质与专业技能的污水处理人才,从而为我国城市污水处理夯实人才基础。另外,地方政府应加强对污水处理的重视程度,将污水处理纳入城市发展重点扶持项目,提高财政资金支持比重。

3. 建立集约化污水处理厂

由于城市污水的处理量较大,成本回收较长,因此应该将小型的污水处理厂逐渐取缔,由政府牵头选择合适的地段建立现代化大型处理厂,引进最先进的污水处理设备,对城市污水进行集中回收处理,对处理后的污水要有跟踪观察期的具体走向,减少污水处理的效益成本,并且在选址中要充分考虑生活用水和城市污水的区分,整体统筹位置的选择,减小污水的输送距离。因此,建设城市污水处理厂时,应重点考虑如下几点:一是规模要适中,符合城市当前和未来一段时间的规模;二是选址要科学,充分考虑上、中、下游相结合;三是布局要合理,坚持集中与分散相结合;四是考虑城市污水回用的需求。

2.4 污水资源化利用现状

水之所以能够成为资源,在于其利用价值,所以从根本上解决水资源问题还得落在怎么用上,污水资源化为解决一问题提供了良好的思路,从世界范围内实践来看,污水资源化是人类社会发展的一种必然选择,这也符合循环经济这一未来经济模式在整体上的发展趋势。

水是生命之源、生产之要、生态之基。随着工业化、城镇化深入发展,我国各项事业发展对水的需求度越来越高,因此水资源供需矛盾越来越尖锐,我国水资源短缺的问题也越来越严峻。人多水少、水资源时空分布不均是我国的基本国情和水情,水资源短缺、水污染严重、水生态恶化等问题十分突出,已成为制约经济社会可持续发展的主要瓶颈。伴随着国家经济快速发展和人民生活水平的进一步提高,水资源供需矛盾日益加重,水资源短缺已成为阻碍社会发展的关键性因素。为缓解水资源的供需矛盾,需要在开发新的水源的同时节约用水以提高水的利用效率。而污水资源化就成为最有效的开源方式。

污水是已经被污染、使用价值不高的水资源。污水资源化主要指的是污水回用,是通过生活污水和工业废水经过处理加工之后作为可以再次利用的水资源。它是水资源可持续利用的重要组成部分,也是社会持续发展观念的重要组成环节。近年来,随着人口的膨胀和工农业的飞速发展,我国资源短缺和水质量欠佳现象极为严重,严重影响着社会持续发展和水资源可持续利用。再生水作为一种稳定可靠的水资源,解决了水资源供需矛盾,是实现经济可持续发展的关键环节。

污水资源化是指通过一定的技术手段,将水资源利用过程末端输出的污水处理产生再生水,使其具备或者恢复一定程度的使用价值,从而再次投入到生产生活中的相关用途之中。污水资源化是在当前世界范围的水资源日益趋向紧张的背景下,贯彻可持续发展理念和循环经济理念所产生的一种新水资源利用模式,它能将保护和节约水资源与防治水污染妥善地统筹解决,为未来水资源利用指明了一个良好的方向。

再生水是指污水或雨水经适当处理后,能够达到一定的水质标准,符合某种用途的要求,可以再次使用的水。相对于自然水,再生水来源广泛、水质稳定、受自然因素影响较小,除供给饮用外,可以有许多用途,诸如市政绿化、清洗街道建筑以及工业生产方面,甚至在达到安全标准后可以用于农业灌溉。面对日趋增长的水资源压力,再生水在用水领域的多种用途上变得越来越重要和不可或缺。

西欧、北美等地的发达国家,由于水资源和水污染问题日益突出,针对城市污水回用问题采取了大量有效措施,已普遍达到总用水量逐年增加,但新鲜水的总取水量逐年减少的良性循环局面,其中的原因就是污水回用率逐步提高。以美国为例,总用水量从1975年的18 992万 m^3/d 增加到2000年的45 302万 m^3/d,但同期内总新鲜水的取水量递减,从 1975 年的总取水量 13 729 万 m^3/d 减少到 2000 年的 12 526 万 m^3/d，相应污水排出量从 1975 年的 9 253 万 m^3/d 下降到 2000 年的 6 909 万 m^3/d，水循环利用率从 1975 年的 51.3%上升到 2000 年的 84.8%。

我国城市污水回用率较低，污水处理的目的主要就是要重新地利用，欧美等发达国家的污水回用率相对较高，有的地区甚至可以做到城市污水 100%回收，但是据不完全统计，目前我国的城市污水处理后的回收率仅为 6.2%，因此我国城市污水回收还有很长的路要走，我们应该在提高城市污水处理技术的基础上，提高城市污水回收率，缓解当前水资源紧缺的问题。

从水利部公布的历年《中国水资源公报》统计数据看，2005～2016 年，除了作为主要水源的地表水、地下水，非常规水源也在绝对数值和占比两个方面逐年提高，其在我国供水总量中所占的比重也在逐渐上升，而在这其中，再生水已经逐渐成为了非常规供水的主要来源，同时在供水总量中逐渐占据一席之地。从 2005 年占非常规供水的 48.4%，占供水总量的 0.19%，到 2016 年分别占比 87.9%和 1%，再生水使用量在逐年稳步增长，而且我国对环保越来越重视的大背景下，可以预见到未来再生水将会成为我国供水体系中的重要环节，这也符合可持续发展理念和循环经济理念发展的趋势。但也不能忽略，目前我国主要供水来源仍然是由地表水和地下水构成的自然水，经由污水资源化所产生的再生水供水量虽然相比之前有所增加，但仅仅约占 1%。再生水在生产生活中所占比重仍较小，相比较于部分发达国家还有相当差距，污水资源化道路任重道远。

2.4.1 污水资源化利用的制度

再生水是指污水或雨水经再生技术处理适当处理后能够达到一定的水质标准、符合某种用途的要求、可以再次使用的水，是污水资源化的产物。我国已有部分相关行政法规和地方政府规章使用了再生水这一概念，即再生水已经是一个正式的法律概念了，但 2016 年新修订的《中华人民共和国水法》却没有将再生水列为水资源的组成，也就意味着再生水仍然不是我国法定的水资源。

从可持续发展理论的角度来看，污水的资源化再生利用符合保护水资源免遭过度开发和污水过度排放造成生态环境破坏的共同要求，再生水的使用大大减少了水资源的开发量，同时减轻了末端污水的排放处理压力。因此，污水资源化是符合可持续发展理念的一种用水模式，这在一定程度上维护了生态平衡，减轻了人类活动对自然的影响，同时还不影响人类社会经济活动的正常进行。基于以上考量，我们在对污水资源化立法问题进行探讨和研究时，应当充分考虑可持续发展理念在水资源立法层面上的贯彻，法律作为最具强制力的规范，如果在水资源立法中贯彻到这种可持续发展的理念，那么污水资源化作为符合可持续发展理念的新用水方式，其推广和发展将在制度上得以根本保障。

目前，我国污水资源化整体上尚处于起步阶段、再生水使用绝对量和比重都较小，尽管也存在着部分地方出于对污水资源化光明前景的预期而出台的涉及污水资源化的地方性法规，但我国直接调整污水资源化相关社会关系的全国性立法仍是空白。但由于缺乏高位阶立法，这些地方性法规无法形成一种具有全局意义的法律体系，对污水资源化在全国范围内的建设发展必要的制度需求无法从根本上得到满足。

另外,经过几十年的实践及经验总结,我国在水资源立法建设方面取得了长足的进步,形成以《中华人民共和国水法》为核心的水资源法律体系,包括《中华人民共和国水污染防治法》等法律,《取水许可制度实施办法》《城镇排水与污水处理条例》《中华人民共和国城市供水条例》等行政法规和《取水许可申请审批程序规定》《取水许可监督管理办法》等行政规章,从不同层面、不同角度对水资源的合理开发利用保护以及可持续使用进行规范和调整,也形成了一些符合国情、行之有效的具体的制度,这些制度不仅在当前一定程度上填补着我国污水资源化制度空白,更为解决我国污水资源化立法问题和我国水资源法律体系建设提供了制度基础。

随着我国水资源立法工作的不断推进和发展,我国根据国情及实践经验,在微观层面上的水资源具体制度建设方面取得了一定的成就,现行水资源法律所确定的部分制度,实质上承担着调整污水资源化关系的功能,部分制度在可持续发展和循环经济背景下具有一定的前瞻性,但随着水资源开发利用排污相关技术的发展,相关具体制度却没有做到与时俱进,亟待加以完善。

污水资源化在我国目前的发展情形面临着巨大困境。在技术层面上,集中表现为再生水利用占比小、利用率不高、推广成本过高、再生水的安全性以及其他相关技术问题;在法律层面上,污水资源化相关的立法无论是从数量方面还是从技术上都远不能满足污水资源化发展的制度需求,也无法对污水资源化发展的前景进行一个预期的规制和调整。水资源的问题归根结底是一个社会问题,技术上的难关并不能在根本上阻碍污水资源化的发展,在现代科技飞速发展的今天,技术问题迟早会得以解决,但污水资源化还是要靠法律制度将其与社会紧密联系在一起,最终使其成为未来社会一种必不可少的规范,如果不能建立起相对完善的制度,那么污水资源化就无法从根本上真实有效地推行下去。我国污水资源化立法问题主要有以下几点。

2.4.1.1　立法理念落后

立法理念贯穿于整个法律体系,其印记存在于法律规范的每一个细节,不仅表明的是立法者对待相关问题的一种态度,也是决定着一部法律的立法质量,更能深远地影响着其实施的效果。在我国过往诸多领域的立法中,不仅存在着立法偏向滞后、缺乏前瞻性的制度设计,更是主要以问题为导向、着力于解决当下客观存在的问题。这样做的后果就是往往一部法律的制定尚未完全解决现存的问题,又会随之迎来着新的困境,因此不少法律规范不得不面临频繁修订的局面,既使得相关问题缺乏稳定有效的法律对其加以规制和调整,又造成立法资源在一定程度上的浪费。具体到水资源立法中,立法理念的落后主要表现在三个方面。

1. 水资源立法理念的滞后性

关注眼下现实的水资源问题,缺乏一种长远的统筹的法律制度规划,落入了一种“头痛医头,脚痛医脚”的困境。随着经济社会的飞速发展,新的问题层出不穷,旧的制度对此倍感无力,继而不得不继续修订,部分情况下甚至可能造成了一种“一直在立法却常常无法可用”的尴尬情况。

2. 水资源立法理念的片面性

过往的水资源立法常常将关注点集中在水资源利用过程的某一环节中，将水资源的各个环节分割开来，分别解决问题。比如作为水资源法律体系的基本法，《中华人民共和国水法》仅极尽全力关注如何有限管控水资源开发环节，试图通过更合理的规划以及更严格的水资源取用标准来实现水资源在输入端的减量化，以控制区域内水资源输入的总量以及保护未被开发的水源不被滥取，却忽视了水资源的利用、排污环节与开发环节的联系，因此作为一种基础性的法律，却不能有效地规制水资源利用的全过程。

3. 传统水资源立法理念落后

从一个宏观的角度上看，现有的水资源立法，都是建立在一种"水资源输入—水资源使用—污水排放"的单向传统水资源利用模式中的，无论法律制度再怎么尽善尽美，也无法从根本上改变水资源逐渐被消耗的大趋势，因为水资源脆弱的自然循环能力在经济社会巨大且仍旧增长的水资源需求面前显得力不能及。

2.4.1.2 再生水定性不明确

现行的水资源法律体系没有明确再生水的水资源地位，意味着现行的水资源法律不能应用于污水资源化相关领域，同时我国在宏观上也缺乏直接调整污水资源化的立法，因此造成了污水资源化在各层次上的缺失。

尽管再生水已经在供水总量中占据了相当的比重，并且这一比重还存在着继续上升的趋势，并且诸多法规都已经使用了再生水这一概念，但是我国最新于2016年修订的《中华人民共和国水法》，仍明确规定水资源仅包含地表水和地下水，再生水并没有被定性为水资源，这就导致了地方性法规明确规定的再生水纳入水资源统一配置，存在着扩大了上位法对水资源定义的解释的可能；其次，《中华人民共和国水法》中规定的地方政府对于水资源的规划制度，在地方性法规中再生水纳入水资源进行统一规划和配置，并且许多地方性法规还设定了本地政府有关部门对于再生水使用和规划的编制权限，这些是否存在着超越法定权限的可能，也需要更深层次的探讨；再次，新修订的《中华人民共和国水法》没有将再生水定性为水资源，导致了再生水在实际使用过程中出现的许多问题，我们不能用一般水资源具体制度对再生水领域的法律空白进行相应的填补；最后，再生水没有被定性为水资源，那么也就意味着将来解决污水资源化立法问题时，我们可能不得不另起炉灶，再造一套再生水有关的法律体系，这无疑也增加了立法成本，并且不能保证与现有的《中华人民共和国水法》能够完美对接。因此，再生水的定性问题显得十分重要。

2.4.1.3 污水资源化立法缺失

我国在水资源立法方面，目前初步形成了以《中华人民共和国水法》为核心，相关行政法规和地方立法为辅的相关水资源法律体系，这一体系能够解决当前存在的许多水资源问题，但就污水资源化，一方面由于再生水未被定性为水资源，另一方面由于再生水占供水总量比重仍未达到地表水和地面水那样重要的地位，仍旧缺乏直接调整再生水的法律规范。在此方面，我国当前只有《中华人民共和国水法》和《中华人民共和国城市供水条例》等少数法律规范能够勉强对其加以规制和调整。其他法律例如《中华人民共和国环境保护法》，就连水资源保护的规定都可以说是寥寥数语，并且其有关水资源的规定仅仅只是片面地倾向于水污染方向,更谈不上对污水资源化或者再生水的规制和调整;《中华人民共和国水污染防治法》在其立法宗旨主要倾向于水污染的防范和治理,更多地强调污染已经实际发生后的环境补救,对于水资源在整个利用过程中所产生的诸多问题的解决并未提供更多的制度解决途径;其他污水资源化地方性法规都往往局限于其本地的具体情况,其中合理的、值得推广的制度在目前也只能是仅有一定的参考价值,对于全国范围内的污水资源化推广不具有实质性的推动作用。

在我国全面推进依法治国的大时代背景下,相关立法的缺失成为了阻碍污水资源化的根本性问题,对污水资源化立法建设的重视性不够而导致我们面对日益加剧的水资源危机不能做到从根本上有效应对,无论是水资源开发环节的“开源节流”还是水资源排污环节的高代价治污,都存在着一种“头痛医头,脚痛医脚”的现状,现有的立法远远不能从根本上解决目前水资源所面临的困境,这也成为了制约经济发展的重要因素之一。

2.4.1.4 执法主体责任缺失

在现行的水资源立法中,关于再生水的使用和推广,政府责任都存在着一定程度的缺失,有着较为浓厚的“促进法”的色彩。比如《中华人民共和国城市供水条例》规定政府鼓励污水的资源化和再生利用,并且在工业生产和部分市政用途上要优先使用再生水,这种“鼓励”“促进”式的规定,在污水资源化技术和推广成本问题不能得到根本解决的前提下,地方财政在没有强制力的情况下,很难真正地投入污水资源化的推广中。因此,法律中应当有一些强制性的指标,否则污水资源化的推广和发展可能会遭遇很大的阻碍。

2.4.1.5 再生水水权制度缺失

水资源的稀缺性推动了水权制度的产生,水权是一种以所有权为基础,是包括所有权、使用权、经营权等若干权利的一个集合,本质上,“水权是水资源所有权、水资源使用权和水资源经营权等一组权利的总称”。在再生水水权方面,由于《中华人民共和国水法》明确规定,水资源包括地表水和地下水,所以再生水并不能成为法定水资源的一种,也就无法被赋予法定的水权,更无法在法理上通过现有水资源相关的法律制度去填补再生水水权制度的缺失,使其承担起一定程度上对污水资源化进行法律规制的功能。缺乏基本的水权制度的规制,也就意味着再生水使用规范上,各地各部门都有着自己的方法,再生水利用显得混乱无序。

2.4.2 污水资源化利用方向

污水资源化最经济利用目标是农业灌溉,其次是工业生产。

农业灌溉是污水资源化利用的首选对象,一是因为农业灌溉的水量需求很大,全球淡水总量中有60%~80%用于农业;二是因为污水灌溉能够方便地将水和营养源同时供应到农田,与此同时,再生水通过农田的农作物吸收和土地的处理,进一步得到改善。

城市污水处理厂一般建在城市周边,城市污水经二级处理后可就近回用于城市和大部分工农业生产企业或部门。由于缩短了取水距离,节省了水资源费、远距离输水费和基建费,以二级处理出水为原水的工业净水厂的制水成本一般低于以自然水为原水的自来水厂。城市污水具有量大、集中、水质水量稳定等特点,结合工业用水量变化小的特点,污水进行适度处理后回用于工业生产,可大大缓解水资源不足,同时减少向水域水体的排污量,在带来可观的经济效益的同时带来了很大的环境效益。

2.4.3 污水资源化利用主要存在的问题及应对措施

在当前的社会发展中,实行污水资源化处理已成为社会发展中一项不容忽视的措施,也是保障社会经济持续发展的首要环节。但要顺利推行污水资源化利用就要解决如下存在的主要问题。

2.4.3.1 现有污水处理设施落后

我国污水资源化发展起步较晚,很多污水处理和循环利用设备已经无法满足污水处理管理和再生利用建设需求,特别是城市污水的工程化和产业化程度不足,再生利用的综合整合和集成化技术还存在很多不足,必须持续更新和改进已有技术,仔细研究污水处理和循环利用设备,积极开发和应用各种新技术、新流程、新工艺,特别注意建设示范性工程,对于城市污水再生利用在工业、市政、生态和农业的成套技术设备、运行管理技术、工程技术、安全用水技术、水质保障技术、水质稳定技术、水质净化技术等进行重点研究,当前城市用户使用再生水量较小,重点解决再生水输送管道系统,合理规划城市污水处理厂,使污水排放达标,实现污水的再生利用。

污水处理厂需向污水资源化发展,需进一步提升污水处理厂的设施设备性能,采用国际先进工艺和设备,降低处理成本,提高再生水性价比,提高处理率,保障再生水水质,处理后的水质要满足用户要求才能再次利用。我国污水处理厂不仅发展慢,而且已修建起来的污水处理厂有些还不能正常运行,其主要原因是资金缺乏。这一问题的解决不能只靠国家,更重要的是挖掘水厂内部潜力,实行排污收费,同时进行污水的深度处理,推行污水回用,实现污水资源化,这样不仅减少了污染,也缓解了水荒问题。

2.4.3.2 相关政策体系和法律法规不健全

目前,我国关于城市水资源循环利用和污水资源化的相关政策体系和法律法规不健全,在很大程度上影响了污水资源化的推行。因此,我国应积极完善相关政策体系和法律法规,严格立法,通过科学、有效的政策体系,确保各单位和政府部门等积极推行污水资源化,实现水资源循环利用,并且完善相关技术标准,推动污水资源化和污水处理的安全运行和规范发展,而且还要严厉惩罚不严格执法的团体和个人。

2.4.3.3 对污水资源化利用认识不足

一直以来,公共部门对于污水资源化的思想认识较为缺乏,在处理缺水问题时,往往考虑采用跨流域调水、地下水开采等措施,而没有考虑到通过使用污水资源化利用的方法和措施解决缺水问题。

2.4.3.4 污水处理市场化程度低

一直以来,各个地区政府是城市污水处理设施最主要的投资主体,也是运营管理主体。污水处理设施的维护管理或者投资建设费用主要依靠财政拨款,这种情况造成资金严重匮乏、投资渠道单一,并且在污水处理管理方面出现政事不分、政企不分等问题,严重影响了投资效益,企业积极性和主动性不足,这种情况不利于污水处理市场的健康发展,在很大程度上影响了污水再生利用和污水处理机制的应用。污水资源化是一项经济合理、技术可行的重要举措，具有良好的社会效益和经济效益，应充分调动市场的积极性，用“看不见的手”推动污水资源化的进程。相关部门应加快水价改革，积极推动污水资源化发展，构建水价和水资源联动机制，建立层次化价格机制，提高水资源利用率。

第3章 我国污水相关法律法规、标准规范的解读

本章归纳整理了我国污水相关的法律法规和标准规范,详细介绍了我国污水相关法律法规和和标准规范的修订情况,并对相关内容进行解读,总结分析法律法规和标准规范的在污水处理领域的存在的问题,以期归纳现行污水处理法律法规和标准规范待完善问题,并对现行污水处理法治存在问题进行合理建议。

3.1 我国污水相关法律法规颁布概况

3.1.1 污水相关法律

3.1.1.1 《中华人民共和国水法》

1988 年 1 月 21 日第六届全国人民代表大会常务委员会第二十四次会议审议通过的《中华人民共和国水法》,是中华人民共和国第一部规范水事活动的基本法,标志着我国水利建设与管理步入了法制轨道。这部法律的实施,对规范水资源开发利用以及保护、加强管理、防治水害、促进水利事业的发展,发挥了积极的作用。

随着社会主义法制建设不断推进和社会主义市场经济体制的建立,面对洪涝灾害、干旱缺水、水污染严重、水土流失等制约我国经济社会发展的现实问题,为使我国水资源管理能够在社会主义市场经济体制下,更加适应水资源可持续利用及保护的要求,全国人大常委会在原水法的基础上,以修订草案形式对水法进行重新修订。《中华人民共和国水法(修订案)》是于 2002 年 8 月 29 日第九届全国人民代表大会常务委员会第二十九次会议审议通过,2002 年 8 月 29 日中华人民共和国主席令第 74 号公布,2002 年 10 月 1 日起施行的。修订后《中华人民共和国水法》重点是理顺体制,强化水资源的统一管理和流域管理,注重水资源的宏观配置,加强水资源开发、利用、节约和保护的规划与管理,把节约用水和水资源保护放在突出位置,提高用水效率,协调生活用水、生产用水和生态用水以及水事纠纷处理、法律责任等诸多方面都有较大突破。

3.1.1.2 《中华人民共和国水污染防治法》

水污染防治是我国环境保护领域较早纳入法制轨道的领域,1984 年 5 月 11 日第六届全国人民代表大会常务委员会第五次会议通过,我国第一部水污染防治法于 1984 年 11 月 1 日起施行。

随着我国经济的持续快速增长,水污染防治形势十分严峻:污染物排放总量居高不下,水体污染严重,城乡居民饮用水安全存在隐患,对违法行为的处罚力度不够等,为了防治水污染,保护和改善环境,保障饮用水安全,促进经济社会可持续发展,1996 年 5 月 15 日第八届全国人民代表大会常务委员会第十九次会议《关于修改〈中华人民共和国水污

染防治法〉的决定》修订该法。

2017年6月27日第十二届全国人民代表大会常务委员会第二十八次会议《关于修改〈中华人民共和国水污染防治法〉的决定》第二次修正该法。新修订的《中华人民共和国水污染防治法》更加明确了各级政府的水环境质量责任,实施总量控制制度和排污许可制度,加大农业面源污染防治以及对违法行为的惩治力度。修改后自2018年1月1日起施行。

3.1.1.3 《中华人民共和国环境保护法》

《中华人民共和国环境保护法》于1989年12月26日第七届全国人民代表大会常务委员会第十一次会议通过,自公布之日起施行。

2014年4月24日,第十二届全国人民代表大会常务委员会第八次会议审议通过了修订的《中华人民共和国环境保护法》,该法自2015年1月1日起正式实施,这是我国环境法制建设的一个重要里程碑。这次《中华人民共和国环境保护法》的修订,根据党的十八大和十八届三中全会精神,立足我国基本国情,面对严峻的环境污染形势,着重解决当前环境保护领域的共性突出问题,更新了环境保护理念,完善了环境保护基本制度,强化了政府和企业的责任,明确了公民的环保责任和义务,加大了对环境违法行为的处罚力度。新修订的《中华人民共和国环境保护法》的实施,对于保护和改善环境,防治污染和其他公害,保障公众健康,推进生态文明,促进经济社会可持续发展,具有十分重要的意义。

3.1.1.4 《中华人民共和国海洋环境保护法》

《中华人民共和国海洋环境保护法》是为了保护和改善海洋环境,保护海洋资源,防治污染损害,维护生态平衡,保障人体健康,促进经济和社会的可持续发展,制定的法律。该法于1982年8月23日第五届全国人民代表大会常务委员会第二十四次会议通过,制定本法。

1999年12月25日第九届全国人民代表大会常务委员会第十三次会议修订通过,自2000年4月1日起施行。

2013年12月28日第十二届全国人民代表大会常务委员会第六次会议《关于修改〈中华人民共和国海洋环境保护法〉等七部法律的决定》第一次修正该法。

2016年11月7日第十二届全国人民代表大会常务委员会第二十四次会议《关于修改〈中华人民共和国海洋环境保护法〉的决定》第二次修正该法。

2017年11月4日第十二届全国人民代表大会常务委员会第三十次会议《关于修改〈中华人民共和国会计法〉等十一部法律的决定》第三次修正该法。

经过修改完善的《中华人民共和国海洋环境保护法》明确了海洋生态环境保护的基本制度,明确了海洋主体功能区规划的地位和作用,加大了对污染海洋生态环境违法行为的处罚力度。

3.1.2 污水相关法规

3.1.2.1 《城镇排水与污水处理条例》

《城镇排水与污水处理条例》于2013年9月18日国务院第24次常务会议通过,自

2014 年 1 月 1 日起施行,该法是为了加强对城镇排水与污水处理的管理,保障城镇排水与污水处理设施安全运行,防治城镇水污染和内涝灾害,保障公民生命、财产安全和公共安全,保护环境制定的。多年来,城镇排水与污水处理领域一直缺少一部国家层面的专门的法律法规,该法的施行将城镇排水与污水处理事业纳入了法制轨道。

3.1.2.2 《中华人民共和国水污染防治法实施细则》

《中华人民共和国水污染防治法实施细则》在中华人民共和国国务院令第 284 号发布施行,详细写明了关于水污染防治的监督管理、防止地表水污染、防止地下水污染等多方面的规定。该令详细写明了关于水污染防治的监督管理、防止地表水污染、防止地下水污染等多方面的规定。2018 年 4 月 4 日,李克强签署第 698 号中华人民共和国国务院令,公布了《国务院关于修改和废止部分行政法规的决定》,废止了《中华人民共和国水污染防治法实施细则》。

3.2 我国污水相关标准规范发布概况

3.2.1 水环境质量标准

3.2.1.1 《地表水环境质量标准》(GB 3838—2002)

《地表水环境质量标准》是为了控制与消除各种污染物带来的水体污染,根据水环境治理的长期目标及短期目标所提出的环境质量标准。《地表水环境质量标准》于 1983 年首次发布实施,先后 3 次修订。为贯彻《中华人民共和国环境保护法》和《中华人民共和国水污染防治法》,加强地表水环境管理,防治水环境污染,保障人体健康,2002 年被批准为国家环境质量标准,自 2002 年 6 月 1 日开始实施,至今沿用。

3.2.1.2 《海水水质标准》(GB 3097—1997)

《海水水质标准》于 1982 年 4 月 6 日发布,并于同年 8 月 1 日起实施,适用于中国国家主权所辖一切海域。该标准按照海水用途对水质要求分为三类:第一类适用于保护海洋生物资源和人类的安全利用,以及海上自然保护区;第二类适用于海水浴场及风景游览区;第三类适用于一般工业用水、港口水域和海洋开发作业区等。《海水水质标准》于 1997 年 12 月 3 日第一次修订,1998 年 7 月 1 日起施用,至今沿用。

3.2.1.3 《地下水质量标准》(GB/T 14848—2017)

《地下水质量标准》由国家技术监督局于 1993 年批准通过。其目的是保护和合理开发地下水资源,防止和控制地下水污染,保障人体健康和经济社会发展,是地下水质量勘查评估、监督管理的依据。该标准规定了地下水质量分类及指标、监测、评估方法、地下水质量保护等。《地下水质量标准》在"地下水质量保护"中明确规定利用污水灌溉、污水排放、有害废弃物的堆放和地下处置必须经过环境地质可行性论证及环境影响评价,征得环境保护部门同意后方可施行。该标准为地下水质量的监控和地下水污染的认定提供了技术支持,有利于开展地下水污染防治工作。

3.2.1.4 《农田灌溉水质标准》(GB 5084—2005)

《农田灌溉水质标准》由中华人民共和国农业部于 1985 年提出,该标准规定了农田灌溉水质要求、监测和分析方法,适用于全国以地表水、地下水和处理后的养殖业废水及以农产品为原料加工的工业废水作为水源的农田灌溉用水。2005年7月21日再次修订,沿用至今,最新标准为《农田灌溉水质标准》(GB 5084—2005)。

3.2.2 污水排放标准

3.2.2.1 《污水综合排放标准》(GB 8978—2002)

《污水综合排放标准》是为贯彻《中华人民共和国环境保护法》《中华人民共和国水污染防治法》和《中华人民共和国海洋环境保护法》,控制水污染,保护江河、湖泊、运河、渠道、水库和海洋等地面水以及地下水水质的良好状态,保障人体健康,维护生态平衡,促进国民经济和城乡建设的发展制定的。该标准于1988年实施,1996年提出修订,修订完善了水污染物最高允许排放浓度及部分行业最高允许排水量。该标准适用于现有单位水污染物的排放管理,以及建设项目的环境影响评价、建设项目环境保护设施设计、竣工验收及其投产后的排放管理。

3.2.2.2 《城镇污水处理厂污染物排放标准》(GB 18918—2002)

《城镇污水处理厂污染物排放标准》是为贯彻《中华人民共和国环境保护法》《中华人民共和国水污染防治法》《中华人民共和国海洋环境保护法》《中华人民共和国大气污染防治法》《中华人民共和国固体废物污染环境防治法》,促进城镇污水处理厂的建设和管理,加强城镇污水处理厂污染物的排放控制和污水资源化利用而制定的技术标准,标准号GB 18918—2002,发布时间为2002年12月24日,实施时间为2003年7月1日,由国家环境保护总局、国家质量监督检验检疫总局发布。

3.2.2.3 《污水海洋处置工程污染控制标准》(GB 18486—2001)

《污水海洋处置工程污染控制标准》是为贯彻执行《中华人民共和国环境保护法》和《中华人民共和国海洋环境保护法》,规范污水海洋处置工程的规划设计、建设和运行管理,保证在合理利用海洋自然净化能力的同时,防止和控制海洋污染,保护海洋资源,保持海洋的可持续利用,维护海洋生态平衡,保障人体健康而制定的,于2002年1月1日施行。本标准规定了污水海洋处置工程主要水污染物排放浓度限值、初始稀释度、混合区范围及其他一般规定。该标准适用于利用放流管和水下扩散器向海域或向排放点含盐度大于5‰的年概率大于10%的河口水域排放污水(不包括温排水)的一切污水海洋处置工程。

3.2.3 再生利用水标准

我国是个缺水的国家已是不争的事实,而且水源、水质和水量状况日益恶化。从长远看,拥有稳定水源、水质和水量的再生水,将成为提高水资源综合利用率的有效途径。尾水再生利用,可缓解我国多年经济发展所带来的水环境污染危机,破解水资源短缺问题,降低供水成本,分散供水压力,提高区域供水安全。为贯彻我国水污染防治和水资源开发方针,提高水利用率,做好城市节约用水工作,合理利用水资源,实现城市污水资源化,减轻污水对环境的污染,促进城市建设和经济建设可持续发展,中华人民共和国建设部提出制定《城市污水再生利用》系列标准。

3.2.3.1 《城市污水再生利用 城市杂用水水质》(GB/T 18920—2002)

《城市污水再生利用 城市杂用水水质》(GB/T 18920—2002)规定了城市杂用水水质标准、采样及分析方法,适用于厕所便器冲洗、道路清扫、消防、城市绿化、车辆冲洗、建筑施工杂用水。

3.2.3.2 《城市污水再生利用 景观环境用水水质》(GB/T 18921—2002)

《城市污水再生利用 景观环境用水水质》(GB/T 18921—2002)于2003年5月1日起实施,根据《城市污水再生利用分类》将再生水的应用范围和使用方式进行了界定,以景观环境用水替代了原来的景观水体,明确了水景类作为景观类环境用水一部分的概念。

3.2.3.3 《城市污水再生利用 工业用水水质》(GB/T 19923—2005)

《城市污水再生利用 工业用水水质》(GB/T 19923—2005)于2006年4月1日起实施,本标准规定了再生水作为工业用水的水质标准、再生利用方式、监测频率和分析方法等内容。其中,作为锅炉用水,还应进行软化、除盐;作为工艺和产品用水,应参考相关行业和产品的水质标准;而洗涤、冷却用水(占工业用水的80%以上)可以直接使用或再处理使用。

3.2.3.4 《城市污水再生利用 地下水回灌水质》(GB/T 19772—2005)

《城市污水再生利用 地下水回灌水质》(GB/T 19772—2005)于2005年11月1日起实施,本标准规定了作为补充水源的再生水进行地下水回灌时应控制的项目和指标。

3.2.3.5 《城市污水再生利用 农田灌溉用水水质》(GB/T 20922—2007)

《城市污水再生利用 农田灌溉用水水质》(GB/T 20922—2007)于2007年10月1日起实施,本标准适用于以污水处理厂出水为水源的农田灌溉用水,规定了农田灌溉用水的36项水质指标限值和项目分析方法。

3.2.3.6 《城市污水再生利用 绿地灌溉水质》(GB/T 25499—2010)

《城市污水再生利用 绿地灌溉水质》(GB/T 25499—2010)于2011年9月1日起实施,本标准规定了城市污水再生利用于绿地灌溉的水质指标及限值、取样与检测,适用于以城市污水再生水为水源、灌溉绿地的再生水。

3.3 我国污水相关法律法规解读

3.3.1 《中华人民共和国水法》解读

3.3.1.1 主要内容分析

《中华人民共和国水法》强调:水是生命之源、生产之要、生态之基。水利是现代农业建设不可或缺的首要条件,是经济社会发展不可替代的基础支撑,是生态环境改善不可分割的保障系统。水资源的合理开发、利用和保护,在生态文明建设中具有极其重要的作用。现行《中华人民共和国水法》把节约用水和水资源保护放在突出位置,提高用水效率,协调生活用水、生产用水和生态用水以及水事纠纷处理、法律责任等诸多方面都有较大突破。

《中华人民共和国水法》在总则中首先明确了该法的立法目的是合理开发、利用、节约和保护水资源，防治水害，实现水资源的可持续利用，适应国民经济和社会发展的需要。其中，合理开发、利用、节约和保护水资源是《中华人民共和国水法》的核心内容，也是最主要的立法目的。防治水害也是《中华人民共和国水法》的立法目的之一，表明防治水害与水资源开发、利用、节约和保护之间是紧密联系、相互促进的。实现水资源的可持续利用，适应国民经济和社会发展的需要是《中华人民共和国水法》要实现的最终目的。

《中华人民共和国水法》在总则中还规定了本法适用的范围以及本法所称水资源包括地表水和地下水；规定了开发、利用、节约、保护水资源应当遵循的基本原则为全面规划、统筹兼顾、标本兼治、综合利用、讲求效益；规定县级以上人民政府应当加强水利基础设施建设，并将其纳入本级国民经济和社会发展计划。表明水利基础设施是开发、利用、节约、保护水资源和防治水害的物质基础，在保护人民生命财产和现代化建设中发挥着重要作用；确立了水资源权属制度、水资源取水许可制度、水资源有偿使用制度等；规定国家鼓励单位和个人依法开发、利用水资源，并保护其合法权益。开发、利用水资源的单位和个人有依法保护水资源的义务。这既调动单位和个人保护、开发、利用水资源的积极性，也提醒单位和个人所承担的法定义务；规定国家厉行节约用水、建立节水型社会。其中包括了政府、单位及个人在节约用水方面的基本义务；总则对饮用水保护最重要的规定为明确国家对水资源实行流域管理与行政区域管理相结合的管理体制，并对水行政主管部门、流域管理机构、其他有关部门的职责进行了总体分工。

为了加强水资源的宏观管理，《中华人民共和国水法》专门设立了“水资源规划”章节。在这部分立法中，明确要求开发、利用、节约、保护水资源和防治水害要按照流域、区域统一制定规划，国家制定全国水资源战略规划，并就规划的种类、制定权限与程序、规划的效力与实施等问题以及水文、水资源信息系统建设、水资源调查评价等水资源管理的基础性工作做了具体规定。《中华人民共和国水法》中“水资源开发利用”章节是水法的重点内容。该部分进一步规定了水资源开发、利用的基本原则为全面规划、统筹兼顾。水资源的开发利用必须坚持兴利与除害相结合，兼顾上下游、左右岸和有关地区之间的利益，充分发挥水资源的综合效益，并服从防洪的总体安排；规定了开发、利用水资源，应当首先满足城乡居民生活用水，并兼顾农业用水、工业用水、生态环境用水以及航运等需要。

此外，该章节还对跨流域调水、水资源论证、开发利用非传统水资源和水能资源、水相邻关系等和饮用水保护相关的领域进行了规定。

《中华人民共和国水法》中“水资源、水域和水工程的保护”章节是关于水资源保护的规定，与饮用水保护相关的主要包括：保护水量及生态用水的规定；水功能区划、排污总量控制制度和水质监测的规定；对地下水超采区管理以及沿海地区开采地下水的要求的规定；对单位和个人有保护水工程设施的义务的规定；对地方人民政府和水行政主管部门保障水工程安全的责任以及对划定水工程管理和保护范围的规定。

在污水处理方面，《中华人民共和国水法》第二十三条中规定了地方各级人民政府的排水与污水处理方面的职责，包括在“节流优先和污水处理再利用”等原则之下合理开发水资源、综合利用水资源，“合理组织开发、综合利用水资源”，以及在编制城市规划编制、布局城市重大建设项目时既要考虑水资源的保护，又要考虑城市防洪能力的提升。其第二十八条规定排水“不得损害公共利益和他人的合法权益”。

3.3.1.2 待完善内容

在污水处理方面,《中华人民共和国水法》仅极尽全力关注如何有限管控水资源开发环节,试图通过更合理的规划以及更严格的水资源取用标准来实现水资源在输入端的减量化,以控制区域内水资源输入的总量以及保护未被开发的水源不被滥取,却忽视了水资源的利用、排污环节与开发环节的联系,因此作为一种基础性的法律,却不能有效地规制污水资源利用的全过程。

3.3.2 《中华人民共和国水污染防治法》解读

3.3.2.1 主要内容分析

《中华人民共和国水污染防治法》对水污染防治的标准和规划、水污染防治措施、饮用水水源和其他特殊水体保护、水污染事故处置、法律责任等方面做了规定。其全部内容包括以下几方面。

1. 水污染防治的标准和规划

制定国家水环境质量标准和地方水污染物排放标准,并适时进行修订;制定水污染防治规划体系,严格按照程序规定进行审批修改。

2. 水污染防治的监督管理

建设项目和其他水上设施要进行环境影响评价,其水污染防治设施要遵守"三同时"制度;国家对重点水污染物排放实施总量控制制度;对未按照要求完成重点水污染物排放总量控制指标的地方和严重污染水环境的企业予以公布的规定;国家实行排污许可制度;排污申报登记制度;安装水污染物排放自动监测设备;缴纳排污费制度;国家建立水环境质量监测和水污染物排放监测制度;监督管理部门对排污单位进行现场检查;政府协商解决跨行政区域的水污染纠纷等。

3. 水污染防治措施

禁止向水体排放废液、放射性固体废物和各类固体废物等,禁止利用渗井、无防渗漏措施的沟渠、坑塘等排放或存贮含有毒有害污染物的规定;防止地下水污染等规定。工业水污染防治:规定了各级政府防治工业水污染的职责,严重污染水环境的工艺和设备实行淘汰制度,禁止新建严重污染水环境的生产项目,制定了企业水污染防治义务。城镇水污染防治:城镇污水应当集中处理,编制城镇污水处理设施建设规划,收取污水处理费;建设生活垃圾填埋场要采取防渗漏措施,防止造成水污染。农业和农村水污染防治:防止农药、畜禽养殖场、养殖小区、水产养殖对水体造成水污染,利用污水进行农田灌溉时,水质要达标,防止污染土壤、地下水。船舶水污染防治:防止船舶排放造成水污染,船舶配置防污设备和器材,持有防止污染的证书与文书,遵守操作规程,编制作业方案,并报批准。

4. 饮用水水源和其他特殊水体保护

建立饮用水水源保护区制度,划定程序及设立标志;禁止在饮用水水源保护区内设置排污口;在饮用水水源一级保护区、二级保护区、准保护区内建设项目的规定;对特殊水体划定保护区加以保护,不得新建排污口的规定。

5. 水污染事故处置

依照突发事件应对法对水污染事故进行处置,制定水污染事故应急方案并定期演练,规定了处理安全生产事故时防止污染水体和水污染事故报告程序。

其中,《中华人民共和国水污染防治法》的第四十九条至第五十一条规定了城市污水的处理。

在其第四十九条是城镇污水集中处理的相关规定,规定了各级政府及部门在污水集中处理方面的职责,并规定了污水处理费的收取与用途。在其第五十条规定了污水排放及污水处理出水水质的要求。在其第五十一条规定了城市污水处理中污泥的处置。同时,在法律责任一章中规定了污水排放及污泥处置等方面的法律责任。

3.3.2.2 待完善内容

中国水污染工作取得突破性进展的同时存在着一定的问题,究其原因主要有以下几个方面:

(1)流域水资源过度开发。水资源开发利用中,缺乏对水资源的保护,忽视水体特有的生态功能,造成流域水资源过度开发,很多河流成为“断流河”“排污沟”,水体丧失自净能力。

(2)水污染防治职责不清。跨省界流域的水污染防治,关于谁是责任主体,法律中没有明确规定。水污染防治涉及环保、水利、建设、农业、交通、林业、海洋、发展改革、财政等许多部门,由于职能交叉,甚至重叠,实际工作中相互扯皮、各自为政的现象十分严重。

(3)水污染防治相关法规衔接不够。《中华人民共和国水污染防治法》是水环境管理方面最重要、最直接的法律法规之一,但涉及水污染防治的规划编制、核定排污总量、水质监测、信息发布等规定在落实中存在交叉、重复等问题。

(4)政策机制不完善。一是排污费低于污染治理成本,环境污染外部化;二是对违法行为的处罚力度不够,“违法成本低、守法成本高”的问题十分突出,“谁污染、谁治理”的法律责任没有落到实处;三是资源性产品价格、环境收费及相关财税政策不利于企业自觉治污,企业内在动力不足;四是市场化治污机制尚未建立,专业化治污企业和民营资本难以进入治污市场;五是生态环境补偿机制还未建立。

3.3.3 《中华人民共和国环境保护法》解读

3.3.3.1 主要内容分析

2014年4月24日通过修订的《中华人民共和国环境保护法》充分体现中国特色社会主义法律体系形成后,工作重点在于更加注重法律修改完善工作的要求,明确了新世纪环境保护工作的指导思想,加强政府责任和责任监督,衔接和规范法律制度。充分体现了注意相关法律之间和相关法律制度之间的关联,推进环境保护法及其相关法律的实施,努力保护和改善环境质量的意图,为未来构建统一协调的大环保“基本法”奠定良好基础。

与修改前相比,2014年通过修订的《中华人民共和国环境保护法》突出了五个方面的特点:注重明确法律定位,注重创新环保理念,注重完善保护制度,注重强化法律责任和注重回应社会关切。

《中华人民共和国环境保护法》在三个重要领域实现新突破,包括构建符合环境承载能力的绿色发展模式、健全多元共治的现代环境治理体系和加重行政监管部门的法律责任。

《中华人民共和国环境保护法》有利于进一步引领和推进生态环境法治建设，作为国家环境保护的基础性法律的修订，《中华人民共和国环境保护法》的修订对下位法的制定和完善形成有力促进，这将有利于构建起更加科学有效的中国生态文明建设与保护制度。

《中华人民共和国环境保护法》还赋予地方人民政府对超标排放污染物企业实施行政处罚的权力。《中华人民共和国环境保护法》规定，企业事业单位和其他生产经营者超过污染物排放标准或超过重点污染物排放总量控制指标排放污染物的，县级以上人民政府环境保护主管部门可以责令其采取限制生产、停产整治等措施；情节严重的，报经有批准权的人民政府批准，责令停业、关闭。建设单位未依法提交建设项目环境影响评价文件或环境影响评价文件未经批准，擅自开工建设的，由负有环境保护监督管理职责的部门责令停止建设，处以罚款，并可以责令恢复原状。

《中华人民共和国环境保护法》明确对环境保护主管部门工作人员违法行为的行政处罚事项。违反《中华人民共和国环境保护法》规定，构成犯罪的，依法追究刑事责任。此外，还规定上级人民政府及其环境保护主管部门应加强对下级人民政府及其有关部门环境保护工作的监督。发现有关工作人员有违法行为，依法应给予处分的，应向其任免机关或监察机关提出处分建议。依法应给予行政处罚，而有关环境保护主管部门不给予行政处罚的，上级人民政府环境保护主管部门可直接做出行政处罚决定。地方各级人民政府、县级以上人民政府环境保护主管部门和其他负有环境保护监督管理职责的部门有不符合行政许可条件准予行政许可的；包庇环境违法行为的；依法应做出责令停业、关闭的决定而未做出的；对超标排放污染物、采用逃避监管的方式排放污染物、造成环境事故以及不落实生态保护措施造成生态破坏等行为，发现或接到举报未及时查处的；违反本法规定，查封、扣押企业事业单位和其他生产经营者的设施、设备的；篡改、伪造或指使篡改、伪造监测数据的；应依法公开环境信息而未公开的；将征收的排污费截留、挤占或挪作他用的；法律法规规定的其他违法行为等 9 种行为之一的，对直接负责的主管人员和其他直接责任人员给予记过、记大过或降级处分；造成严重后果的，给予撤职或开除处分，其主要负责人应引咎辞职。

3.3.3.2 待完善内容

《中华人民共和国环境保护法》仍然有若干需要完善的方面。《中华人民共和国环境保护法》没有明确行政管理体制和职责，对排污许可制度、环境污染责任保险、设立环境税、环境功能区划、多地共同推动环境交易市场协同发展，特别是预防和治理雾霾等问题都未涉及，这些都需要通过适时修改法律或健全行政法规来解决，这也为健全相关法规留下先行先试、改革创新的探索空间。

3.3.4 《中华人民共和国海洋环境保护法》解读

3.3.4.1 主要内容分析

海洋环境的保护治理、海洋资源的可持续开发利用均需要有完善的法规体系、高效的执法体系和完善的法律体系作为后盾。海洋环境保护法是有关国家如何开发利用海洋资源、发展海洋经济、保护海洋环境的法律指南，以法律规范的形式将海洋开发利用过程中相关部门的职权、义务、责任固定下来，为开发利用者和监督管理部门提供行为准则，为国家以及各级地方政府制定海洋环境保护法律规范和严格执法提供法律依据。制度建设是优化海洋环境、建设海洋强国的现实需要和根本保障，完善的海洋环境保护法律体系是保障有序推进海洋综合利用可持续开发的重要前提。

《中华人民共和国海洋环境保护法》就是为了保护和改善海洋环境、保护海洋资源、防治污染损害、维护生态平衡、保障人体健康、促进经济和社会的可持续发展，制定的法律。它对海洋环境监督管理、海洋生态保护、防治陆源污染物对海洋环境的污染损害、防治海岸工程建设项目对海洋环境的污染损害、防治海洋工程建设项目对海洋环境的污染损害、防治倾倒废弃物对海洋环境的污染损害、防治船舶及有关作业活动对海洋环境的污染损害和法律责任方面进行了规定。

3.3.4.2　待完善内容

《中华人民共和国海洋环境保护法》自颁布以来，经历了多次修订，解决了许多法律实施过程中出现的问题，可以说已经基本成熟。但是仅仅有法律规范的制定和完善是远远不够的，如何更加高效地实施各项海洋环境保护法律规范，充分发挥法律规范的引导和规制作用，才是海洋环境保护法制建设的重中之重。

目前，海洋相关事务的管理职责已经由国务院下设立的国家海洋局变更到自然资源部和生态环境部管辖，这在一定程度上可以改善海洋环境治理中的混乱格局，有利于海洋环境保护工作的有序开展。另外，为了更好地监督地方政府海洋环境保护相关部门更好地履行职责，可以考虑借鉴《中华人民共和国水污染防治法》中的“河长制”制度，将地方环境治理情况与政绩相结合，有利于提高沿海各地方海洋环境保护部门的工作积极性，也有利于上级环保部门对地方政府环境责任履行的监督和管理。

3.3.5　《城镇排水与污水处理条例》解读

3.3.5.1　主要内容分析

《城镇排水与污水处理条例》共分为七章，包括“总则”“规划与建设”“排水”“污水处理”“设施维护与保护”“法律责任”和“附则”，共五十九条。

在第二章“规划与建设”中，规定了编制城镇排水与污水处理规划与城市总体规划、内涝防治专项规划的关系及其编制原则，明确了排水与污水处理规划与城市各专项规划的衔接，以及内涝防治规划的编制原则；规定了政府及其排水主管部门对规划审批和实施的责任，明确了政府对排水与污水处理设施建设和维护在投资、建设用地上的责任；规定了规划对排水与污水处理建设和改造的指导和约束，明确了排水与污水处理设施的建设应遵循配套建设、审批前置、竣工验收等规定，以及设施维护运营管理规定。

在第三章“排水”中，明确了政府及其排水主管部门的城镇内涝防治责任，城镇排水设施的建设、管理规定，以及应履行的排水许可制度；规定了申报排水许可的具体规定以及对排水户的监管和监督要求，明确了对排水设施维护和检修的报告制度，对城镇内涝防治和应急的规定。

在第四章“污水处理”中，明确了排水主管部门与污水处理设施维护运营单位双方权利与义务，对污水处理设施维护运营单位提出达标排放、公开信息、接受监督的要求；规定了污水处理设施维护运营单位的污泥处理处置要求和污水处理设施安全运行应急管理要求;明确了污水处理费的缴纳、管理与使用要求;规定了政府环保、排水主管部门对污水处理设施维护运营单位运营情况的监管、监测和监督要求,以及对运营服务费的核拨要求;明确了污水处理再生利用和资源综合利用的鼓励政策和规定。

在第五章“设施维护与保护”中,明确了排水与污水处理设施维护运营单位建立安全生产管理制度、关键岗位和有限空间操作的有关规定;规定了政府、主管部门、排水与污水处理设施维护运营单位和排水户,应对突发事件、应急预案编制及演练的要求;明确了主管部门应对城镇排水与污水处理设施划定保护范围、制定保护方案和采取保护措施;规定了建设工程建设、施工单位与设施维护运营单位共同制定排水与污水处理设施的安全保护方案及措施;明确了排水主管部门对排水与污水处理设施运行维护和保护的监督管理,审计部门对排水与污水处理设施在建设、运营、维护和保护中的资金使用规定。

在第六章“法律责任”中,深化了法律责任,对法律的行为、后果两个法律要素恰当进行匹配。行为模式,即法律规定应当做什么、不应当做什么;后果模式,即如果违反法律规定,要承担怎样的责任。明确了违反《城镇排水与污水处理条例》的行政责任和刑事责任,包括对政府及其排水主管部门和其他有关部门的责任追究,对排水户,建设、施工、维护运营等单位的违法责任追究和处罚,以及对违反本条例的对应责任追究和处罚。

《城镇排水与污水处理条例》对城镇排水与污水处理规划制度、污水排入排水管网许可制度、污泥安全处理处置管理制度、城镇排水与污水处理设施维护保护制度、污水处理费管理和运营服务费核拨制度、设施维护运营单位准入和退出机制、城镇排涝风险评估和灾害后评估等制度、排水与污水处理监督考核和信息公开制度等多项制度加以确立,为我国城市排水与污水处理行业提供了明确依据。

3.3.5.2　待完善内容

近年来,国家在城市排水与污水处理方面出台了许多相关政策,政策的不断更新改进,为城市排水与污水处理提供了指引。但《城镇排水与污水处理条例》相对于政策来说稍显滞后,如地下综合管廊建设、海绵城市建设等先进的理念及措施实践并未能涉及。而且一些地方城市排水与污水处理方面缺少具体的切合地方实际的地方性立法,还有一些地方城市排水与污水处理方面的地方立法已过于陈旧,已不能适应当下城市发展的需要,亟待在政策指引下,及时更新立法。

此外,《城镇排水与污水处理条例》第二十条第一款规定了“排水单位和个人”的排水义务,即要把污水根据国家相关的要求排入排水系统。其第二十一条规定了“排水户”的义务,即要申领“污水排入排水管网许可证”后才能将污水排入城镇排水设施,且排放须按许可证的要求来进行;城镇排水主管部门有对排水户的申请进行审查的义务;此处的“排水户”包含企事业单位和个体工商户(主要是从事工业、建筑、餐饮、医疗等活动)。因此,排水许可与排污许可这二者还需要得到相互衔接,以便共同作用于城市排水与污水处理。

《城镇排水与污水处理条例》第五条规定全国的城镇排水与污水处理工作统一由“国务院住房城乡建设主管部门”进行指导与监督,而各地方的城镇排水与污水处理工作由“县级以上地方人民政府城镇排水与污水处理主管部门”负责监管。由此而知,排水与污水处理的监督管理工作由专门的“城镇排水主管部门”来负责,但污水排放问题的监管与环保、水务等部门的职责存在交叉部分,各自职责的边界不明,导致一些地方部门间推诿等现象出现。在水污染治理方面地方部门间统筹协同不够,一些地方治水工作治标不治本,收效甚微。

3.4　我国污水相关标准规范内容分析

3.4.1　水环境质量标准分析

3.4.1.1　《地表水环境质量标准》(GB 3838—2002)

我国现行《地表水环境质量标准》(GB 3838—2002)是评价和考核我国地表水环境质量、管理我国地表水环境的基本依据。《地表水环境质量标准》(GB 3838—2002)适用于中华人民共和国领域内江河、湖泊、运河、渠道、水库等具有使用功能的地表水水域。该标准依据地表水环境功能和保护目标将地表水体分为5类,并规定了水环境质量应控制的项目、限值和分析方法等。涉及的基本项目有24项,包括基础环境参数、营养盐、耗氧物质以及重金属和氰化物、挥发酚等部分有毒有害污染物等。

《地表水环境质量标准》(GB 3838—2002)已经发布实施17年,显露出一些问题,已经不能适应新的形势和发展要求,有必要进行修订。比如测定化学需氧量会造成二次污染,总有机碳代替化学需氧量是国际接轨的需要。

《地表水环境质量标准》(GB 3838—2002)中一些指标的标准值出现过宽或过严的现象,如在汞、阴离子合成洗涤剂、马拉硫磷、甲基对硫磷和苯并(a)芘五项指标的标准限值均小于其在GB 5749—2006中的标准限值。砷、氰化物、挥发酚类、敌敌畏、环氧氯丙烷地表水环境质量标准GB 3838—2002的Ⅲ类限值明显高于生活饮用水卫生标准GB 5749—2006的水质限值,也就是说,满足GB 3838—2002要求的地表饮用水源水未必是安全的饮用水。

我国已进行大量环境基础理论研究、水生态毒理学等研究,应充分挖掘和利用对某种污染物的水生生物的急性毒性、慢性毒性、生殖毒性、遗传毒性等,生物积累、生物放大、短期暴露、长期暴露的最高允许浓度等环境行为的研究成果。充分利用环境暴露、环境毒理与风险评估为核心内容的水环境质量评价、风险控制及整个水环境管理体系等研究内容,及时修订《地表水环境质量标准》(GB 3838—2002)。

3.4.1.2　《海水水质标准》(GB 3097—1997)

《海水水质标准》(GB 3097—1997)是我国海洋水环境质量评价、污染物排海控制、海洋突发性污染事件应对、海洋环境规划和风险管理等海洋环境管理工作的重要依据。《海水水质标准》(GB 3097—1997)适用于中华人民共和国管辖的海域。该标准根据海域的使用功能和保护目标将海水水质分为4类,共涉及39种水质指标和33种污染物,包括感官参数、基础环境参数、营养盐、耗氧物质,以及重金属、部分有毒有害有机污染物和放射性核素等,为我国海水水质及海洋生态系统安全提供了有力保证。

《海水水质标准》(GB 3097—1997)是我国水环境保护管理的重要抓手,在水污染防治中具有举足轻重的地位。随着我国水环境保护形势的转变、环境污染特征的变化以及国内外水环境领域科学研究的不断发展,现行的水质标准已经难以适应当前水环境管理需求,我国的环境保护工作一直是在充满矛盾和效果不理想的状态下运转的,因而对海水水质标准开展完善修订工作的需求变得日益迫切。

《海水水质标准》(GB 3097—1997)水环境质量标准值规定范围过于广泛。我国陆域幅员辽阔,海岸线曲折漫长,不同地区、不同海域的气候、地理环境和社会活动的差异导致不同区域的污染特征各不相同,各类污染物入海量差异显著。科学的水环境质量标准应以区域性的环境质量基准为基础和依据,充分考虑区域特征,以确保可给予本区域环境生态最为恰当的保护。然而《海水水质标准》(GB 3097—1997),在限值和项目的设定上均为全国统一标准,并未根据不同区域、不同自然特征、不同生态系统类型以及区域社会经济特征予以差异性的规定和调整。这种"一刀切"式的水质标准限值缺乏合理性,导致我国水环境管理工作中存在一定程度的"欠保护"和"过保护"现象,无法保证区域生态系统的持续安全以及社会经济与资源环境的和谐发展。

《海水水质标准》(GB 3097—1997)部分水质指标与其他水质标准设置不衔接。《海水水质标准》(GB 3097—1997)中基本项目共有 39 项,而《地表水环境质量标准》(GB 3838—2002)中基本项目共有 24 项。两项水质标准的参数类别虽基本一致,但在部分指标参数的设置上,二者存在显著差异。

3.4.1.3　《地下水质量标准》(GB/T 14848—93)

1994 年,国家技术监督局根据我国地下水水质状况、影响人体健康的基准值及地下水质量保护目标颁布了《地下水质量标准》(GB/T 14848—93),将其作为衡量地下水水质优良和是否收到外界污染的标尺。该标准参照生活饮用水、工农业水水质最高要求将地下水质量类别划分成 5 类,规定了与地下水相关的指标及限值,并提出了有效的方法来对地下水进行评价和保护。这一标准是防治地下水污染的有力技术支持,但并未对地下水污染后的治理修复制定相应的技术规范和标准,且该质量标准制定时间距今较长,当年指定的标准随着社会的发展和环境的变化已不再完全适用,因此我国亟待出台地下水污染治理修复的国家或行业标准,以指导我国地下水污染修复治理工作。

3.4.1.4　《农田灌溉水质标准》(GB 5084—2005)

《农田灌溉水质标准》(GB 5084—2005)是由中华人民共和国农业部提出的,为贯彻执行《中华人民共和国环境保护法》,防止土壤、地下水和农产品污染,保障人体健康,维护生态平衡,促进经济发展而制定的标准。

该标准规定了农田灌溉水质要求、监测和分析方法,适用于全国以地表水、地下水和处理后的养殖业废水及以农产品为原料加工的工业废水作为水源的农田灌溉用水。

3.4.2　污水排放标准分析

3.4.2.1　《污水综合排放标准》(GB 8978)

水污染防治是提高我国水环境质量、加强流域治理、确保饮用水水质安全的重要前提,也是环境管理的重要工作内容。水污染物排放控制则是水污染防治的主要手段之一,尤其是近几次的国家五年计划都将污染减排作为约束性指标提出,污水综合排放控制已成为国家和地方环保工作的一项主要任务。

我国以标准为手段规范水污染防治工作起步较早，1973年首次发布了《污水综合排放标准》（GB 8978），在当时大力发展重工业的情况下对污染限排和水环境保护起到了重要的作用。该标准于1988年首次修订，对污染物种类进行了扩展，降低了部分污染物最高允许排放浓度。1996年，国家环保局组织对该标准进行了第二次修订，GB 8978—1996明确了综合排放标准与行业排放标准不交叉执行的原则，对17个行业的水污染排放标准进行了整合，便于排污单位准确把握执行标准，同时大幅增加了污染控制项目，并对部分重点控制项目做了更严格的限制。

《污水综合排放标准》（GB 8978—1996）最早发布时间为1996年，至今已20多年未再次修订，早已超出了标准最长5年的复审周期。而这期间无论是生产生活方式、污水处理技术水平，还是环境保护需求和环境治理压力都发生了巨大改变，应该说在许多方面已经无法适应国家水污染控制的宏观要求。

另外，从环境保护具体工作层面看，对于与环境本底、污染源分布和人口情况等地区差异性巨大的因素直接相关的环境质量要求和污染控制要求等，因其难以统一和归类，通过统一的国家标准进行约束确实难以实现地方在污染物总量控制或环境质量改善等方面的特异性要求。

3.4.2.2　**《城镇污水处理厂污染物排放标准》**（GB 18918—2002）

《城镇污水处理厂污染物排放标准》（GB 18918—2002）适用于城镇污水处理厂废气、各类生活污水的排放以及厂内污泥的处置排放管理。依据不交叉执行的原则，国家综合排放标准和专业排放标准不能同时进行。因此，污水处理厂废气、各类生活污水的排放、厂内污泥管理，都执行GB 18918—2002标准。

《城镇污水处理厂污染物排放标准》（GB 18918—2002）污染物控制项目按来源和性质分为基本控制项目和选择控制项目。基本控制项目定义是短期影响水环境，污水处理厂正常可以去除的污染物包括COD、TN、TP、NH_3—N、BOD、pH、SS、LAS、粪大肠菌群、色度、动植物油、石油类共12项，有6种重金属，如汞、镉、铬、砷、铅、六价铬和烷基汞。选择控制项目定义是长期影响水环境，或污染物毒性较大，污水处理厂难以去除的污染物（含少量有机污染物）有43项，如甲醛、硫化物、酚类、氰类、硝基苯、苯胺、四氯化碳、三氯乙烯等。

排放标准分级基于处理工艺的种类和水体的接受功能，一般污染物排放标准分为三个等级：一级（又分为A标准和B标准）标准、二级标准和三级标准。一级标准是为了水资源再利用和饮用水源的保护，适用于河流和湖泊的用水及再次利用。二级标准适用常规或改进二级处理工艺。三级标准适用经济落后的特定地区，无法正常进行水处理的污水厂。

《城镇污水处理厂污染物排放标准》沿用至今已近20年，某些标准已经不适合当前国情和技术。该标准与《地表水环境质量标准》（GB 3838—2002）对比就发现：城镇污水处理厂出水作为回用水的标准为一级A标准，其化学需氧量排放限值为50 mg/L，一级A标准相当于地表水体系中的劣Ⅴ类。对此，应将城镇污水处理厂出水标准提高到地表水Ⅳ类以上，使水污染物排放标准和水环境质量标准逐步接轨。

3.4.3　再生利用水标准分析

3.4.3.1　《城市污水再生利用 城市杂用水水质》(GB/T 18920—2002)

《城市污水再生利用 城市杂用水水质》(GB/T 18920—2002)规定了城市杂用水水质标准、采样及分析方法。城市杂用水是指用于厕所冲洗、洗车、扫除、消防、建筑施工等用途的再生水。标准将水质指标分为5类共13项,其中包括3项感官指标(色度、臭、浊度)、1项有机物指标(五日生化需氧量BOD_5)、7项物理化学指标(pH、溶解性总固体、氨氮、阴离子表面活性剂、铁、锰、溶解氧)以及2项卫生指标(总余氯、总大肠杆菌)。另外,该标准还规定了水质检验的测定方法以及检测频率,同时规定了杂用水的管道水箱均应涂成天酞蓝色,并标注“杂用水”字样,以免误饮、误用。

3.4.3.2　《城市污水再生利用 景观环境用水水质》(GB/T 18921—2002)

《城市污水再生利用 景观环境用水水质》(GB/T 18921—2002)旨在满足缺水地区对娱乐性水环境的需要,指标的确定方面以考虑其美学价值及人的感官接受能力为主,着重强调水体的流动性。景观环境用水根据功能特性及人体的接触限度可以分列出两大类:观赏性景观环境用水和娱乐性景观环境用水。标准中水质指标的选取与确定,主要从保障再生水使用区域的公众健康的角度出发,而对于水生动植物的安全及污染物在土壤中的迁移积累问题不做重点考虑。基于此,标准选取14项水质指标,其中的基本要求和pH 2项作为景观用水的最基本的指标,其余12项指标包括常规指标(五日生化需氧量BOD_5、悬浮物、浊度和溶解氧)、物理化学指标(总磷、总氮和氨氮)、卫生指标(总余氯、总大肠杆菌)和感官指标(色度、石油类)。同时,标准强调了再生水的化学毒理学指标,并且规定了完全使用再生水时水体的停留时间以及水质的取样要求、检测频率和检测方法等。

3.4.3.3　《城市污水再生利用 工业用水水质》(GB/T 19923—2005)

城市用水绝大部分是工业用水,再生水代替自来水用于工业是缓解城市水荒,保持工业可持续发展的有效措施。工业对再生水的需求很大,对水质的要求也多种多样,污水再生后可用于冷却、洗涤、锅炉补给、工艺、产品等工业用途。《城市污水再生利用 工业用水水质》(GB/T 19923—2005)规定了再生水作为工业用水的水质标准、再生利用方式、监测频率和分析方法等内容。其中,作为锅炉用水,还应进行软化、除盐;作为工艺和产品用水,应参考相关行业和产品的水质标准;而洗涤、冷却用水(占工业用水的80%以上)可以直接使用或再处理使用。另外,水质标准的主要项目(pH、悬浮物、浊度、色度、生化需氧量、化学需氧量、氨氮、总磷、溶解性总固体、余氯、大肠菌群)应每日监测一次。

3.4.3.4　《城市污水再生利用 地下水回灌水质》(GB/T 19772—2005)

再生水回灌分为地表回灌和井灌,其中地表回灌是指入渗回灌,而井灌是将水注入地下含水层的回灌方式。由于再生水的水质及其回灌技术将直接影响地下水和含水层的状态,不良影响具有滞后性和长期性,因此再生水回灌地下水是一项极为严谨的工作。《城市污水再生利用 地下水回灌水质》(GB/T 19772—2005)规定了作为补充水源的再生水进行地下水回灌时应控制的项目和指标。回灌时,入水口的水质控制项目分为基本项目和选择项目。其中,基本项目中,色度、浊度、pH、化学需氧量、硝酸盐、亚硝酸盐、氨氮需要每日监测1次,其余基本控制项目每周检测1次。选择控制项目每半年检测1次。

3.4.3.5 《城市污水再生利用 农田灌溉用水水质》(GB 20922—2007)

2007年10月1日,我国颁布了《城市污水再生利用 农田灌溉用水水质》(GB 20922—2007)标准,该标准的颁布为污水利用于农田灌溉奠定了科学基础,强化了国家对污水灌溉进行宏观控制和科学指导。其基本控制项目19项(比《城市污水再生利用 农田灌溉用水水质》(GB 20922—2005)增加了DO余氯、石油类、挥发酚项,减少了水温1项),选择控制项目17项,总计达36项之多。其中,常规控制项目包括pH、生化需氧量(BOD)、化学需氧量(COD)、悬浮物(SS)、石油类、挥发酚、阴离子表面活性剂、溶解性总固体、粪大肠菌群数、游离余氯等;一类污染物控制项目包括痕量元素汞、镉、砷、铬(六价)和铅等;选择性控制项目包括铍、钴、铜、氟化物、铁、锰、钼、镍、硒、锌、硼、钒、氰化物、氯化物、硫化物、三氯乙醛、丙烯醛、甲醛和苯等。与欧美国家相比,控制项目和指标相对放宽了一些,但与一些发展中国家相关标准对比,分类之科学、控制范围之宽、指标之严,是非常显著的。这是由于我国城镇污水大多为混合污水,通常大中城市污水中工业废水占40%~60%,水质成分复杂、多变,尤其是有机污染的扩大和增长,造成了潜在的隐患。为了确保安全科学污灌,保证农产品质量,灌溉作物分类更为细化,严禁用再生水灌溉生食蔬菜和大棚蔬菜。

该标准适用于以城市污水处理厂出水为水源的农田灌溉用水,所指原污水是进入城镇收集系统的污水和居民生活污水,经过污水处理并达到该标准后,才可以作为农田灌溉用水。

3.5 建 议

3.5.1 明确各法律法规之间的效力关系

通过解读污水相关的法律法规和标准规范可知,国家在城市排水与污水处理方面出台了许多相关政策,政策的不断更新改进,为城市排水与污水处理提供了指引。但《城镇排水与污水处理条例》等法律规范相对于政策来说稍显滞后,如地下综合管廊建设、海绵城市建设等先进的理念及措施实践并未能涉及。而且,一些地方城市排水与污水处理方面缺少具体的切合地方实际的地方性立法,还有一些地方城市排水与污水处理方面的地方立法已过于陈旧,已不能适应当下城市发展的需要,亟待在政策指引下,及时更新立法。此外,虽然《中华人民共和国水法》《中华人民共和国水污染防治法》等法律已修订,但其中涉及城市排水与污水处理的条款并不多,对城市内涝治理、海绵城市建设等还存在乏力之处。因此,不仅需要使得城市排水与污水处理法律规范与政策衔接,城市排水与污水处理法律规范内部也需进行有效地衔接,上位法为下位法提供更多的基础性依据。

3.5.2 完善排污许可制度

我国排污许可始于2000年,历经《中华人民共和国大气污染防治法》《中华人民共和国水污染防治法》《中华人民共和国环境保护法》等法律法规的规定而逐步确立并完善。

2008 年修订的《中华人民共和国水污染防治法》第二十条将排污许可制度加以规定,2017 修订的新《中华人民共和国水污染防治法》第二十一条在原二十条基础上增加了“其他生产经营者”等排污主体,增加“排污许可证应当明确排放水污染物的种类、浓度、总量和排放去向等要求”。《中华人民共和国环境保护法》第四十五条亦规定了排污许可管理制度。但《中华人民共和国水污染防治法》所规定的“排污许可的具体办法和实施步骤由国务院规定”,却至今未能落实。

国务院《排污费征收使用管理条例》将排污费的征收和使用加以规制,但其中并无有关排污许可的规制。因此,排污许可制度仍有待于更加具体的细化的规定,以便于实现排污许可制度所欲的法律效果。此外,《城镇排水与污水处理条例》第二十条第一款规定了“排水单位和个人”的排水义务,即要把污水根据国家相关的要求排入排水系统。其第二十一条规定了“排水户”的义务,即要申领“污水排入排水管网许可证”后才能将污水排入城镇排水设施,且排放须按许可证的要求来进行;城镇排水主管部门有对排水户的申请进行审查的义务;此处的“排水户”包含企事业单位和个体工商户(主要是从事工业、建筑、餐饮、医疗等活动)。因此,排水许可与排污许可这二者还需要得到相互衔接,以便共同作用于城市排水与污水处理。

3.5.3 明确污水处理责任制

城市污水处理厂集中处理城市生活污水、工业废水,避免或减轻污水、废水对自然环境中水资源的污染。根据我国传统的对污水处理厂的管理模式来看,各级环境保护行政主管部门不对城市污水处理厂进行环境监控,而是直接针对直接排放污水的企业。《中华人民共和国水污染防治法》将“城镇污水集中处理设施的运营单位”与“直接或者间接向水体排放工业废水和医疗废水以及其他按照规定应当取得排污许可证方可排放的废水、污水的企业事业单位或其他生产经营者”区分开来规定;《排污费征收适用管理条例》将“排污者”界定为“直接向环境排放污染物的单位和个体工商户”;《排放污染物申报登记管理规定》界定“排污单位”为“直接或者间接向环境排放污染物、工业和建筑施工噪声或者产生固体废物的企业事业单位”。

“排污者”与“排污单位”在实质意义上并无区别,但城市污水处理厂既不是“排污者”也不是“排污单位”,上位法与下位法之间的冲突,使得地方对城市污水处理厂的态度并不一致。削减污染物作为污水处理厂的目的,为保护环境,而无任何经济意图,社会普遍认可其所具有的公益性质,因此城市污水处理厂很明显不是环境责任原则所要规制的。污水处理本就是一种公益事业,用水主体应对其排放污水或废水的行为支付相应的成本(如污水处理费),以此来保障污水处理厂的正常运营。城市污水处理厂是要减少水中的污染物的,处理污水之后不可避免地会排放少量的污染物,但这些污染物并非基于污水处理环节而产生,而是在进入污水处理厂之前的各主体排放的。把城市污水处理厂定性为“排污者”或者“排污单位”,会导致对处罚显失公平、阻碍城市污水处理厂健康发展、不利于环境执法与守法。

3.5.4　完善再生水标准制度法律保障机制

法律通过运行达到规制行为、保障秩序的目的，法律保障机制的构建需内含法律运行的整个过程（立法、执法、守法、司法）。在法律的运行中，政府、企业、公众是最主要的参与主体。因而，建立政府推动、企业实施、公众参与的新型动力机制，促进法律的运行，保障再生水的可持续利用。

首先，明确再生水的含义。现阶段，我国法律规定的再生水的含义表述不统一。再生水的核心含义在于：一是雨水、城市污水、废水回收；二是经过处理；三是处理后达到国家或者地方的相关水质标准；四是非饮用水。由此，再生水可以定义为各种废水经过适当处理后，达到国家或者地方水质标准，满足特定用途的非饮用水。

其次，明确再生水的性质。再生水虽然不具备通常意义上的自然属性，不是自然资源，但国内有的学者认为再生水通过水的社会循环进入水的自然循环，最终都会成为自然水的一部分。

最后，对标准做统一的规定。在制定标准的过程中，一定要对建设项目的发展规模做到合理的预测。在条件成熟的情况下，可以考虑制定再生水回用标准的专门立法，即由国务院制定专门的行政法规，进一步细化修订后的《中华人民共和国水法》关于再生水回用的具体措施与法律责任、政府职责等方面的规定，同时可以进一步与《城镇排水与污水处理条例》相协调。

第 4 章　水处理的相关技术介绍

4.1　污水处理基本原理

4.1.1　污水处理概述

目前，随着社会经济的不断发展，水资源出现了短缺现象，究其原因是水在人们生活中的实际运用超出了其本身的最大承载范围。所以，要想实现水资源的合理应用，就要保证其自然的循环和供应，这就需要平衡好上游地区与下游地区的水体功能，平衡好水循环的社会规律与自然规律。这样才能够保证水资源的可持续利用和水质的优良。传统的用水首先是取水和输水，其次是用水，最后是排水，这种用水模式是单向开放型，而节能用水模式则为反馈式循环流程，首先是有节制地取水和输水，其次是用水，最后是变为再生水，这样就有效实现了水资源的循环利用。要想更好地实现反馈式循环流程模式用水，就要做好再生水的处理工作，即污水处理工作。

污水处理是指为使污水达到排入某一水体或再次使用的水质要求，并对其进行净化的过程。按处理程度的不同，废水处理系统可分为一级处理、二级处理和深度处理（三级处理）。

（1）一级处理只去除废水中的悬浮物，以物理方法为主，处理后的废水一般还不能达到排放标准。对于二级处理系统而言，一级处理是预处理。

（2）二级处理最常用的是生物处理法，它能大幅度地去除废水中呈胶体和溶解状态的有机物，使废水符合排放标准。但经过二级处理的水中还存留一定量的悬浮物、生物不能分解的溶解性有机物、溶解性无机物和氮磷等藻类增值营养物，并含有病毒和细菌，因而不能满足要求较高的排放标准，如处理后排入流量较小、稀释能力较差的河流就可能引起污染，也不能直接用作自来水、工业用水和地下水的补给水源。

（3）三级处理是进一步去除二级处理未能去除的污染物，如磷、氮及生物难以降解的有机污染物、无机污染物、病原体等。废水的三级处理是在二级处理的基础上，进一步采用化学法（化学氧化、化学沉淀等）、物理化学法（吸附、离子交换、膜分离技术等）以去除某些特定污染物的一种“深度处理”方法。显然，废水的三级处理耗资巨大，但能充分利用水资源。

4.1.2　生活污水治理模式

城市化农村地区居住相对分散，各地方自然条件和经济条件各不一样，因此不可能采取一种统一的污水治理模式，而是应该因地制宜，根据各农村的具体实际来确定污水治理模式。目前，农村生活污水的治理有以下三种模式：

(1)接入市政管网模式。对于靠近城镇的村庄或靠近城镇污水管网的村庄,所有的生活污水集中收集后,送入城镇污水处理厂集中处理。适用于距离新城(卫星城)、建制镇的市政污水管网较近(通常 5 km 以内),符合高程接入要求的村庄污水处理。由于城镇污水处理厂相对运行规范、管理完善,而且污水处理的运行较为经济,效果也有保障。

(2)集中处理模式。村庄距离污水管网较远,或者接入城镇污水管网的村庄污水干管投资较大,单村或者居住集中的两三个村庄采用污水集中收集后,就地建污水处理设施处理。利用一级设施进行处理,采用自然处理或常规生物处理等工艺形式。该模式具有占地面积小、抗冲击能力强、运行安全可靠和出水水质好等特点。

(3)分散处理模式。各村收集的生活污水,每个区域污水单独处理。采用小型污水处理设备、自然处理等工艺形式。该模式具有布局灵活、施工简单、管理方便、出水水质有保障等特点,适用于规模小、布局分散、地形条件复杂、污水不易集中处理收集的村庄。目前,广州市农村多数采用这种模式。

本书介绍的农村生活污水治理主要采用第三种分散式处理模式。根据村庄所处位置、人口规模、聚集程度、地形地貌、排放特点等要求,因地制宜地采用环保节能、工艺可靠、建设投资少、运行管理方便、维护费用低的处理工艺。

4.1.3　污水处理基本原理

污水是生活污水、工业废水、被污染的雨水及其他形式污水的总称。污水中污染物的成分是相当复杂的,控制处理污水中的污染物质的技术也种类繁多。不同的污水水质、水量、处理后接纳水体以及是否有回用目的、处理程度等要求都决定所采用的废水处理方法各不相同。现代污水处理技术按原理分,大致可分为物理处理法、化学处理法及生物处理法等。

4.1.3.1　物理处理法

物理处理法的去除对象是水中不溶性的悬浮物质,采用的处理方法有筛选、截留、重力分离(包括自然沉淀、自然上浮和气浮等)和离心分离等,使用的处理设备和方法主要有格栅(筛网)、沉淀(沉砂)、气浮、过滤、微滤、离心(旋流)分离等。

(1)格栅(筛网)。是由一组平行排列的金属栅条制成的框架,斜置成 60°~70°于废水流经的渠道内,当废水流过时,呈块状的污染物质即被栅条截留而从废水中去除,它是一种对后续处理构筑物或废水提升泵站有保护作用的设备,筛网截留亦属于这一性质的设备。

(2)沉淀(沉砂)。借助于废水悬浮固体本身的重力作用使其与废水相分离的方法。这种工艺分离效果好、简单易行、应用广泛,往往在处理废水过程中多次使用,是一种十分重要的处理构筑物。沉淀池主要用于去除废水中大量的呈颗粒状的悬浮固体,沉砂池则主要去除废水密度较大的固体颗粒。

(3)气浮。是设法在废水中通入大量密集的微细气泡,使其与细的悬浮物相互黏附,形成整体密度小于水的浮体,从而依靠浮力上升至水面,以完成固、液分离的处理方法。气浮按气泡的来源可分为压力溶气气浮、电解凝聚气浮、微孔布气气浮三大类。

(4)过滤。是使废水通过具有孔隙的粒状滤层,从而截留废水的悬浮物,使废水得到澄清的处理工艺。

(5)离心(旋流)分离。使含有悬浮固体或浮化油的废水在设备中高速旋转,由于悬浮固体和废水的质量不同,受到的离心力也不同,质量大的原悬浮固体被抛到废水外侧,这样就可使悬浮固体和废水分别通过各自出口排出设备之外,从而使废水得以净化。

4.1.3.2　化学处理法

化学处理法的去除对象是废水中的胶体物质和溶解性物质,通常是在污水的处理过程中投加化学药剂,使之与废水中的有害物质反应,达到净化污水的目的。如化学除磷、臭氧消毒等,通常添加的化学剂包括混凝剂、絮凝剂、除磷剂、臭氧消毒剂等。

(1)中和处理。用化学方法消除废水中过量的酸或碱,使其 pH 达到中性左右的过程称为中和。处理含酸废水以无机碱为中和剂,处理碱性废水以无机酸作为中和剂。中和处理应考虑以“以废治废”原则,亦可采用药剂中和处理,中和处理可以连续进行,也可以间歇进行。

(2)混凝处理法。是向废水中投加一定量的药剂,经过脱稳、架桥等反应过程,使废水呈胶体状态的污染物质形成絮凝体,再经过沉淀或气浮,使污染物从废水中分离出来。通过混凝能够降低废水的浊度、色度,去除高分子物质、呈胶体的有机污染物、某些重金属毒物(汞、镉)和放射性物质等,也可去除磷等可溶性有机物,应用十分广泛。它可以作为独立处理法,也可以和其他处理法配合,作为预处理、中间处理,甚至可以作为深度处理工艺。

(3)化学沉淀法。向废水中投加某种化学物质,使它和废水中的某些溶解物质产生反应,生成难溶物沉淀下来。它一般用以处理含重金属离子的工业废水。根据所投加的沉淀剂,化学沉淀法又可分为氢氧化物沉淀法、硫化物沉淀法、钡盐沉淀法等。

(4)氧化还原法。利用溶解于废水中的有毒、有害物质在氧化还原反应中能被氧化或还原的性质,把它转化为无毒无害的新物质或转化成气体或固体化而从废水中分离出来。在废水处理中使用的氧化剂有空气中的氧、纯氧、臭氧、氯气、次氯酸钠、三氯化铁等,使用的还原剂有铁、锌、锡、锰、亚硫酸氢钠、焦亚硫酸盐等。

(5)吸附法。用多孔性固体吸附剂处理废水,使其中的污染物质被吸着于固体表面而分离的方法。吸附可分为物理吸附、化学吸附和生物吸附等。物理吸附剂和吸附质之间在分子间力作用下产生的,不产生化学变化。而化学吸附则是吸附剂和吸附质之间发生化学反应,生成化学键引起的吸附,因此化学吸附选择性较强。另外,在生物作用下也可以产生物吸附。在废水处理中常用的吸附剂有活性炭、磺化煤、沸石、硅藻土、焦炭、木屑等。

(6)离子交换法。在废水处理中应用较广,主要用于去除废水中的金属离子,其本质是溶性离子化合物(离子交换剂)上的可交换离子与废水中的其他同性离子的交换反应,是一种特殊的吸附过程。使用的离子交换剂可分为无机离子交换剂(天然沸石和合成沸石)、有机离子交换树脂(强酸阳离子树脂、弱酸阳离子树脂、强碱阴离子树脂、螯合树脂等)。采用离子交换法处理废水时,必须考虑树脂的选择性,树脂对各种离子的交换能力是不同的,这主要取决于各种离子对该种树脂亲合力的大小,又称选择性的大小,另外还要考虑到树脂的再生方法等。

(7)膜分离法。渗析、电渗析、超滤、反渗透等技术都是通过一种特殊的半渗透膜来分离废水中离子和分子的技术,统称为膜分离法。电渗析法、反渗透法主要用于废水的脱盐、回收某些金属离子等,反渗透与超滤均属于膜分离法,但其本质又有所不同,反渗透作用主要是膜表面化学本性所起的作用,它分离的物质粒径小,除盐率高,所需工作压力大;超滤所用材质和反渗透可以相同,但超滤是筛滤作用,分离物质粒径大,透水率高,除盐率低,所需工作压力小。

(8)萃取法。利用废水中的污染物在水体萃取剂中溶解度的不同来分离污染物方法称为萃取法。萃取法一般有三步:一是把萃取剂加入废水中,使废水中的污染物转移到萃取剂中;二是把萃取剂和废水分开,使废水得到净化;三是把污染物与萃取剂分开,使萃取剂循环回用。

4.1.3.3　生物处理法

在自然界,存活着巨额数量以有机物为营养物质的微生物,它们具有氧化分解有机物并将其转化为无机物的功能。废水的生物处理法就是采取一定的人工措施,创造有利于微生物生长、繁殖的环境,使微生物大量增殖,以提高微生物氧化、分解有机物能力的一种技术。生物处理法主要用于去除废水中呈溶解状态和胶体状态的有机污染物。

根据作用微生物的类型,生物处理法可分为好氧处理法和厌氧处理法两大类。前者处理效率高、效果好、使用广泛,是生物处理法的主要方法。另外,也可根据微生物在废水中是处于悬浮状态还是附着在某种填料上来分,可分为活性污泥法和生物膜法。

(1)活性污泥法。是当前应用最为广泛的一种生物处理技术。活性污泥是一种由无数细菌和其他微生物组成的絮凝体,其表面有一多糖类黏质层。活性污泥法就是利用这种活性污泥的吸附、氧化作用,去除废水的有机污染物。

(2)生物膜法。废水连续流经固体填料(碎石、塑料填料等),在填料上就会生成污泥状的生物膜,生物膜中繁殖着大量的微生物,起到与活性污泥同样的净化废水的作用。

生物膜法有多种处理构筑物,如生物滤池、生物转盘、生物接触氧化床和生物流化床等。

(3)自然生物处理法。利用在自然条件下生长、繁殖的微生物(不加以人工强化或略加强化)处理废水的技术。其主要特征是工艺简单,建设与运行费用都较低,但受自然条件的制约。主要的处理技术是稳定塘和土地处理法。稳定塘是利用塘水中自然繁育的微生物(好氧、兼氧及厌氧),在其自身的代谢作用下氧化分解废水中的有机物,稳定塘中的氧由塘中生长的藻类光合作用和塘面与大气相接触的复氧作用提供,在稳定塘内废水停留时间长,它对废水的净化过程和自然水体净化过程相近。稳定塘可分为好氧塘、兼性塘、厌氧塘和曝气塘等,包括废水灌溉在内的土地处理也是一种生物处理法。废水向农作物提供水分和肥分,废水中非溶解性杂质被表层土壤过滤截留,并逐渐被微生物分解利用。近十几年来在利用土地处理废水方面有了较大的发展。

(4)氧生物处理法。厌氧生物处理是利用兼性厌氧菌和专性厌氧菌在无氧条件下降解有机污染物的处理技术。有机污泥、含某些高浓度有机污染物的工业废水,如屠宰场、酒精厂废水等适宜于用厌氧生物处理法处理。用于厌氧生物处理的构筑物最普通的是消化池,最近一二十年来该领域有很大发展,开创了一系列新型、高效的厌氧处理构筑物,如厌氧滤池、上流式厌氧污泥床、厌氧转盘、挡板式厌氧反应器以及复合厌氧反应器等。

4.1.4 污染物去除机制分析

4.1.4.1 SS 的去除

SS 即悬浮固体，是指水中非溶解的和非胶态的固体物质，在条件适宜时可以沉淀。悬浮固体可分为有机性和无机性两类，该指标反映了废水汇入水体后将发生的淤积情况，其含量的单位为 mg/L。

污水中的 SS 去除主要靠沉淀作用，污水处理厂中悬浮物的浓度不仅仅涉及出水的 SS 指标，而且出水的 BOD_5、COD、N、P 等指标也与其有关，这是因为组成污水中悬浮物的主要是活性污泥絮体，其本身有机成分就很高，较高的悬浮物含量会使得出水中 BOD_5、COD、N、P 等均增加，所以控制污水处理厂出水的 SS 指标是最基本的，也是十分重要的。

生活污水主要是厕所污水、洗衣污水、厨房污水和洗浴污水等，悬浮物较少，通过细格栅拦截下来，充分降低了生物处理的固体负荷。小颗粒有机物靠微生物的降解作用去除，而无机物（包括尺度大小在胶体和亚胶体范围内的无机颗粒）则要靠沉淀或活性污泥絮体的吸附、网捕作用被去除。

4.1.4.2 BOD_5 的去除

BOD_5 即五日生化需氧量，是在指定的温度和指定的时间段内，微生物在分解、氧化水中有机物的过程中所需要的氧的数量。根据研究观测，微生物的好氧分解速度开始很快，约至 5 d 后其需氧量即达到完全分解需氧量的 70%左右，因此在实际操作中常常用 5 日生化需氧量 BOD_5 来衡量污水中有机污染物的浓度。

污水中的 BOD_5 的去除主要是靠微生物吸附与代谢作用，然后对吸附代谢物进行泥水分离来完成的。

在活性污泥与污水接触初期，会出现很高的 BOD_5 去除率，这是由于污水中有机颗粒和胶体被吸附在微生物表面，从而被去除所致。但是这种吸附作用仅对污水中悬浮物和胶体起作用，对溶解性有机物不起作用。对于溶解性有机物需要靠微生物的代谢来完成，活性污泥中的微生物在有氧的条件下，将污水中一部分有机物进行分解代谢以便获得细胞合成所需的能量，其最终产物是 CO_2 和 H_2O 等稳定物质。在这种合成代谢与分解代谢的过程中，溶解性有机物（如低分子有机酸等）直接进入细胞内部被利用，而非溶解性有机物则首先被吸附在微生物表面，然后被酶水解后进入细胞内被利用，由此可见，微生物的好氧代谢作用对污水中的溶解性有机物和非溶解性有机物都起作用，并且代谢产物均为无害的稳定物质，因此可以使处理后污水中的残余 BOD_5 浓度很低。

4.1.4.3 COD 的去除

COD 即化学需氧量，指水样在一定条件下，氧化 1 L 水样中还原性物质所消耗的氧化剂的量，以氧的 mg/L 表示。它是表示水中还原性物质的一个指标。水中的还原性物质有各种有机物、亚硝酸盐、硫化物、亚铁盐等，但主要的是有机物，因此 COD 又往往作为衡量水中有机物含量多少的一个指标。

污水中的 COD 去除的原理与 BOD_5 基本相同，即 COD 的去除率取决于原污水的可生化性，它与污水的组成有关。对于那些主要以生活污水及其成分与生活污水相近的加工工业废水组成的污水,这些城市污水的 BOD_5/COD 比值往往接近 0.5,甚至大于 0.5,其污水的可生化性较好,出水中 COD 值可控制在较低的水平。该工程的废水组成中,生活污水占的比例高,废水的可化性好。

4.1.4.4　NH_3—N 的去除

污水去除低浓度氨氮方法主要采用生物法,也是污水处理中经济和常用的方法。同时,从经济、管理等方面考虑,物理化学法去除氨氮不适宜农村生活污水。

生物法在分解有机物的同时,有机氮也被分解成氨氮,在溶解氧充足、泥龄较长的情况下,进一步被氧化成亚硝酸盐和硝酸盐,通常称为硝化过程。其反应方程式如下:

$$NH_4^+ + 1.5O_2 \rightarrow NO_2^- + 2H^+ + H_2O$$

$$NO_2^- + 0.5O_2 \rightarrow NO_3^-$$

第一步反应靠亚硝化菌完成,第二步反应靠硝化菌完成,总的反应为

$$NH_4^+ + 2O_2 \rightarrow NO_3^- + 2H^+ + H_2O$$

4.1.4.5　TN 的去除

TN 去除机制的反应方程式如下:

$$6NO_3^- + 5CH_3OH \rightarrow 3N_2 + 5CO_2 + 7H_2O + 6OH^-$$

$$8NO_3^- + 5CH_3COOH \rightarrow 4N_2 + 10CO_2 + 6H_2O + 8OH^-$$

$$8NO_3^- + 5CH_4 \rightarrow 4N_2 + 5CO_2 + 6H_2O + 8OH^-$$

$$10NO_3^- + C_{10}H_{19}O_3N \rightarrow 5N_2 + 10CO_2 + 3H_2O + NH_4 + 10OH^-$$

N 经过好氧过程被去除后直接转化成硝酸盐和亚硝酸盐,总氮的含量并没有减少,只有将硝酸盐和亚硝酸盐转化成氮气(N_2)后才能达到去除 TN 的效果,故在反硝化菌的作用下,将硝酸盐和亚硝酸盐中的氮还原成 N_2,从而完成污水的脱氮过程。

4.1.4.6　TP 的去除

污水除磷主要有生物除磷和化学除磷两大类。其中,化学除磷工艺简单、处理效率高,除加药设备外不需要增设其他设施,因此适用于旧厂改造。但化学除磷药剂消耗量大、剩余污泥多、含水率高、污泥处理难度大,故一般污水处理优先采用生物除磷。对生活污水而言,复合生物除磷工艺能稳定使出水含磷量小于 1.0 mg/L(一级 B 标),但采用单独生物除磷很难实现出水含磷量小于 0.5 mg/L(一级 A 标),若要求需要达到该标准,则需辅以化学除磷装置。

4.1.5　生物脱氮除磷机制分析

4.1.5.1　污水中的氮和磷

有机氮和无机氮是污水中氮的两种形式,有机氮和无机氮在一定条件下是可以相互转化的。有机氮可以在微生物的作用下转化为无机氮,无机氮在一定的化学条件下可以转化为有机氮。污水的处理主要是处理含有的有机氮。硝酸盐氮、亚硝酸盐氮等含氮化合物是污水中有机氮的存在方式。含氮肥料、工业废水以及有机氮的分解都会增加污水中的无机氮含量。污水中的总氮就是有机氮和无机氮的总称。酸性磷盐是污水中磷的基本存在形式。根据其物理性质和化学性质可以把酸性磷盐分为很多种类,根据其溶解性可以分为溶解性磷和非溶解性磷两类,其中非溶解性磷又称为颗粒性磷,有机磷酸盐、正

磷酸盐等是根据它们的化学性质进行划分的。污水中的磷是来自于人们的生产生活，例如人们使用的含磷洗衣粉、生产过程中的工业废水、农业生产中的含磷化肥以及化学反应产生的含磷污水等。

4.1.5.2　污水脱氮方法与依据

（1）脱氮的方法。脱氮即对污水中的氮进行转化，在转化过程中要依靠一些物理变化和化学变化。一般情况下，脱氮分为物理化学法脱氮和生物法脱氮两种方法。气体脱氮、离子交换以及氯处理等是属于物理化学法，这种方法的使用比较少。生物脱氮法是比较常用的废水处理方法，例如硝化与反硝化作用。嫌气反应与好气反应是活性污泥法和生物膜法处理时会应用到的，目前针对这两种反应，已经设计出多种处理程序。

（2）脱氮的依据。氨化、硝化和反硝化等脱氮方式是属于生物脱氮法，在污水处理时经常会用到。氨化方式实现脱氮是在氨化菌的作用下，把有机氮化物转化成氨氮，以此来实现脱氮。硝化方式实现脱氮是利用硝化细菌，反硝化方式实现脱氮是利用反硝化细菌，把产生的含氮化合物转化为气态，并且是在缺氧条件下进行的。同化方式来实现脱氮是把含氮化合物转变为微生物的组成部分。生物脱氮法是经常用到的一种脱氮技术，尤其是在传统脱氮技术中。成本较高并且工艺比较复杂的化学脱氮法则很少被应用到污水处理中。

4.1.5.3　污水除磷方法与依据

（1）除磷的方法。物化法和生物除磷法是污水处理中常用的除磷方法。化学沉淀法是物化法中常用的一种方法，化学沉淀法顾名思义运用了化学反应，然后根据混凝剂的吸附电中和原理，把污水中的含磷化合物转化为大颗粒物质，在对其进行分离时，采用沉淀的方式。使用面积不大、成本不高、处理快是该方式的优点，污泥具有毒性、具有大的产量以及二次污染是该方法的缺点。生物除磷法实现净化是通过聚磷细菌来实现的，首先为了使其大量地吸收磷，先制造好氧条件，然后为了使其释放磷，制造无氧条件。物化法能够除磷，生物法也能除磷，如果把两者结合也能够很好地达到除磷的目的。该方法要把脱氮和除磷分开，可以使用催化剂来实现。在对磷进行释放时，要保证在特定的池子内，并且还要有污泥分流和回流。这样才能够达到高效除磷的目的，从而实现水资源的高效利用。

（2）除磷的依据。反硝化除磷工艺中有一种称为 SND 的除磷工艺，在富氧水体中聚磷细菌的活性比硝化细菌的活性要低，并且充分硝化时与氧气接触的时间较长，在此过程中聚磷细菌不能够有效地进行除磷，它会利用自己的碳源。聚磷细菌在厌氧条件下会释放磷，反硝化除磷就很好地利用了这一特点通过硝化细菌来脱氮除磷。

4.1.5.4　生物脱氮除磷

生物脱氮的基本原理就是在将有机氮转化为氨氮的基础上，利用硝化菌和反硝化菌的作用，将氨氮通过硝化作用转化为亚硝氮、硝氮，再通过反硝化作用将硝态氮转化为氮气，达到从废水中脱氮的目的。

1. 氨化作用

氨化作用是有机氮在微生物的作用下分解释放出 NH_3 的过程。污水中的有机氮主要以蛋白质和氨基酸两种形式存在，其中蛋白质可以在蛋白酶的作用下水解为多肽与二肽,然后由肽酶进一步水解生成氨基酸,氨基酸在脱氨基酶作用下转化为氨氮。氨化细菌有很多种类,其中大部分为异养型细菌。氨化作用的过程速度很快,所以在操作时不需要使用任何特殊措施。

2. 硝化作用

硝化作用是在有氧气存在的条件下,微生物将氨态氮转化为硝态氮的过程。硝化作用主要包括两个基本反应过程:首先是亚硝化细菌将氨氮转化为亚硝酸根(NO_2^-),然后由硝化细菌将亚硝态氮转化成硝酸(NO_3^-)。亚硝化细菌和硝化细菌很多都是自养菌,它们主要利用 CO_2、碳酸根离子(CO_3^{2-})和碳酸氢根离子(HCO_3^-)等作为碳源,通过氨气(NH_3)、铵根(NH_4^+)或 NO_2 的氧化而获得能量。

3. 反硝化作用

反硝化作用是反硝化细菌通过生物异化作用将硝酸盐还原为 N_2 的过程。反硝化细菌是兼性菌,能够利用氧或硝酸盐作为最终电子受体。当氧受限制时,硝化细菌以硝酸盐和亚硝酸盐中的 N^{5+} 和 N^{3+} 作为能量代谢中的电子受体进行无氧呼吸。反硝化过程中亚硝酸盐和硝酸盐的转化是通过反硝化细菌的同化作用(合成代谢)和异化作用(分解代谢)来完成的。同化作用是 NO_2^- 和 NO_3^- 被还原成 NH_3—H,用以合成新细胞,氮成为细胞质的成分,约占细胞干重的12.5%。异化作用是 NO_2^- 和 NO_3^- 被还原成 NO、N_2O 和 N_2 的过程。在整个异化作用过程中,N 的去除量可以达到75%左右。

4. 生物释磷

生物释磷是一类聚磷菌(PAO)在厌氧条件下分解贮存在其体内的聚磷酸盐,同时利用分解过程中产生的能量将污水中低分子有机物(主要是挥发性脂肪酸,VFA)摄入细胞内,以聚—β—羟基丁酸盐(PHB)、聚—β—羟基戊酸盐(PHV)及糖原等有机颗粒的形式贮存,把分解聚磷酸盐过程中产生的无机磷酸盐释出体外,这个过程称为厌氧释磷。释磷阶段所需的能量主要源于聚磷酸盐的水解及细胞内糖的发酵。

5. 生物聚磷

在好氧条件下,聚磷细菌又可利用氧化分解体内的 PHB 释放的能量来超量摄取污水中的磷,并重新以聚合磷酸盐的形式贮存于细胞内,利用所释放的部分能量合成自身细胞,这个过程称好氧吸磷。在好氧过程中,活性污泥可以迅速增殖,从而不断把超量吸收磷的剩余污泥从处理系统中排出,以达到生物除磷的目的。

4.2 污水处理相关技术

近年来,由于对自动化程度以及对氮、磷处理要求的提高,出现了许多废水生物处理的新工艺。现就几种主要的污水处理工艺介绍如下。

4.2.1 常见的污水处理工艺

4.2.1.1 厌氧水解技术

厌氧过程一般包括水解反应、发酵酸化、产乙酸反应和产甲烷化过程。实践证明,将厌氧过程控制在水解和酸化阶段,可以在较短时间内获得较高的悬浮物去除率。厌氧水解技术就是在断绝与空气接触的情况下,利用厌氧微生物的水解和产酸作用,将污水中的固体、大分子和不易生物降解的有机物降解为易于生物降解的小分子有机物,使得污水在后续的处理单元以较少的能耗和在较短的停留时间内得到处理。

我国从 20 世纪 80 年代开始开展生活污水厌氧生物法的开发和研制工作,许多形式各异的无动力或微动力的低能耗型一体化污水处理装置得到应用。如无动力地埋式生活污水处理装置,工艺流程简单,不耗能,全部埋于地下,也无须专人管理。与好氧生物处理相比,无动力地埋式生活污水处理装置技术设备的基建投资略高于好氧生物处理,无日常运行费用的支出。厌氧生物法目前在技术上还存在一些问题,主要表现为生物处理效率较低,尤其表现为氮、磷去除率很低,在一定程度上限制了其应用。

4.2.1.2 人工湿地技术

人工湿地是 20 世纪 60 年代发展起来的一种污水处理技术,是一种人工建造和监督控制的,与沼泽地类似的地面。人工湿地系统以人工建造和监督控制的、与沼泽地相类似的地面,通过生态系统中物理作用、化学作用和生物作用的优化组合来进行污水处理。污水有控制地投配到种有芦苇、香蒲等耐水性、沼泽性植物的湿地上后,通过土壤的渗滤作用及其培植的水生植物和水生动物的综合生态效应,达到净化废水与改善生态环境的目的。人工湿地按污水在湿地床中流动的方式不同而分为三种类型:表面流湿地、水平潜流湿地和垂直潜流湿地。

人工湿地对废水的处理综合了物理的、化学的和生物的三种作用。湿地系统成熟后,填料表面和植物根系将由于大量微生物的生长而形成生物膜。废水流经生物膜时,有机污染物通过生物膜的吸收作用、同化作用及异化作用而被去除。湿地床系统中因植物根系对氧的传递释放,使其周围的环境中依次呈现出好氧、缺氧和厌氧状态,保证了废水中的氮、磷不仅能被植物和微生物作为营养成分而直接吸收,而且可以通过硝化作用、反硝化作用及微生物对磷的过量积累作用将其从废水中去除,最后湿地床填料的定期更换或栽种植物的收割而使污染物最终从系统中去除。人工湿地中物质的传递及转化过程,因湿地床中不同部位氧含量的差异而有所不同。

4.2.1.3 生态沟技术

生态沟是人工湿地的一种表现形式,对污水处理的过程包括沉积作用、过滤作用、吸附作用、生物降解、硝化和反硝化作用。生态沟前段设置格栅和初沉池对污水进行预处理,然后通过抽水曝气水泵提升后进入后续流程,生态沟内放置填料,使微生物在上面挂膜,水面上采用无土栽培技术种植蔬菜或花草,充分吸收水中的营养物质,利用水生植物、微生物和沟渠沉积物组成的微观系统对污水中的氮、磷和有机物进行截留和吸收,使污水中的氮、磷和有机物沿程和随时间递减的水处理技术。

在生态沟底部敷设 HDPE 防渗膜既可以有效地将系统与地下水或外部土壤隔绝,又能满足污水处理系统功能上的要求,应用性较强。生态沟内上部放置细小颗粒的沙子,下部放置大颗粒的沙石,粒径由上而下逐渐增大,表面种植吸附性植物,将自然渗滤功能和吸收相结合,可以减少污泥的处理成本。

4.2.1.4　稳定塘技术

稳定塘是一种利用天然净化能力对污水进行处理的构筑物的总称。其净化过程与自然水体的自净过程相似,主要利用菌藻的共同作用处理废水中的有机污染物。以太阳能为初始能量,通过在塘中种植水生植物,在水中养殖一些水禽类生物,形成简单的生态系统,包括生产者(水生植物)、消费者(水禽等生物)和分解者(细菌或真菌)。这三类在太阳光照射下,通过塘中生态食物链能量的转化,将污水中有机污染物进行降解和转化。稳定塘是经天然池塘或人工适当修整,设围堤和防渗层的污水池塘,通过水生生态系统的物理作用和生物作用对污水进行自然处理。

该系统具有基建投资和运转费用低、维护和维修简单、便于操作、能有效去除污水中有机物和病原体,无须污泥处理等优点。最主要的还能把环境效益和经济效益相结合,不仅能去除污染物,以太阳能为初始能量,参与到新陈代谢的食物链中,最后转变成的水生植物和水禽动物还能作为资源利用,获得可观的经济效益,处理后的污水也能循环利用作为绿化用水或灌溉用水。但该工艺面临的问题是水体中停留时间较长、占地面积过大、积泥严重和散发臭味等,适用于有闲置的水塘、沟渠的农村地区,通过布置水生植物可控制藻类的生长,同时实现环境的美化,有利于农村建设。稳定塘技术在工农业、畜牧业等行业中越来越多地得到应用,特别适合我国西部人少地多的地区。

4.2.1.5　生物接触氧化技术

生物接触氧化法是一种好氧生物膜法,由浸没在污水中的填料和曝气系统构成的污水处理方法。在氧化池内设置填料,部分微生物以生物膜(包括菌胶团、丝状菌和真菌等微生物)的形式生长在填料的表面,池底曝气对污水充氧,污水在池内是保持流动的状态,来保证污水能与填料广泛接触,在生物膜上微生物新陈代谢的作用下,去除污水中有机污染物,使污水获得净化。生物膜生长到一定厚度后,微生物由于厌氧而进行厌氧代谢,在曝气冲刷下造成生物膜脱落,并促进生物膜的生长,由此维持运行净化。

由于填料的比表面积大,池内的充氧条件良好,生物接触氧化池内单位容积的生物固体量高于活性污泥法曝气池及生物滤池,因此生物接触氧化池具有较高的容积负荷。由于生物固体量多,水流又属完全混合型,因此生物接触氧化池对水质水量的骤变有较强的适应能力。该工艺不仅适用于农村污水处理,也广泛用于城市污水处理厂、工业废水处理及小区建筑饮用水生物预处理。

4.2.2　活性污泥法

4.2.2.1　活性污泥工艺

活性污泥法较成熟的工艺有A/O脱氮法、A/O除磷法、A_2/O法及其改进工艺及传统SBR系列工艺,包括CASS工艺和ICEAS工艺等。

1. A/O法

A/O脱氮法即缺氧/好氧法,A/O除磷法即厌氧/好氧法,污水在流经对应的功能区,在不同微生物菌群作用下,使污水中的有机物和氮/磷得到去除,其流程简图如图4-1所示。

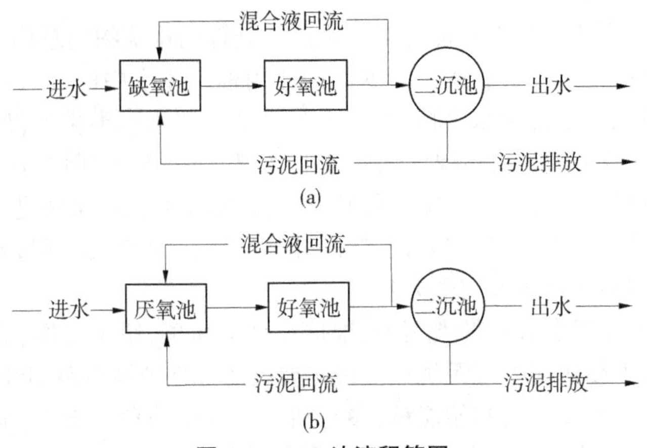

图 4-1　A/O 法流程简图

如图 4-1(a)所示,在充足供氧条件下,NH_4^+ 被硝化菌氧化为 NO_2^- 和 NO_3^-,又可经反硝化细菌将 NO^{2-} 和 NO^{3-} 还原为 N_2,达到生物脱氮的目的。如图 4-1(b)通过除磷机制的把握,将缺氧区改成厌氧区,有利于 TP 的去除,且在厌氧释磷过程中产生能量可加快有机物的降解,而后直接进入好氧区,形成“饥饿效益”,再通过污泥沉淀达到生物除磷的目的。

2. A_2/O 系列工艺

1) A_2/O 法

A_2/O 法即厌氧/缺氧/好氧活性污泥法,其流程见图 4-2。将厌氧池和缺氧池放入同一工艺路线中,发挥上述脱氮和除磷两者的优势,进一步提高了脱氮除磷的效果。该工艺路线简单,运行成熟、良好,已被国内外广泛使用。

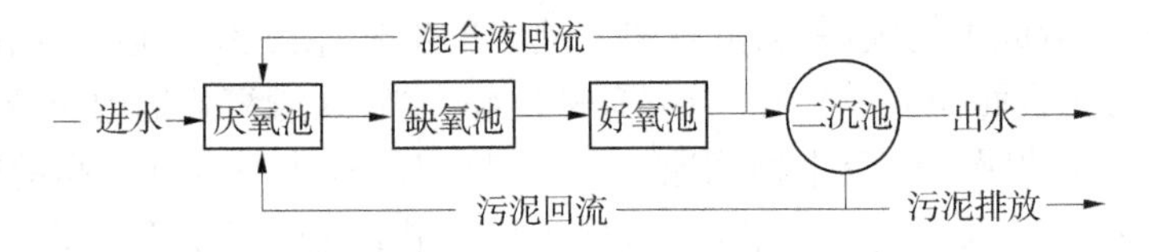

图 4-2　A_2/O 法流程简图

2) 倒置 A_2/O 工艺(RAAO)

与 A_2/O 相比,缺氧段位于工艺的首端,允许反硝化优先获得碳源,进一步加强了系统的脱氮能力;聚磷菌厌氧释磷后直接进入好氧环境,“饥饿效应”优势更突出,其流程见图 4-3。

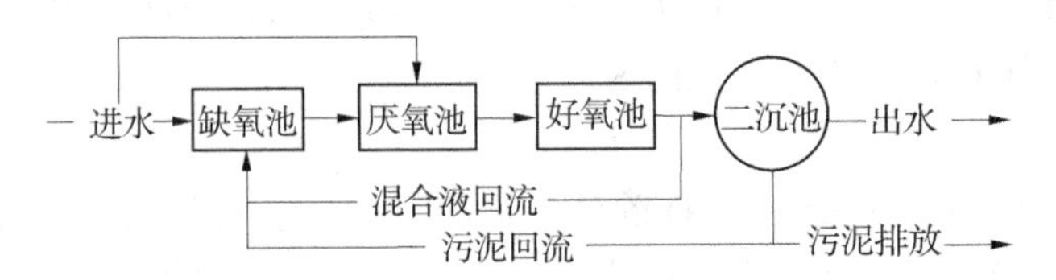

图 4-3　倒置 A_2/O 法流程简图

3)UCT 工艺

与 A_2/O 相比,混合液和污泥均先回流到缺氧池,有效防止硝酸盐氮和氧气直接进入厌氧池,再通过内回流从缺氧区回流至厌氧区,为厌氧段提供了最优的环境条件。其流程见图 4-4。

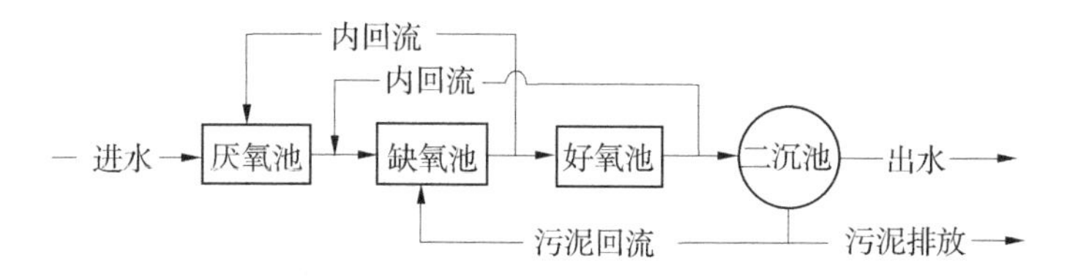

图 4-4　UCT 工艺流程简图

A_2/O 系列工艺均是为了通过各回流或池体位置的改进,使各污染物在去除的过程中不相互干扰,甚至达到协同的处理效率,但在选择工艺或改进工艺过程中在考虑去除效率的条件下,还需考虑能耗。

3. SBR 系列工艺

SBR 系列工艺是将 A_2/O 系列工艺集于一个池体进行反应,减少了占地和污泥回流的程序,进一步从结构上优化了活性污泥工艺,其改进思路是将池体通过隔板隔开,以提高工艺负荷。

1)SBR 工艺

SBR 工艺即序批式活性污泥法,该法集均化、初沉、生物降解、二沉等功能于一池(进水—反应—沉淀—排水—闲置),微生物则处于好氧、缺氧、厌氧周期性变化之中,无须污泥回流系统,其流程见图 4-5。

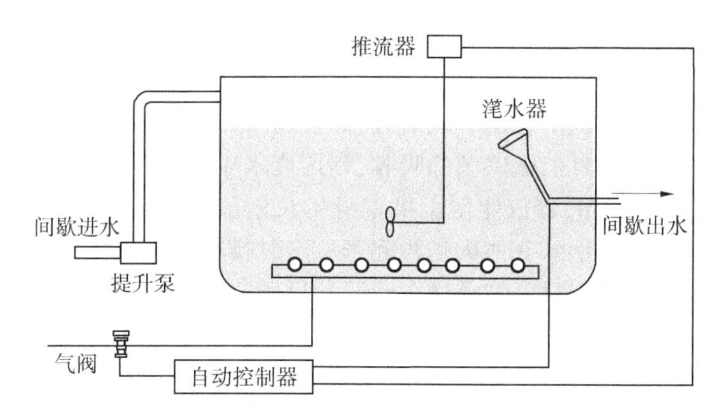

图 4-5　SBR 池结构原理

2)CASS 工艺

CASS 工艺即周期循环活性污泥法,是 SBR 工艺的一种变型。在前期增加了生物选择区和预反应区,能连续进水,提高了该池体的抗负荷能力。其流程见图 4-6。

3)ICEAS 工艺

ICEAS 即间歇式循环延时曝气活性污泥法,与传统 SBR 相比,最大特点是:在反应器

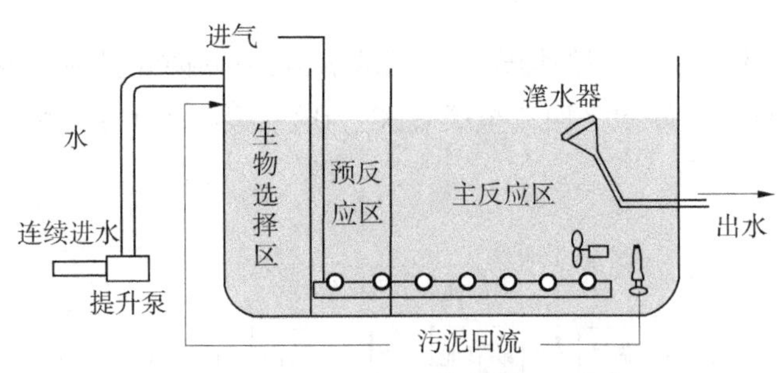

图 4-6　CASS 池结构原理

进水端设一个预反应区,整个处理过程连续进水,间歇排水,其流程见图 4-7。

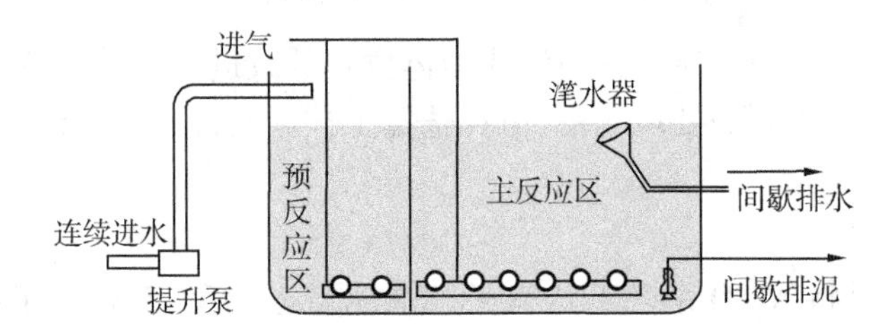

图 4-7　ICEAS 池结构原理

4.2.2.2　传统 A/A/O 法

A/A/O 系统一般采用推流式活性污泥系统,原污水首先进入厌氧区,兼性厌氧的发酵细菌将废水中的可生物降解的大分子有机物转化为 VFA(挥发性脂肪酸)这一类小分子发酵产物。聚磷菌可将菌体内积贮的聚磷盐分解,所释放的能量可供专性好氧的聚磷菌在厌氧的“压抑”环境下维持生存。另一部分能量还可供聚磷菌主动吸收环境中 VFA 一类小分子有机物,并以 PHB 形式在菌体内贮存起来。随后废水进入缺氧区,反硝化细菌就利用好氧区中经混合液回流而带来的硝酸盐,以及废水中可生物降解有机物进行反硝化,达到同时去碳和脱氮的目的。厌氧区和缺氧区都设有搅拌混合器,以防污泥沉积。接着废水进入曝气的好氧区,聚磷菌除吸收、利用废水中残剩的可生物降解有机物外,主要是分解体内贮积的 PHB,释放能量可供本身生长繁殖,此外还可主动吸收周围环境中的溶解磷,并以聚磷盐的形式在体内贮积起来。这时排放的废水中的溶解磷浓度已相当低。好氧区中有机物经厌氧区、缺氧区聚磷菌和反硝化细菌利用后,浓度已相当低,这有利于自氧的硝化细菌生长繁殖,并将 NH_4^+ 经硝化作用转化为 NO_3^-。非聚磷的好氧性异养菌,虽然也能存在,但它在厌氧区中受到严重的压抑,在好氧区又得不到充足的营养,因此在与其他微生物的竞争中处于劣势。排放的剩余污泥中,由于含有大量能过量贮积聚磷盐的聚磷菌,污泥中磷含量很高,因此比一般的好氧活性污泥系统大大地提高了磷的去除效果。

本工艺在系统上是最简单的同步除磷脱氮工艺,总水力停留时间小于其他同类工艺,在厌氧、缺氧、好氧交替运行的条件下可抑制丝状菌繁殖,克服污泥膨胀,SVI 值一般小于 100,有利于处理后污水与污泥的分离,运行中在厌氧段和缺氧段内只需轻缓搅拌。由于厌氧、缺氧和好氧三个区严格分开,有利于不同微生物菌群的繁殖生长,因此脱氮除磷效果非常好。目前,该法在国内外使用较为广泛。但传统 A/A/O 工艺也存在着本身固有的缺点。脱氮和除磷对外部环境条件的要求是相互矛盾的,脱氮要求有机负荷较低,污泥龄较长,而除磷要求有机负荷较高,污泥龄较短,往往很难权衡。另外,回流污泥中含有大量的硝酸盐,回流到厌氧池中会影响厌氧环境,对除磷不利。为了克服传统 A/A/O 工艺的缺点,出现了多种改良型 A/A/O 工艺。

(1)UCT(University of Cape Town)工艺。与 A/A/O 法相比,UCT 工艺的不同之处在于污泥先回流至缺氧池,而不是厌氧池,再将缺氧池部分混合液回流至厌氧池,从而减少了回流污泥中过多的硝酸盐对厌氧释磷的影响。但是 UCT 工艺增加了一次回流,多一次提升,运行费用将有所增加。其工艺流程见图 4-8。

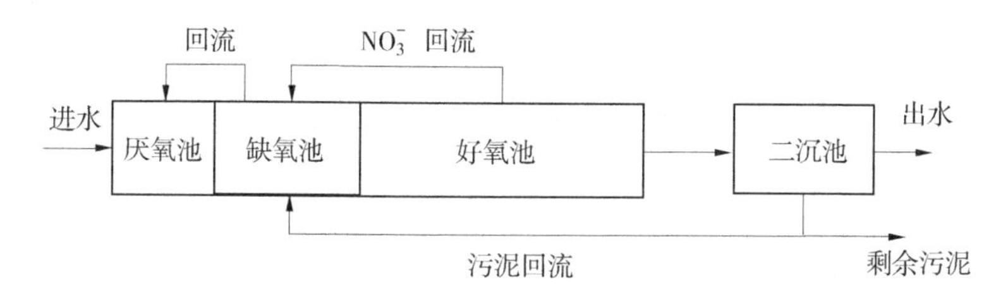

图 4-8　UCT 法工艺流程

(2)A-A/A/O 工艺。该工艺是在传统 A/A/O 法的厌氧池之前设置回流污泥反硝化池,来自二沉池的回流污泥和 10%左右的进水进入该池(另 90%左右的进水直接进入厌氧池),停留时间为 20~30 min,微生物利用 10%进水中的有机物作为碳源进行反硝化,去除回流污泥带入的硝酸盐,消除硝态氮对厌氧池放磷的不利影响,保证除磷效果。该工艺简单易行,在厌氧池中分出一格作为回流污泥反硝化池即可。

4.2.2.3　氧化沟法

氧化沟又名氧化渠,因其构筑物呈封闭的沟渠形而得名。因为废水和活性污泥的混合液在环状的曝气渠道中不断循环流动,故有人称其为“循环曝气池”或“无终端曝气池”。第一座氧化沟污水处理厂是 1954 年在荷兰 Voorschoten 市建造的,服务人口仅 360 人。因其构造简单、易于维护管理,很快得到广泛应用。到目前为止已发展成为多种形式,原始的氧化沟属延时曝气,主要为了去除 BODS、SS,不设初沉池,污水达到硝化阶段,由于污泥龄长,污泥相应得到好氧处理,泥量少且稳定。氧化沟是用转刷(转碟)表面曝气,设备少且管理简单。原始的氧化沟是间断运转的,20 世纪 60 年代发展为连续运转,增设二沉池工艺,将曝气和沉淀分开,继而演变成多种工艺,比较典型的工艺有 Passveer 单沟型、Orbal 同心圆型、Carrousel 循环折流型、DE 型双沟式和 T 型三沟式等。这些工艺适用于多种规模的污水处理厂。

(1)Carrousel 型氧化沟。是 20 世纪 60 年代由荷兰 DHV 公司研制成功的,当时开发这一工艺的主要目的是寻求渠道更深、效率更高和机械性能更好的系统设备,来改善和弥补当时流行的转刷式氧化沟的技术弱点。它是一个多沟串联的系统,进水与活性污泥混合后在沟内做不停的循环流动,Carrousel 型氧化沟采用垂直安装的低速表面曝气机,每组沟渠安装一个,均安装在同一端,因此形成了靠近曝气器下游的富氧区和曝气器上游以及外环的低氧区,这不仅有利于生物凝聚,还使活性污泥易于沉淀。立式低速表曝机单机功率大,设备数量少,在不使用任何辅助推进器的情况下氧化沟沟深可达到 5 m 以上,较传统的氧化沟节省占地 10%~30%,工程费用相应减少,由于采用立式低速表曝机有很强的输入动力调节能力,而且在调节过程中不损失其混合搅拌功能,节能效果明显,一般情况下,表曝机的输出功率可以在 25%~100%的范围内调节,而不影响混合搅拌功能和氧化沟渠道流速。DHV 公司新开发的双叶轮卡鲁塞尔曝气机,上部为曝气叶轮,下部为水下推进叶轮,采用同一电机和减速机驱动,其动力调节范围可达 15%~100%,调节范围较标准表曝机扩大 10%,其动力效率为 1.8~2.3 kg O_2(kW · h),传氧效率在标准状态下达到至少 2.1 kg O_2(kW · h)。

传统的 Carrousel 型氧化沟不具备脱氮除磷功能,若在沟内增设缺氧区,则可在单一池内实现部分反硝化作用。若在沟前增设厌氧池,则形成厌氧卡鲁塞尔氧化沟 A/O 工艺,该工艺可提高活性污泥的沉降性能,有效抑制活性污泥膨胀,同时为生物除磷提供了先进行磷的释放,后进行磷的过度吸收的环境条件,可使磷的去除率达到 70%以上,但对脱氮效果一般。因此,为实现对氮去除的需要,又出现了卡鲁塞尔 2000、卡鲁塞尔 3000 等更高标准的反硝化脱氮工艺,其突出的优点是可实现硝化液的高回流比,达到较高程度的脱氮率,同时无须任何回流提升动力。

(2)Orbal 氧化沟。Orbal 氧化沟由 3 个相对独立的同心椭圆形沟道组成,污水由外沟道进入沟内,然后依次进入中间沟道和内沟道,最后经中心岛流出,至二次沉淀池。3 个环形沟道相对独立,溶解氧分别控制在 0、1 mg/L、2 mg/L,其中外沟道容积达 50%~60%,处于低溶解氧状态,大部分有机物和氨氮在外沟道氧化和去除。内沟道体积占 10%~20%,维持较高的溶解氧(2 mg/L),为出水把关。在各沟道横跨安装有不同数量转碟曝气机,进行供氧兼有较强的推流搅拌作用。

Orbal 氧化沟作为一种多级串联的反应器,有利于降解生化难降解的有机物,一般可以获得较好的出水水质和稳定的处理效果,且抗冲击负荷能力强,因此当城市污水中工业废水比例较高时,Orbal 氧化沟较其他类型氧化沟有更好的适应性。

Orbal 氧化沟有 3 个相对独立的沟道,进水方式灵活。在暴雨期间,进水可以超越外沟道,直接进入中沟道或内沟道,由外沟道保留大部分活性污泥,有利于系统的恢复。因此,对于合流制或部分合流制的污水系统,Orbal 氧化沟均有很好的适用性。Orbal 氧化沟的曝气转碟具有较高的充氧能力和动力效率,优化控制方便,并可提高水深节省用地。

但 Orbal 氧化沟呈圆形或椭圆形沟型,平面布置相对困难,占地面积尚偏大,中心岛消耗一定的面积,增加了无效占地。单组曝气转碟供氧强度低于转刷和垂直表曝机,设备台数较多,尽管有利于提高供氧效率和优化控制,但维护点增多,设备投资有可能略高。除磷效率不够高,要求除磷时还需采取一些措施。

(3)DE 型氧化沟。为双沟交替工作式氧化沟,由池容完全相同的 2 个氧化沟组成,两沟串联运行,交替地作为曝气池和沉淀池,不单独设二次沉淀池。为了达到脱氮目的,在 D 型氧化沟的基础上又发展了半交替工作式的 DE 型氧化沟。该沟设有独立的二沉池和回流污泥系统,两沟交替进行硝化和反硝化。D 型氧化沟的缺点主要是曝气设备利用率低、池容积利用率低。

(4)T 型氧化沟。即三沟式氧化沟,集缺氧、好氧和沉淀于一体,两条边沟交替进行反应和沉淀,无须单独的二沉池和污泥回流,流程简洁,具有生物脱氮功能。它是由3条大小相同的沟组合的,利用管道或沟壁之间的连通孔连为一体,根据工艺要求3条沟分别进行曝气、反硝化和沉淀,每条沟根据其容积大小和尺寸配有1个或数个水平曝气转刷,用于充氧曝气和混合循环。在工艺中考虑脱氮时,沟中应配有若干个双速转刷,低速转刷用于混合而不起充氧曝气作用。该系统进水分配井中的3个自动控制进水堰交替分配进水至各条沟。剩余污泥一般通过剩余污泥泵由中间沟间歇抽至污泥浓缩池。沟内的水深一般为3.5 m。边沟配备可调节出水堰(旋转堰门)用于出水和调节转刷叶片的浸没深度,调节叶片的浸没深度即可调整充氧量和对沟内混合液的输入功率。由于无专门的厌氧区,因此生物除磷效果差。而且由于交替运行,总的容积利用率低,约为55%,设备总数量多,利用率低。

氧化沟池型具有独特之处,兼有完全混合和推流的特性,且不需要混合液回流系统,但氧化沟一般采用机械表面曝气,水深不宜过大,充氧动力效率较低,能耗较高,占地面积较大。同时,由于氧化沟工艺采用延时曝气,排泥较少,其生物除磷能力一般。

4.2.2.4 AB法

AB法工艺由德国B. Bohnke教授首先开发。该工艺将曝气池分为高、低负荷两段,各有独立的沉淀和污泥回流系统。高负荷段A段停留时间20~40 min,以生物絮凝吸附作用为主,同时发生不完全氧化反应,生物主要为短世代的细菌群落,去除BOD达50%以上。B段与常规活性污泥法相似,负荷较低,泥龄较长。

AB法A段效率很高,并有较强的缓冲能力。B段起到出水把关作用,处理稳定性较好。对于高浓度的污水处理,AB法具有很好的适用性,并有较高的节能效益。尤其在污泥处理采用硝化和沼气利用工艺时,优势较为明显。但是AB法污泥产量较大,A段污泥有机物含量极高,污泥后续稳定化处理将增加一定的投资和费用。另外,由于A段去除了较多的BOD,可能造成碳源不足,难以实现脱氮工艺。对于污水浓度较低的场合,B段运行较为困难,也难以发挥优势。AB法工艺对运行管理有较高的要求,尤其是污泥厌氧硝化和沼气利用部分。

目前有仅采用A段的做法,效果要好于一级处理,作为一种过渡型工艺,在性能价格比上有较好的优势。一般适用于排海和暂时对水质要求不高的场合。

总体而言,AB法工艺较适合于污水浓度高、具有污泥硝化等后续处理设施的大中规模的城市污水处理厂,有明显的节能效果。对于有脱氮要求的城市污水处理厂,一般不宜采用。

4.2.2.5 SBR及其改进工艺

SBR工艺早在20世纪初已有应用,由于人工管理的困难和烦琐未能推广应用。此法集进水、曝气、沉淀、泌水、闲置功能在一个池子中完成。一般由多个池子构成一组,各池工作状态轮流变换,单池由撒水器间歇出水,故又称为序批式活性污泥法。该工艺将传统的曝气池、沉淀池由空间上的分布改为时间上的分布,形成一体化的集约构筑物,并利于实现紧凑的模块布置,最大的优点是节省占地。另外,可以减少污泥回流量,有节能效果。SBR工艺沉淀时停止进水,静止沉淀可以获得较高的沉淀效率和较好的水质。

但是SBR类工艺毕竟对自动化控制要求很高,并需要大量的电控阀门和机械撇水器,稍有故障将不能运行,一般须引进部分关键设备。由于一池有多种功能,相关设备在一段时间内不得已而闲置,曝气头的数量和鼓风机装机功率必须增大。另外,由于撇水深度通常有 1.2~2 m,出水的水位必须按最低撇水位设计,加之撇水器本身水头损失较高,故总的提升扬程较其他工艺要高,水力能耗略有增加。

SBR 经过不断演变和改良,又产生或同期发展为 ICEAS、CAST 等以及 IAT-DAT 工艺和 UNITANK 工艺,进一步增强了除磷脱氮效果或降低了设备闲置率。随着自动化技术的发展和 PLC 控制系统的普及化,SBR 类工艺的工程应用又进入了一个新的时代。

1. ICEAS 法及 CAST 法

ICEAS、CAST 工艺即连续进水、间歇操作运转的活性污泥法。与传统 SBR 法的不同之处在于通过设置多座池子,尽管单座池子为间歇操作运行,但使整个过程达到连续进水、连续出水。其进水、反应、沉淀、出水和待机在 1 座池子中完成,常用 4 座池子组成一组,轮流运转,间歇处理。ICEAS 法虽有其优点,可在一组池中完成脱氮、去除 BOD 全过程,但每座池子都需安装曝气设备、沉淀的滗水器及控制系统,间歇排水,水头损失大,设备的闲置率较高、利用率低,设备投资大,要求自动化程度相当高。

2. UNITANK 工艺

UNITANK 工艺一般由一矩形池子组成,内分三格,三格在水力上是连通的。池子外侧二格即第一格和第三格交替作为曝气池和沉淀池,第二格始终作为曝气池。在每一格池子中设置曝气装置,可以为表面曝气设备,也可以是鼓风曝气系统。在第一格和第三格中另需设置周边出水堰(所需堰长如同传统二沉池)。由于受池子沉淀功能(需要一定的池子表面积)的制约,一般一组 UNITANK 工艺的处理能力在 20 000 m^3/d 左右。

UNITANK 工艺采用矩形池形式,不须另设沉淀池,故布置紧凑,节省占地。在设备方面,省去了刮泥桥和污泥回流系统,采用固定堰槽出水,避免了撇水器造成的水位损失和机械故障。采用微孔曝气时有一定的节能效果。因此,UNITANK 作为一种新工艺在国内得到推广应用。如上海石洞口污水处理厂(40 万 m^3/d)、石家庄开发区污水处理厂(8 万 m^3/d)等均采用这一工艺。

但是,由于 UNITANK 工艺中,当第一格或第三格作为沉淀池功能时,其池子构造并不专门为二沉池功能所设计,故系统并不在一个较佳的水力条件下进行泥水分离。而且污泥泥面在池子底部的分布是不均匀的,靠入流侧的污泥泥面将显著地提高,污泥颗粒容易随出水流出系统。

在设备方面,UNITANK 虽通过固定堰槽出水,但在曝气阶段堰槽内存有混合液,排水前必须先进行冲洗,增加了相应设备。另外,该工艺管道系统布置较为复杂,且需要大量的电动进水阀门、电动空气阀门(当采用鼓风曝气时)以及剩余污泥阀门。该系统完全依赖于自动控制运行,对管理维护的要求较高,也存在着设备闲置问题,一次性设备投资有所增加。

3. MSBR 法

MSBR 法是一种改良型序批式活性污泥法,是 20 世纪 80 年代后期发展起来的技术,目前其中的专利技术归美国芝加哥附近的 Aqua Aerobic System Inc 所有。其实质是 A/A/O 系统后接 SBR,是二级厌氧、缺氧和好氧过程,连续进水、连续出水。因此,具有 A/A/O 生物除磷脱氮效果好和SBR的一体化、流程简捷、不需二沉池、占地面积小和控制灵活等特点。缺点是需要污泥回流和混合液回流,所需潜污泵较多,总容积利用率仅为73%左右,而且现阶段,其技术不是很成熟。

4.2.3 曝气生物滤池

曝气生物滤池(Biological Aerated Filter,简称BAF)是20世纪80年代末在欧美发展起来的一种新型的污水处理技术,它是由滴滤池发展而来并借鉴了快滤池形式,在一个单元反应器内同时完成了生物氧化和固液分离的功能。世界上首座曝气生物滤池于1981年诞生在法国,随着环境对出水水质要求的提高,该技术在全世界城市污水处理中获得了广泛的推广应用。目前,在全球已有数百座大小各异的污水处理厂采用了BAF技术,并取得了良好的处理效果。

4.2.3.1 技术发展

曝气生物滤池是继滴滤池、生物接触氧化池之后的新一代生物膜法污水处理工艺,是一种固定化床生物滤池。曝气生物滤池是由淹没式生物滤池发展而来的。淹没式生物滤池20世纪初首先在美国Lawrence得到应用,最初被称为淹没式接触曝气池(Submerged Contact Aerator,简称SCA),池内填料一般采用焦炭等。为防止固体在滤池内堵塞,通入空气反冲洗防止堵塞,同时设置沉淀池,截留出水的悬浮物。淹没式生物滤池利用人工强制曝气,保持了反应池中有充足的溶解氧。反应池曝气设备产生的微小气泡,对滤料进行持续的扰动,能使滤料表面的微生物膜得到有效更新从而保持良好的生物活性。为了使反应池有较大的负荷处理能力,最有效的方法就是增加池中微生物的浓度,而增大微生物附着空间的面积是提升微生物浓度的有效措施。更小粒径的填料,能够在有限的生物滤池空间内增加更大的填料比表面积。然而,小粒径的填料同时会增加反应池堵塞的频率。如何使反应器能维持高的生物浓度又不会产生堵塞,是早期曝气生物滤池研究的重点。

20世纪70年代末80年代初,法国的学者开发了一种新型的曝气生物滤池,其特点是将滤池淹没在水中,利用生长在滤料表面的生物膜吸收分解污水中的有机物的同时,也利用滤料自身形成的物理过滤层从水中分离沉淀物,将生物氧化与过滤结合在一起,避免了在滤池后部设置沉淀池。曝气生物滤池利用气、水对滤料进行周期性的强制反冲洗,利用反冲洗的方式强制更新生物膜,并清除被截留在滤料层中的悬浮物。同时,该反应器选用小粒径的填料,填料粒径的减小,除增大比表面积和生物浓度外,还有效地提高了截留悬浮物的能力,出水不再需利用沉淀池进行固液分离,节约了二沉池。可以说,具有截留悬浮物和利用反冲洗的方式更新生物膜、解决堵塞问题是曝气生物滤池工艺成熟的标志。曝气生物滤池的生物类型丰富繁多,且呈梯度分布,加上曝气充足,处理效率高,出水水质好,水力停留时间短,能耗低,是近年来研究较多的废水处理新工艺。该工艺由于高负荷处理能力、更小的占地面积、更稳定的出水水质等优点,被开发成为污水的二级处理技术,以后又逐渐被应用到一些工业废水的治理中。由于其良好的性能,应用范围不断扩大,在经历了80年代中后期的较大发展后,到90年代初,曝气生物滤池的工艺已基本成熟。在废水的二级、三级处理中,曝气生物滤池更是体现出高效优质、节省建设投资等特点。短短十几年时间,欧美等国家已建造了近200座以BAF为主体工艺的城市污水处理厂。我国也在大连马栏河污水处理厂(12 万 m^3/d)、佛山平洲污水处理厂(5 万 m^3/d)采用了 BAF 工艺,这些污水处理厂已投入使用。

4.2.3.2　**原理与工艺特点**

曝气生物滤池对污染物质的去除是基于生长在填料上的高浓度生物膜发挥的生物氧化分解、过滤截留和絮凝网捕作用,以及反应器内沿水流方向食物链的分级捕食作用,所以曝气生物滤池拥有很强的有机物、悬浮物去除能力,并且在进水水质适当的情况下拥有良好的硝化能力,同时通过控制溶解氧等方式能实现一定程度的同步硝化反硝化。可见,曝气生物滤池结合了接触氧化法和给水快滤池的优点,将生物降解与吸附过滤两种处理过程合并在同一单元反应器中。

曝气生物滤池的处理能力主要依赖于生物膜对水体中的污染物具有氧化分解、生物絮凝、网捕截留的能力,所以生物膜的形成、稳态生长和更新是决定曝气生物滤池效果的主因。生物膜能否顺利形成,形成后是否牢固不易脱落,都受到很多因素的影响。这些因素包括:滤料即载体的表面性质,如滤料的亲水性、比表面积、化学组成、粗糙度等,微生物的自身性质,如微生物的种类、培养条件、反应器内微生物的浓度、微生物的活性等,以及环境条件,如 pH、水流剪切力、温度等。

滤料,即载体,是曝气生物滤池工艺的核心。选择滤料时,需要对其各项物理化学参数进行比较。这些参数包括机械强度、表面粗糙度、物理形态、稳定性、孔隙度、亲水性、表面电性、比重等。此外,BAF 反应器的净化能力取决于由附着生长在滤料表面的微生物,而这些微生物又必须在特定环境中才能附着、生长、繁殖。反应器的环境,取决于以下条件,例如溶解氧浓度、pH、温度、污染物浓度、水力停留时间 HRT,以及负荷率等。

曝气生物滤池的特点,归纳起来主要有以下几个:

(1)水力负荷高、容积负荷大、水力停留时间短、出水水质好。

(2)占地面积小,基建投资省。曝气生物滤池的占地可以减小到常规处理工艺的 1/10~1/5,对于一些城市用地紧张或地价昂贵的情况,具有明显优势。节省用地也就节省了建设投资。

(3)BAF 反应时间短,具有同步去除 BOD 及悬浮物的功能,可以不设二次沉淀池。曝气生物滤池技术是欧洲在 20 世纪 90 年代大力推广的技术,可以满足最严格的排放标准。曝气生物滤池系统不仅可被用于二级处理的碳污染物去除,而且可被用于三级处理,使处理出水 BOD_5、SS 和 NH_3—N 分别达到 10 mg/L、10 mg/L 和 1 mg/L。

(4)生物相复杂,菌群结构合理,反应器内具有明显的空间梯度特征,可使有机物降解、硝化/反硝化能在同一个池子中发生,工艺流程更为简单有效。污水中的有机物浓度沿水流方向分布不同,在靠近进水端的滤层中,BOD 的浓度最高,菌团以异养菌占优,被去除的主要是污水中的 BOD。在远离进水端的滤层中,由于污水中的有机物浓度已较低,菌团以自养型的硝化菌占优,主要进行的是去除氨氮的硝化反应。

(5)处理效果稳定,耐冲击能力强。BAF 滤池的滤层内保持着高浓度的生物量,对水质、水量及温度变化有较强的适应性,不像活性污泥法那么敏感。曝气生物滤池抗冲击负荷的能力强,对于一些中、小规模的处理水量、水质变化较大的情况,不会对曝气生物滤池的处理效果产生太大的影响。另外,由于微生物在滤料表面附着生长着,而不是漂浮在水里,所以微生物不会流失。即使设施长时间不运行,也可在几天内恢复并达到设计要求。

在设置回流或单独设置反硝化段的情况下可以实现较好的脱氮效果。

4.2.3.3　工艺形式

曝气生物滤池的形式在进水方式、填料选择和使用功能上各有所不同,即上向流曝气生物滤池和下向流曝气生物滤池;悬浮填料曝气生物滤池和沉没填料曝气生物滤池;去碳曝气生物滤池、硝化曝气生物滤池、反硝化生物滤池、水源水预处理曝气生物滤池和组合曝气生物滤池等等。目前,工程中曝气生物滤池的使用形式可以分为四大类,即 BIOCARBONE、BIOFOR、BIOSTYR、BIOPUR。BIOPUR 的形式与 BIOFOR 的形式基本相同,只是 BIOPUR 的填料根据不同水质采用波纹板、陶粒或砂,以取得不同的处理效果。

1. BIOCARBONE

BIOCARBONE 结构简图如图 4-9 所示,污水从滤池上部流入,下向流流出滤池。在滤池中下部设曝气管(一般距底部 25~40 cm 处)进行曝气,曝气管上部起生物降解作用,下部主要起截留 SS 及脱落的生物膜的作用。运行中,因截留了 SS 及生物膜的生长,水头损失逐渐增加,达到设计值后,开始反冲洗。一般采用气水联合反冲,底部设反冲洗气、水装置。BIOCARBONE 属早期曝气生物滤池,其缺点是负荷仍不够高,且大量被截留的 SS 集中在滤池上端几十厘米处,此处水头损失占了整个滤池水头损失的绝大多数,滤池纳污率不高,容易堵塞,运行周期短。最新的曝气生物滤池有法国 Degrémont 公司开发的 BIOFOR 和 OTV 公司开发的 BIOSTYR,克服了 BIOCARBONE 的这些缺点。

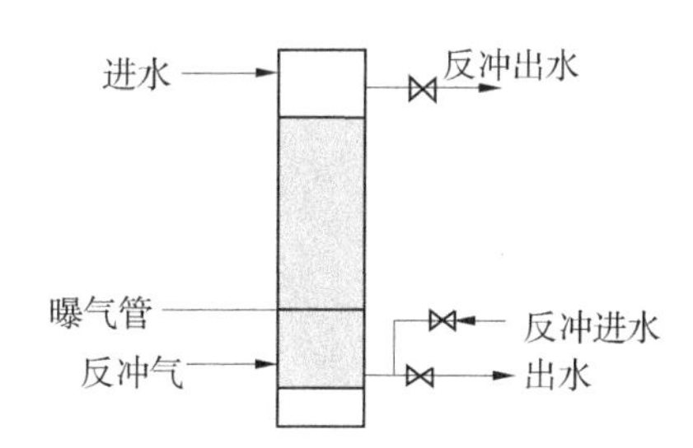

图 4-9　BIOCARBONE 结构示意图

2. BIOFOR

BIOFOR 结构示意图如图 4-10 所示。底部为气水混合室,之上为长柄滤头、曝气管、垫层、滤料。所用滤料密度大于水,自然堆积。BIOFOR 运行时一般采用上向流,污水从底部进入气水混合室,经长柄滤头配水后通过垫层进入滤料,在此进行 BOD、COD、氨氮、SS 的去除。反冲洗时,气、水同时进入气水混合室,经长柄滤头配水、气后进入滤料,反冲洗出水回流入初沉池,与原污水合并处理。BIOFOR 采用上向流(气水同向流)的主要原因有:

(1)同向流可促使布气、布水均匀。

(2)若采用下向流,则截留的 SS 主要集中在填料的上部。运行时间一长,滤池内会出现负水头现象,进而引起沟流,采用上向流可避免这一点。

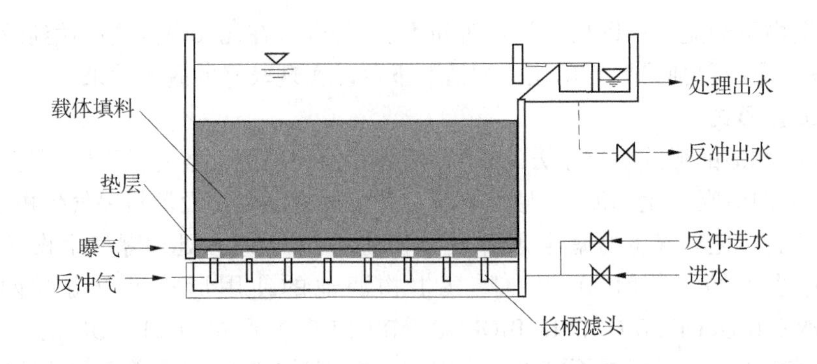

图 4-10　BIOFOR 结构示意图

(3)采用上向流,截留在底部的 SS 可在气泡的上升过程中被带入滤池中上部,加大了填料的纳污率,延长了反冲洗间隔时间。

3. BIOSTYR

BIOSTYR 和 BIOFOR 不同的是采用密度小于水的滤料,一般为聚苯乙烯小球。运行时采用上向流,在滤池顶部设格网或滤板以阻止滤料流出,正常运行时滤料呈压实状态,反冲时采用气水联合反冲,反冲水采用下向流以冲散被压实的滤料小球,反冲出水从滤池底部流出。其余与 BIOFOR 大同小异,如图 4-11 所示。

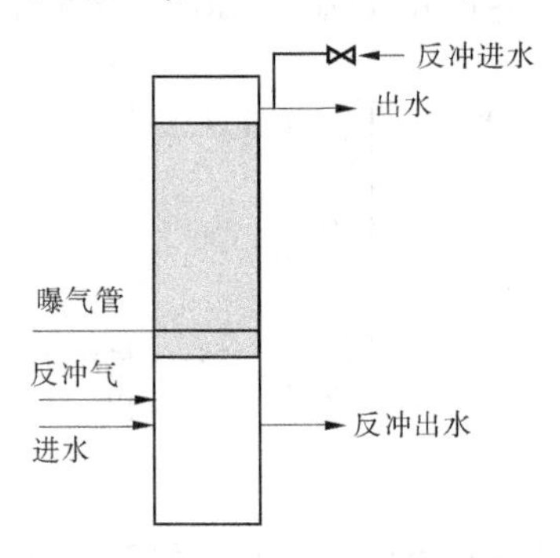

图 4-11　BIOSTYR 结构示意图

4.2.3.4　工艺参数

随着人们对曝气生物滤池研究的深入,BAF 反应器的关键工艺参数也有了较大的调整,其工艺参数大致如下:

(1)容积负荷与要求出水水质相关,一般情况下有机物负荷为 2~10 kg $BOD_5/(m^3 \cdot d)$。

(2)硝化 0.5~3 kg NH_3—$N/(m^3 \cdot d)$;反硝化 0.8~7 kg NO_3—$N/(m^3 \cdot d)$。

(3)水力负荷 6~16 $m^3/(m^2 \cdot h)$;气水比(1~3):1,最大不超过 10:1。

(4)填料粒径为 2~8 mm,填料高度为 2~4 m。

(5)单级反冲周期 24~48 h;多级反冲周期 24~48 h,硝化反硝化滤池运行时间较长;单池反冲水量占产水量的 8%左右,或为单池填料体积的 3 倍左右;反冲时间 20~30 min,反冲洗水强度 15~35 $L/(m^2 \cdot s)$,反冲洗气强度 15~45 $L/(m^2 \cdot s)$。

4.2.3.5　主要优缺点

1. 主要优点

(1) 占地面积小,基建投资省。曝气生物滤池之后不设二次沉淀池,可省去二次沉淀池的占地和投资。此外,由于采用的滤料粒径较小,比表面积大,生物量高,再加上反冲洗可有效更新生物膜,保持生物膜的高活性,这样就可在短时间内对污水进行快速净化。曝气生物滤池水力负荷、容积负荷大大高于传统污水处理工艺,停留时间短(每级0.5~0.66 h),因此所需生物处理面积和体积都很小,节约了占地和投资。

(2) 出水水质高。在BIOFOR中,由于填料本身截留及表面生物膜的生物絮凝作用,出水SS很低,一般不超过10 mg/L;因周期性的反冲洗,生物膜得以有效更新,表现为生物膜较薄(一般为110 μm左右),活性很高。高活性的生物膜可吸附、截留一些难降解的物质。若采用一级BIOFOR(BIOFORC/N),出水可达到国家二级处理出水标准;若采用两级BIOFOR(BIOFORC/N+BIOFORN),出水可达生活杂用水标准;若采用全套BIOFOR工艺,则可除磷脱氮。

(3) 氧的传输效率很高,曝气量小,供氧动力消耗低。在BIOFOR中,氧的利用效率可达20%~30%,曝气量明显低于一般生物处理法。其主要机制是:因填料粒径很小,气泡在上升过程中,不断被切割成小气泡,加大了气液接触面积,提高了氧气的利用率;气泡在上升过程中,受到了填料的阻力,延长了停留时间,同样有利于氧气的传质;理论研究表明,在BIOFOR中氧气可直接渗透入生物膜,因而加快了氧气的传质速度,减少了供氧量。

(4) 抗冲击负荷能力强,耐低温。国外运行经验表明,曝气生物滤池可在正常负荷2~3倍的短期冲击负荷下运行,而其出水水质变化很小。这一方面主要依赖于滤料的高比表面积,当外加有机负荷增加时,滤料表面的生物量可以快速增值;另一方面依赖于整体曝气生物滤池的缓冲能力。此外,根据国外的报道,生物曝气滤池一旦挂膜成功,可在6~10 ℃水温下运行,并具有良好的运行效果。

(5) 易挂膜,启动快。根据国外的运行经验及笔者的试验,曝气生物滤池在水温10~15 ℃时,2~3周即可完成挂膜过程。曝气生物滤池在暂时不使用的情况下可关闭运行,此时滤料表面的生物膜并未死亡,而是以孢子的形式存在,一旦通水曝气,可在很短的时间内恢复正常。笔者在南昌污水总排放口进行BIOFOR的试验时,污水水温15 ℃左右,停止运行半月(滤柱内排空水且不曝气),恢复运行3 d后即完全正常。这一特点说明曝气生物滤池非常适合一些水量变化大地区的污水处理,如在旅游地区,污水量受季节及旅游人数的变化影响非常大,在旅游淡季时,完全可以关闭部分曝气生物滤池,以减少不必要的运行费用,一旦需要可在很短的时间内恢复设计处理能力。

曝气生物滤池采用模块化结构,便于后期改建、扩建。

2. 主要缺点

曝气生物滤池对进水的SS要求较高。为使之在较短的水力停留时间内处理较高的有机负荷并具有截留SS的功能,曝气生物滤池采用的填料粒径一般都比较小。如果进水的SS较高,会使滤池在很短的时间内达到设计的水头损失发生堵塞,这样就必然导致频繁的反冲洗,增加了运行费用与管理的不便。根据国外的运行经验,进水的SS一般不超过100 mg/L,最好控制在60 mg/L以下。这样就对曝气生物滤池前的处理工艺提出了较高的要求。对初沉池而言，解决的方法是：或者减小表面负荷、延长停留时间，或者采用斜板(管)沉淀池，或者增加预曝气以改善固体颗粒的沉降性能。另外，因曝气生物滤池的反冲污泥具有比较高的生物活性，将其回流入初沉池，可利用其吸附、絮凝能力，将污泥作为一种生物絮凝剂，提高 SS 的去除率；国外也有采用投加化学药剂进行化学絮凝沉淀。

采用曝气生物滤池，水头损失较大，水的总提升高度大。曝气生物滤池虽具有截留 SS，代替二次沉淀池的功能，但同时伴随着的是其水头损失较大。一般来说，水头损失根据具体情况，每一级为 1～2 m，这样就在整体上加大了水的总提升高度。

采用曝气生物滤池工艺，在反冲洗操作中，短时间内水力负荷较大，反冲出水直接回流入初沉池会对初沉池造成较大的冲击负荷。因此，该工艺虽节约了二沉池，但需一污泥缓冲池，反冲出水一般先流入污泥缓冲池，尔后缓慢回流入初沉池，以减轻对初沉池的冲击负荷。

此外，因设计或运行管理不当还会造成滤料随水流失等问题。

4.2.4 人工湿地处理技术

德国较早系统地开展人工湿地的研究与应用。1953 年，Seidel 研究发现芦苇能去除大量的有机物和无机物，进一步的研究表明污水中的细菌在通过芦苇床时消失，且芦苇及其他大型植物能从水中吸收重金属和有机物等。在此基础上，Kiehuth 提出了“根区法”，1974 年，完整的人工湿地在德国 Liebenburg-Othfresen 建成。目前，人工湿地技术已在全球广泛应用。对人工湿地的研究热情也是与日俱增，尤其是 2009 年以后，人工湿地英文发文数量每年迅速增加。截至 2018 年，人工湿地累计发文量超过 10 000 篇。

相较于西方国家，我国对人工湿地的研究起步较晚，但是后来居上，发表论文数量仅次于美国，成为第二大研究国家。我国人工湿地的研究与应用大致上可分为以下三个阶段：

2000 年以前为起步探索阶段。随着生态治理技术的发展，开始了稳定塘、土地处理系统、人工湿地的研究。1990 年，在深圳白泥坑建设了生产性的人工湿地用于污水处理，并以此为基地开展了湿地内部生物降解动力学、水力学等相关研究，北京昌平建成自由表面流人工湿地，开展了一系列研究。

2000～2009 年为迅猛发展阶段。随着水体污染控制与治理重大项目的实施，我国人工湿地研究及应用得到了迅猛的发展，论文数量迅速增加，研究范围涉及重金属、藻类、藻毒素、农药和酞酸酯等污染物的去除，人工湿地广泛应用于生活污水、造纸废水、矿山废水、养殖废水、农业面源污染等污水的处理，污水处理厂尾水的深度处理，湖泊河流等水体的生态修复，小流域综合整治等。

2009 年至今为规范应用阶段。城乡与住房建设部和环境保护部分别在 2009 年和 2010 年发布了人工湿地相关技术规范，人工湿地在我国各类水处理中得到广泛的应用，同时将水处理人工湿地与景观、生态环境保护与修复相结合，既强调水处理效果，也注重景观与生态效应。

4.2.4.1 人工湿地分类及特点

按照污水的流动方式可以将人工湿地污水处理系统分为表面流人工湿地、水平潜流人工湿地和垂直流人工湿地三种主要类型。不同类型人工湿地对污染物的去除效果不同,并有各自的优缺点。

1. 表面流人工湿地

这种类型的人工湿地与天然湿地类似,污水在人工湿地的表层流动,水位较浅,一般在0.1~0.6 m,它对污染物的去除主要依靠位于水面以下植物根茎的拦截作用以及根茎上的生物膜的降解作用。但该湿地不能充分利用填料及植物根系的作用,去除污染物的能力有限,受季节影响较大,冬季水面会结冰,夏季易产生异味,蚊蝇滋生,同时存在占地面积大、水力负荷率小等缺点,但这种湿地造价低,操作简单,运行费用低。

2. 水平潜流人工湿地

这种类型的人工湿地因污水从一端水平流过填料床而得名。它由一个或多个填料床组成,床体填充基质,床底设防渗层,防止污染地下水体。在水平潜流型人工湿地中,污水在湿地床内部流动,一方面可以充分发挥基质及植物根系的作用;另一方面,由于污水在基质表层以下流动,因此该湿地保温效果好,很少有恶臭和滋生蚊蝇等现象。

3. 垂直流人工湿地

在垂直流人工湿地中,污水从湿地表面纵向流向填料床的底部,床体处于不饱和状态,氧气可以通过大气扩散和植物根系泌氧进入湿地系统,其硝化能力较强,可以处理氨氮较高的废水。但垂直流人工湿地对有机物的去除能力不如潜流型人工湿地。垂直流人工湿地由于具有较高的净化效率和相对较小的土地需求等优点而受到欢迎。其工艺特点对比如表4-1所示。

表4-1 三类人工湿地工艺对比

人工湿地类型	垂直流	水平潜流	表面流
处理效果	好,脱氮能力强	好,脱氮能力较好	较好,脱氮能力一般
水力负荷[$m^3/(m^2\cdot d)$]	0.03~1	0.015~0.5	<0.1
处理效率(%)	40~80	45~85	<40
技术先进性	先进且成熟	先进且成熟	先进且成熟
运转可靠性、灵活性	较高	高	一般
占地面积	小	较大	大
水力学特点	易短路	较均匀	均匀布水
净化空间	部分利用湿地空间	部分利用湿地空间	较充分利用湿地空间
景观效果及构形	要求规整构形,水力约束多	要求规整构形,水力约束条件多	构形适应性好,因地制宜;注重与生态环境相协调,美化环境
投资	较高	一般	低

4.2.4.2 人工湿地的构成

人工湿地由五部分组成:①具有透水性的基质;②好氧微生物和厌氧微生物;③适应在经常处于水饱和状态的基质中生长的水生植物;④无脊椎动物或脊椎动物;⑤水体。

1. 基质

人工湿地基质又称为填料。填料的选择应尽量就地取材,容易获得且价格便宜。目前,常被应用于人工湿地的填料有砂子、碎石、鹅卵石、土壤、煤渣等。基质在人工湿地对污染物的去除效果上发挥着重要作用。

人工湿地填料的选择设置应综合考虑以下要求:

(1)人工湿地填料应能为植物和微生物提供良好的生长环境,且应具有良好的渗透性。

(2)人工湿地填料层的结构设置应为:人工湿地的滤料层应由较均匀的填料组成,人工湿地的排水层应保证充分排水并且不出现积水情况。

(3)人工湿地填料层的填充厚度的设计应符合:人工湿地的滤料层厚度应根据湿地的运行方式和滤料的渗透系数确定,滤料层厚度宜大于或等于 50 cm;人工湿地填料层各层的厚度宜为:排水层 200~350 mm、过渡层 100 mm、滤料层 500 mm 和覆盖层 50 mm,可根据实际情况有所变化。

(4)人工湿地填料应尽量就地取材,容易获得且价格便宜,综合考虑原污水的水质和经济分析结论。

从通透性、植物生长的适应性,以及氮、磷吸附能力来看,沸石和蛙石可以直接作为潜流人工湿地的填料。矿渣和粉煤灰虽然磷素净化能力很强,但其碱性较高,不适合植物生长,不能直接作为人工湿地填料。砂子分布广泛,比较容易获得,就其通透性和植物生长的适应性来说比较适合作为潜流人工湿地的填料。但是其氮、磷吸附能力较差,需要添加氮、磷吸附能力较强的填料,可以直接掺加沸石颗粒以提高其氮素净化效果或者在控制值前提下按一定的比例掺加矿渣或粉煤灰颗粒以提高其磷素的净化能力,也可以将沸石、蛙石等氮素吸附能力较强的填料和矿渣、粉煤灰等磷素吸附能力较强的填料,混合后按一定比例掺到黄砂层中间,作为人工湿地填料氮磷吸附层以提高整个系统氮磷净化能力。由此可见,充分利用当地条件,选用氮和磷素吸附能力较强的填料,是提高人工湿地氮、磷吸附净化能力的重要措施。

2. 微生物

微生物是人工湿地系统中不可缺少的组分,在人工湿地净化污水的过程中发挥着重要作用,是人工湿地污染物净化能力评价的重要指标。目前,人工湿地微生物包括以下几种:

(1)氨氧化微生物。可以将氨转化成亚硝酸盐和硝酸盐,在全球氮循环中发挥重要作用。氨氧化微生物包括氨氧化细菌和氨氧化古菌两大类。

(2)产甲烷细菌和甲烷氧化细菌。甲烷是仅次于二氧化碳的重要的温室气体。自然湿地以及人工稻田湿地被认为是大气中甲烷的主要产生场所。湿地中甲烷的排放取决于产甲烷古菌和甲烷氧化细菌的相对活性。在厌氧条件下,有机物经过甲烷细菌的发酵作用产生甲烷气体,而在有氧的条件下,甲烷被甲烷氧化细菌氧化成二氧化碳释放到大气中。甲烷的产生涉及了大量的微生物,这些微生物不仅包括甲烷细菌,还包括其他的通过改善甲烷细菌的生活环境来促进甲烷产生的微生物。正是各种微生物之间的相互作用最终决定了甲烷的产生速率。甲烷氧化细菌在好氧条件下氧化甲烷为二氧化碳。甲烷氧化是控制甲烷向大气中释放的重要过程。甲烷氧化细菌氧化甲烷的过程不仅可以使甲烷得到氧化,还可以同化甲烷,一旦被同化就可以成为其他生物体可利用的碳。

(3)参与反硝化作用的细菌和真菌。反硝化作用是在微生物的参与下将硝态氮转化成氮气的过程,是去除湿地中氮的关键机制。湿地中75%的氮是通过生物过程被去除的,特别是反硝化作用。由微生物介导的湿地生态系统的反硝化过程受微生物群落结构和活性的影响。反硝化微生物广泛分布于土壤、淤泥、水体等自然环境,主要分布在Pseudomonaceae、Neisseriaceae、Nitrobacteraceae、Rhodospirillaceae、Bacillaceae、Cytophagaceae、Spirileaceaee、Rhizobiaceae和Halobacteriaceae等科。亚硝酸还原酶基因nirK和nirS是反硝化微生物最重要的功能基因,也是反硝化微生物种群研究中最普遍使用的分子标记物。此外,编码N_2O还原酶(Nos)的NosZ在反硝化微生物种群研究中应用也相当广泛。

(4)硫氧化细菌和硫酸盐还原菌。微生物氧化硫化物的过程通常是一种好氧过程,在厌氧条件下利用硝酸盐作为电子受体氧化硫的细菌很少。硫氧化细菌具有丰富的代谢多样性。例如,一些细菌可以从二氧化碳合成有机碳以及硫氧化过程中获得能量。同时,异养硫氧化细菌可以将有机物质作为碳源以及能量来源,也可以将硫化合物作为能量来源。

3. 人工湿地植物选择与配置

人工湿地宜选用耐污能力强、根系发达、去污效果好、具有抗冻及抗病虫害能力、有一定经济价值、容易管理的本土植物。本书工艺采用表面流人工湿地,可以选择芦苇、蒲草、荸荠、莲、水芹、水葱、茭白、香蒲、千屈菜、菖蒲、水麦冬、风车草、灯芯草等一种或多种植物作为优势种搭配栽种,增加植物的多样性并具有景观效果。常见挺水植物及浮叶植物分类见表4-2、表4-3。

不同区域的气候、温度、光照等,以及不同的人工湿地采用的介质、组合方式和处理水体的差别,使得人工湿地植物的生长和生理活动受到影响,因而污水净化的效果也会不一样。因此,人工湿地植物的选择设置应综合考虑以下要求:

(1)根据不同的项目建设区域的气候条件以及人工湿地的建设工艺和建设方式进行选择,尽可能选择土著种或已驯化种。

(2)选择耐污能力强、净化效果好、根系发达、经济和观赏价值高的湿地植物,并需要具有极强的耐寒能力,针对不同湿地的去污能力分析比较,最常见的湿地植物有芦苇和香蒲,但是这两种植物在景观上表现过于单一。

(3)选择多年生植物,兼顾净化和美观效果,能够具有观花、观叶效果的植物要求花期长。

(4)结合植物种类、高度、密度、根系等因素,合理配置人工湿地的植物。

(5)植物的栽种移植:包括根幼苗移植、种子繁殖、收割植物的移植以及盆栽移植等,植物种植的时间宜为春季,在植物移植初期,进行水位控制和遮阴处理,以保证足够的成活率,以便将来形成较高的覆盖率,提高净化效率。

(6)土壤要求:应优先采用当地的表层种植土,当地原土不适宜人工湿地植物生长时,则需进行置换,种植土壤的质地宜为松软黏土壤土,土壤厚度宜为20~40 cm,渗透系数宜为0.025~0.35 cm/h。

表 4-2　常见挺水植物

种名	别名	拉丁名	所属科	图片	生物特性
再力花	水竹芋	Thalia dealbata	竹芋科		多年生挺水草本,植株高100~250 cm,复总状花序,花小呈紫堇色,全株附有白粉,观叶为主;种植水深30~40 cm
泽泻		Alisma plantago-aquatica	泽泻科		多年生沼生植物,高50~100 cm。地下有块茎,球形,叶根生,叶柄长达50 cm,叶片宽椭圆形至卵形,长5~18 cm,花期6~8月,果期7~9月
慈姑		Sagittaria trifolia	泽泻科		多年生挺水植物。高50~100 cm,根状茎横生,较粗壮,顶端膨大成球茎,可食用。基生叶簇生,叶形变化极大。多数为狭箭形,通常顶裂片短于侧裂片。7~10月开花,10~11月结果,同时形成地下球茎。种子褐色。霜冻后地上部分枯死
黄菖蒲	黄花鸢尾	Iris pseudacorus	鸢尾科		多年生湿生或挺水宿根草本植物,植株高大,根茎短粗。叶子茂密,基生,绿色,长剑形,长60~100 cm。花黄色,花期4~6月,绿叶期达11个月左右。种植水深20~30 cm,植株高度50~60 cm
西伯利亚鸢尾		Iris sibirica	鸢尾科		多年生草本。根状茎粗壮,须根黄白色绳索状。叶灰绿色,条形,顶端渐尖。花蓝紫色,蒴果卵状圆柱形。花期4~5月,果期6~7月。既耐寒又耐热,在浅水、湿地、林荫、旱地或盆栽均能生长良好

续表 4-2

种名	别名	拉丁名	所属科	图片	生物特性
梭鱼草		Pontederia cordata	雨久花科		多年生挺水草本，叶柄绿色，圆筒形，叶片光滑，呈橄榄色，倒卵状披针形。穗状花序顶生；花白色或紫色；种植水深 20 cm，植株高度 50~80 cm
粉绿狐尾藻	聚草	Myriophyllum-aquaticum	小二仙草科		多年生挺水或沉水草本植物，以插枝法即可繁殖。被栽植为观赏用水生植物或生长在阳光强烈的沟渠或池塘中。株高 10~20 cm。茎呈半蔓性，能匍匐湿地生长。上部为挺水叶，匍匐在水面上，下半部为水中茎，水中茎多分枝。叶 5~7 枚轮生，羽状排列，小叶针状，绿白色；沉水叶丝状，朱红色，冬天老叶枯
东方香蒲	毛蜡烛	Typha orientalis Presl	香蒲科		多年生草本。地下根状茎粗壮，有节；叶线形，基生，基部鞘状，抱茎，具白色膜质边缘。穗状花序圆锥状，雄花序与雌花序彼此连接，雄花序在上，较细，长 3~5 cm，雌花序在下，长 6~15 cm。花果期 5~8 月，种植水深 10~80 cm，植株高度 100~200 cm，常见植物。特别容易蔓延，需考虑根控
狭叶香蒲	水烛	Typha angustifolia	香蒲科		植株基部的地上茎短缩，并从其叶腋间抽生地下匍匐茎，匍匐茎在土中、水中延伸，长 30~60 cm，开展度 60~80 cm，每株有 6~13 片叶。叶箭形，全缘，叶色浓绿，叶肉组织为中空的长方形孔格，是湿生结构，叶片下部的叶鞘长达 50~60 cm，层层互相抱合成假茎

续表 4-2

种名	别名	拉丁名	所属科	图片	生物特性
菖蒲		Acorus calamus	天南星科		多年生草本植物,全株有特殊香气。具横走粗壮而稍扁的根状茎,径 0.5~2 cm,上生有多数须根。叶基生,叶片剑状线形,长 50~120 cm。6~9 月开花,佛焰苞长 20~40 cm,肉穗花序圆柱形,黄绿色。种植水深 15~20 cm,植株高度 40~70 cm
莲	荷花	Nelumbo nucifera	睡莲科		叶圆盾形,高出水面,有长叶柄,具刺。花单生在花梗顶端,直径 10~20 cm;花色呈白、红、黄、粉等色,观花为主,花期 6~8 月;种植水深 40~60 cm,淤泥质水底为宜;植株高度 100~150 cm
旱伞草	风车草、水竹	Cyperus alternifolius	莎草科		多年生湿生、挺水植物,高 40~160 cm。茎秆粗壮,直立生长,茎近圆柱形,丛生,花果期为夏秋季节。种植水深 10~20 cm
水葱		Scirpus tabernaemontani	莎草科		多年生宿根挺水草本,匍匐根状茎粗壮,具许多须根。秆高大,圆柱状,平滑。花果期 6~9 月。种植水深 20~40 cm,植株高度 100~120 cm。易折断,易倒伏
铜钱草	金钱草、天胡荽	Hydrocotyle vulgaris	伞形科		性喜温暖潮湿,栽培处以半日照或遮阴处为佳,忌阳光直射,栽培土不拘,以松软排水良好的栽培土为佳,或用水直接栽培,最适水温 22~28 ℃。耐阴、耐湿,稍耐旱,适应性强。铜钱草生性强健,种植容易,繁殖迅速,水陆两栖皆可

续表 4-2

种名	别名	拉丁名	所属科	图片	生物特性
千屈菜	水柳	Spiked Loosestrlfe	千屈菜科		多年生挺水草本，根茎粗壮，茎直立多分枝，全株青绿色，略被粗毛或密被绒毛，枝通常具 4 棱；花期 7～10 月；种植水深 20～40 cm，植株高度 60～120 cm。种子容易萌发，注意蔓延
水生美人蕉		Cannaflaccida	美人蕉科		多年生大型草本植物，株高 1～2 m。花呈黄色、红色或粉红色。花期 4～10 月，地上部分在温带地区的冬季枯死，根状茎进入休眠期。耐水淹，在 20 cm 深的水中能正常生长。生性强健，适应性强，喜光，怕强风，适宜于潮湿及浅水处生长，肥沃的土壤或沙质土壤都可生长良好
花叶芦竹		Arundo donaxvar. versicolor	禾本科		多年生挺水草本观叶植物。株高 1.5～2.0 m。宿根，地下根状茎粗而多结，属于禾本科芦竹属，其类别是多年生挺水草本观叶植物，喜光、喜温、耐水湿，也较耐寒，不耐干旱和强光，喜肥沃、疏松和排水良好的微酸性沙质土壤
芦苇		Phragmites australis	禾本科		植株高大，地下有发达的匍匐根状茎。茎秆直立，秆高 1～3 m，节下常生白粉。叶长 15～45 cm，圆锥花序长 10～40 cm，具长、粗壮的匍匐根状茎，以根茎繁殖为主
茭草	菰	Zizanialatifolia	禾本科		叶片扁平而宽广，长 30～100 cm，锥花序大型，长 30～60 cm

表 4-3　常见浮叶植物

种名	别名	拉丁名	所属科	图片	生物特性
睡莲		Nymphaea spp.	睡莲科		根茎平生或直立;叶浮于水面,圆形或卵形,花大而美丽,颜色多样,浮水或突出水面;种植水深 50~200 cm,观花,花期长,5~11 月,花色丰富
芡实	鸡头米	Euryale ferox	睡莲科		观叶植物。叶片背面和叶柄、花梗多刺。种植水深以 80~120 cm 为宜,最深不可超过 2 m。果实可食用
荇菜	莕菜	Nymphoides peltatum	龙胆科		叶卵形,长 3~5 cm。花黄色,种植水深 100~200 cm,植株浮于水面,花黄色,3 月发芽,3 月底开花。容易蔓延生长

4.2.4.3　脱氮除磷途径及影响因素

1. 脱氮

人工湿地中氮的去除途径:进入湿地系统中的氮可以通过湿地排水、氨的挥发、介质吸附沉淀、微生物硝化反硝化作用以及植物吸收等过程得到去除。

(1)人工湿地进水中氮的形态包括颗粒态氮、溶解性有机氮和无机氮。每种形态氮所占的比例与污水的类型和前处理有关。

(2)氨挥发。湿地地面氨挥发需要在系统大于 8.0 的情况下发生,一般人工湿地的在 7.5~8.0,因此通过湿地地面挥发损失的氨氮可以忽略不计。但是,当人工湿地中填充的是石灰石等介质时,湿地系统中的会很高,此时通过挥发损失的氨氮需要考虑。

(3)介质吸附沉淀。污水中的氮以各种形式沉淀在湿地基质中,基质起到了拦截和过滤的作用,同时氮可以被植物摄取和微生物吸收。不同的基质吸附的氨态氮的能力是不同的,黏土、有机土有较大的阳离子交换能力,对氮、磷的去除有重要贡献,甚至可以提高硝化作用。NH_4^+ 被带电土壤粒子吸附,延长了离子滞留时间。粗沙、砾石一般不具有很大的阳离子交换容量,介质吸附所起到的作用不显著。

(4)硝化反硝化作用。氨化(矿化)作用是指将有机氮转化为无机氮(尤其是 NH_4^+—N)。有氧时利于氨化,而厌氧时氨化速度降低。湿地中氨化速度与温度、pH、系统的供氧能力、C/N 比、系统中的营养物以及土壤的质地与结构有关。温度升高 10 ℃,氨化速度提高 1 倍。硝化作用分两步进行:第一步是 NH_4^+—N 氧化为 NO_2^-—N 的过程,这一过程由严格好氧细菌完成,通过氨氧化作用,好氧细菌从中获得生长所必需的能量;第二步是 NO_2^-—N 进一步氧化为 NO_3^-—N 的过程,这一步由兼性化能自养细菌完成。氨化作用和硝化作用只是氮存在形态的变化,真正的脱氮作用并没有发生。反硝化作用是在厌氧条件下,微生物将 NO_3^-—N 转化为氮气并释放到大气中的过程。反硝化作用实质上是一个硝酸盐的生物还原过程,包括多步反应。一般在潜流型人工湿地中,主要是厌氧环境的,反硝化速率明显高于硝化速率,硝化作用是脱氮的限制步骤。因此,提高人工湿地的硝化能力是人工湿地脱氮的关键问题。

(5)植物吸收。氮是植物生长所必需的大量营养元素之一。废水中的有机氮被微生物分解后,成为无机氮,无机氮可以被植物直接摄取,合成蛋白质和有机氮,再通过植物的收割而从废水和湿地系统中出去。总之,由于植物吸收氮和基质吸附氮素数量有限,从人工湿地长期运行角度来看,湿地微生物的硝化作用和反硝化作用是其氮素净化的主要途径,湿地植被根系微生物能增强其作用,提高人工湿地的氮素净化效率。

2. 除磷

进入人工湿地中的磷主要有可溶性磷、颗粒态磷和有机态磷。人工湿地通过生物、化学和物理三重协调作用,实现对污水中磷的高效去除。

(1)生物除磷。磷和氮一样,都是植物的必需元素,污水中的无机磷在植物的吸收和同化作用下被合成等有机成分,通过收割而从系统中去除。微生物对磷的去除作用包括微生物对磷的正常吸收和过量积累,湿地中某些细菌种类因从污水中吸收超过其生长所需的磷,而微生物细胞的内含物储存过量积累,可通过对湿地床的定期更换而将其从系统中去除。

(2)物理除磷。物理去除主要指的是污水中的颗粒态磷通过基质过滤和沉淀而去除,当污水进入人工湿地后,在湿地植物的作用下,污水的流速减慢,颗粒悬浮物就沉淀在湿地中,从而达到去除颗粒悬浮物的目的。

(3)化学除磷。化学除磷主要是通过基质的吸附反应而去除磷。可溶性的无机磷易与 Fe、Al、Ca 和黏土矿物质发生吸附和沉淀反应而固定于土壤中,与 Ca 反应主要在碱性条件下,而与 Fe、Al 反应主要在酸性和中性土壤中。废水中的磷只是被吸附停留在土壤的表面,而且这种吸附作用有限,当吸附位点饱和时,吸附作用不再发生。与此同时,研究还发现这种吸附沉淀反应也不是永久地沉积在土壤里,至少部分是可逆的。如果污水中磷的浓度较低,则土壤中就会有部分磷被重新释放到水中。土壤的作用在某种程度上是在作为一个"磷缓冲器"来调节水中磷的浓度的,那些吸附磷最少的土壤最容易释放磷。但是磷通过沉淀在磷与金属及黏土矿物的络合物中固定下来,此过程则不存在饱和现象。在人工湿地去除磷的途径中,通过收割植物去除的磷仅仅占很少的一部分,基质对磷的吸附沉淀作用是人工湿地除磷的主要途径。

3. 脱氮除磷影响因素

(1)水力停留时间(HRT):HRT 长短直接影响污染物与微生物接触是否充分,从而影响了湿地内部硝化反硝化作用,以及湿地内部基质对磷的吸附和释放的过程。如果水力停留时间设计过短,各项反应不够完全,则不能达到很好的处理效果,延长水力停留时间可以提高污染物的去除效率,但停留时间过长则在湿地内部容易形成“死区”,使得处理效果变差,甚至会产生恶臭现象。

(2)水力负荷:水力负荷高低直接影响人工湿地脱氮除磷的效果。水力负荷较低时,湿地内基质水流速缓慢,这时湿地植物根系和内部基质对污水中的悬浮物及有机物拦截效果较好。当水力负荷提高时,湿地内部水流速加快,这时污染物与湿地内部微生物接触时间减少,这样微生物就不能充分发挥它的硝化作用和反硝化作用,也影响湿地内部基质对磷的吸附效果,从而导致湿地脱氮除磷效果较差。

(3)碳氮比(C/N):碳源不足是人工湿地脱氮效果差的另一个关键原因。进水碳氮比在一定程度上决定了微生物的代谢速率和内源代谢过程,随着进水碳氮比的提高,生物量的丰度也会随之提高,其活性增强明显,脱氮效果也会增强。在实际应用中,为了节约成本投入,降低操作难度,通常选用固相碳源添加到湿地内部,强化湿地脱氮效果。

(4)溶解氧(DO):湿地中DO含量,影响湿地内部有机物和NH_3—N的降解和转化。当湿地内部DO含量小于0.5 mg/L时,反硝化作用发生;当湿地内部DO含量大于1.5 mg/L时才有利于硝化反应的进行。因此,调节湿地内部DO的含量,对于人工湿地脱氮具有重要意义。

(5)pH:人工湿地中的水体pH过高或者过低都会对微生物和植物的生长造成影响。对于脱氮效果的影响,当pH高于9.3时,氨挥发显著。对氨化作用,最佳pH在6.5~8.5,而硝化最佳pH则在7.0~8.6的范围内,反硝化最佳pH则是7.0~8.0。

(6)填料:人工湿地中填料的吸附作用对人工湿地的净化起到了决定性作用,其中人工湿地对磷的去除主要依靠于湿地中填料的吸附沉淀去除。一般情况下,需要选择一种吸附效果好、不易堵塞的人工湿地填料。人工湿地基质填料的比表面积、孔隙率、粒径和导水性能均对污染物去除有一定的影响,尤其是对TP的去除。

(7)湿地植物:人工湿地植物是湿地的重要组成部分,湿地植物的根系可通过截留和拦截等方式,对污水中的悬浮物进行去除,其根系的泌氧功能对污水中污染物的净化,也起到间接或者直接的作用。

此外,不同的进水方式,对人工湿地脱氮效果也有一定的影响;水力特性、温度和湿地内部水位也是影响人工湿地去除污染物的影响因素。

4.2.4.4 人工湿地处理污水基本原理

湿地处理污水的功能是湿地中植物、土壤、微生物甚至动物等组成成分以及众多环境因子综合作用的结果,这些组分之间以及组分与因子之间相互影响,相互促进,也相互制约,组成了湿地的强大净化功能。

1. 植物的去污机制

植物是湿地中最重要的去污成分之一。用于处理湿地的植物通常是生长快、生物量大、吸收能力强的水生草本植物。不同的元素通过植物吸收移走的量也呈现较大差异。以N和P为例,挺水植物能吸收200~2 500 kg N/(hm^2·年)和30~500 kg N/(hm^2·年);漂浮植物则呈现较大的吸收量,约2 000 kg N/(hm^2·年)和350 kg N/(hm^2·年),而沉水植物较低,仅为700 kg N/(hm^2·年)和<100 kg N/(hm^2·年)。但总的来说,植物通过吸收带走的养分与金属量一般情况下都只能占污水中总量的一小部分,而且被吸收的量

大部分还聚积在根内。

湿地植物有适应缺氧土壤条件的结构与特征，像发达的通气组织，可占到植物体积的60%~70%，以利于 O_2 在体内运输并传送到根区，这不仅可满足植物在无氧环境中的呼吸需要，而且促进根区的氧化还原反应与好气微生物活动。湿地植被还影响水的运动，植物密度与生活型都会影响到植物减缓水流的速度，从而带来悬浮颗粒吸附与沉降的差异。另外，植物还为微生物的活动提供巨大的物理表面，植物根系表面也是重金属和一些有机物沉积的场所。有些植物（如芦苇或 Scrirpuslacustris）的根系分泌物还能杀死污水中的大肠杆菌和病源菌。

2. 土壤的净化机制

土壤是湿地的基质与载体，其去污过程来自离子交换、专性与非专性吸附、螯合作用、沉降反应等。

实际上，土壤对污水中磷和重金属的净化主要就是通过上述反应实现的，其反应产物最终吸附或沉降在土体内，从而使土体内这些元素的含量急剧升高，几年之后即可高达入水浓度的10~10 000倍以上。植物根系的吸收、滞留与腐烂，土体内无机成分与有机成分对金属的强烈固持很可能是土壤具有强大聚积能力的原因。土壤的所有理化性状都可能影响到它对污水的处理效果，其中最重要的影响因子之一要数氧化还原电位 E_h。土壤中无机磷等元素有效性与溶解状态也明显受 E_h 高低的影响。此外，土壤（E_h）还会通过影响植物或微生物生长和代谢来间接影响湿地的去污效果。

3. 微生物与藻类的净化机制

微生物在湿地养分的生物地球化学循环过程中往往起核心作用，它们是各类污水中最先出现并对污物起吸收与降解作用的生物群体，而且还能捕获溶解的成分给它们的动物或植物共生体利用。微生物的生物量可作为一个湿地生态系统中土壤物理化学特征、养分含量变化以及有机质积累与分解的一个有效反映指标。

藻类有时成为湿地生态系统中生物量的主要组成成分，虽然藻类体内的元素组成的含量不是很高，但它们在贮藏和转移养分方面有时也能起着举足轻重的作用。另外，藻类有较快的周转速率，因此当污水有较高养分时可起到短期吸收固定再随后缓慢释放与循环的作用。

4. 处理湿地的综合作用机制

湿地之所以能够净化污水，除湿地中的植物、土壤和微生物等成分的分别作用外，更多的时候还是这些成分的相互作用，导致了湿地具有强大的净化功能。湿地土壤支撑着湿地动植物与微生物的生命过程，土壤的任何性状发生改变都可能影响到生物的生长发育及其对环境的作用，从而影响到它们的净化效果。微生物种群对湿地土壤的很多化学反应产生重要影响，土壤中各种元素的循环与转化都与微生物作用密切相关，而这些微生物过程又受土壤 E_h 与 pH 的强烈影响。微生物的生物量随着土壤 E_h 的降低而降低，结果土壤酶活性与有机碳、氮和磷的矿化反应也随之下降，它们之间有显著的相关性（$p<0.01$）。植物除吸收与吸附功能外，另一个重要的净化场所来自其根际微生态系统的综合作用。

元素与废物本身的降解、沉淀、固结、挥发等都能降低自身的浓度，使污水得到净化。

而且这些理化反应在有植物存在时常常会变得更强烈,因为根系的分泌物往往能加速这些反应,而且植物体外表亦为这些反应的发生提供物理支撑。固扎在土壤中的根系所形成的根际微生态系统所起的作用更大,它不仅影响土壤的物理结构,更重要的是它具氧化效应的根际圈影响着土壤中的化学过程、pH 和土壤微生物的活动,而且土壤 pH 的升降又影响到养分的有效状态和金属对生物的毒性。湿地中有机质运转和养分循环与土壤中电子受体的有效性和氧化还原条件有密切关系。由于氧气的扩散,即使在淹水条件下,土体和水体内也会维持不同程度的有氧条件,从而使得氧化还原反应能在湿地内持续发生。

4.2.4.5　人工湿地设计要点

人工湿地系统的设计涉及水力负荷、有机负荷、湿地床构形、工艺流程及布置、进出水系统和湿地栽种植物种类等诸多因素。

(1)场地选择:与传统二级生物处理工艺相比,单位体积污水处理量所需人工湿地的面积为传统二级生物处理地的 2~3 倍。采用人工湿地处理污水时,应尽量选择有一定自然坡度的洼地或经济价值不高的荒地,一方面可减少土方工程量,利于排水,降低投资;另一方面可减少对周围环境的影响。

(2)植物的栽种:人工湿地系统设计中,应尽可能增加湿地系统的生物多样性,以提高湿地系统的处理性能,延长使用寿命。

在选择湿地植物物种时,可根据耐污性、生长适应能力、根系的发达程度及经济价值和美观要求确定,同时要考虑因地制宜。可用于人工湿地的植物有芦苇、茳芏、大米草、水花生、稗草等,目前最常用的是芦苇。芦苇的根系较为发达,是具有巨大比表面积的活性物质,其生长可深入地下 0.6~0.7 m,具有良好的输氧能力。种植芦苇时,一般应尽量选用当地芦苇进行移栽,其具体方法是将有芽苞的芦苇根分剪成 10 cm 长左右,将其埋入 4 cm 深的土中并使其端部露出地面。插植的最佳季节在秋季或早春,插植密度可为 1~3 株/m^2。

(3)进出水系统的布置:湿地床进水系统的设计应尽量保证配水的均匀性,一般采用多孔管或三角堰等。多孔管可设于床面上或埋于床面以下,埋于床面下的缺点是配水调节较为困难。多孔管设于床面上方时,应比床面高出 0.5 m 左右,以防床面淤泥和杂草积累而影响配水。同时,应定期清理沉淀物和杂草等,保证系统配水的均匀性。系统的进水流量可通过阀或闸板调节,过多的流量或紧急变化时应有溢流、分流措施。湿地出水系统的设计可采用沟排、管排、井排等方式,合理的设计应考虑受纳水体的特点、湿地系统的布置及场地的原有条件。为有效地控制湿地水位,一般在填料层底部设穿孔集水管,并设置旋转弯头和控制阀门。对严寒地区,进、出水管的设置须考虑防冻措施,并在系统的必要部位设置控制阀和放空阀。

(4)填料的选用:进水配水区和出水集水区的填料一般采用粒径为 60~100 mm 的砾石,分布于整个床宽。处理区填料表层可优先选用钙含量为 2~2.5 kg/100 kg 的混合土,以利于提高脱磷效果。表层之下以 5~10 mm 粒径石灰石掺适量土壤,厚度为 150~250 mm,再往下,全部采用 5~10 mm 粒径石灰石填料,或用不同级配砾石、花岗岩碎石铺设。由于表层土壤在浸水后会有一定的下沉,因此,建造时填料表层标高应高出设计值 10%~15%。

(5)湿地床的水位控制:通常湿地进水的水位是不变的,为使污水在床体内以推流式流动,须对床层的水位加以控制。通常 SFS 系统对水位的控制有几点要求:在系统接纳最大设计流量时,湿地进水端不出现壅水,以防发生表面流;在系统接纳最小设计流量时,出水端不出现填料床面的淹没,以防出现表面流;为了利于植物的生长,床中水面浸没植物根系的深度应尽量均匀,并尽量使水面坡度与底坡基本一致。

(6)防止地下水污染:为防止湿地系统因渗漏而造成地下水污染,要求在建设工程时尽量保持原土层,并在原土层上设置防渗层。防渗层的设置方法有多种,如采用厚度为 0.5~1.0 mm 的高密度聚乙烯树脂,或油毛毡密封铺垫等,为防止床体填料尖角对薄膜的损坏,施工时可在塑料薄膜上预铺一层细砂。

4.2.5　水处理前沿技术

21 世纪是水的世纪。水资源短缺、水环境污染、水生态损害等问题的加剧将对 21 世纪人类社会持续发展带来深刻的影响。研究新的污水处理技术,将处理后的水和泥变为可利用的资源,使污水处理事业成为一种自然资源再生和利用的新兴工业,是解决水污染和合理利用水资源的重要途径之一。作为污水处理技术的研究方向,重点在于降低能耗、改善出水水质、减少污泥量、简化与缩小处理构筑物的体积、减少占地、降低基建与运行费用、改善管理条件等。可以预见,随着现代科学技术的理论与方法在水污染的研究和水污染的控制应用方面不断拓宽与加深,诸如化学、生物学、生态学、系统论、控制论、信息论、耗散结构论、协同学等基础学科和理论,以及化工技术、生物技术、生态工程技术、计算机技术、遥控遥测技术等先进的技术手段的广泛应用,城市污水处理技术将会得到迅速发展。就我国目前的污水处理现状而言,污水处理技术市场需求相当大。城市污水处理的发展将表现为以下几个方面的特点:氮、磷营养物质的去除仍为重点,也是难点;工业废水治理开始转向全过程控制,单独分散处理转为城市污水集中处理;水质控制指标越来越严;由单纯工艺技术研究转向工艺、设备、工程的综合集成与产业化及经济、政策、标准的综合性研究;污水再生利用提上日程;中小城镇污水污染与治理问题受到重视。

污水处理的目的是用某种方法把污水中的污染物质分离出来,或者将其转化、分解成无害无毒的稳定物质,从而使污水得到净化。从用普通生物滤池、传统活性污泥处理生活污水,到目前的光电氧化法、磁化法等高新技术用于污水处理,污水处理技术已经过了 100 多年的发展历史。污水中的污染物种类、污水量是随着社会经济发展、生活水平的提高而不断增加的,污水处理技术也随着科学技术水平的发展而发生了日新月异的变化,同时,古老的污水处理技术不断被革新和发展着。近年来,污水处理技术的发展前沿方向主要有:对传统的活性污泥法流程和技术进行革新,使之更为经济合理;研究开发可以代替活性污泥法的处理流程和技术;研究开发目标为城市废水回用的处理流程和技术,由此开发了许多废水处理的新工艺,如膜分离技术、生物炭处理技术、磁分离技术、光催化技术、超声波水处理技术等。

4.2.5.1　膜分离技术

膜分离技术是近二三十年内发展起来的,其应用于废水处理方面有一系列的特点和优势:分离机制简单,节能环保,无相变和温度变化;对被处理物无形态或化学影响;无二次污染,处理后的水或回收的物料可直接回用到生产工艺中去。在除污的同时变废为宝,是符合可持续发展战略的绿色技术。膜处理技术主要包括微滤(MF)、超滤(UF)、纳滤(NF)、反渗透(RO)和电渗析(Electrodialysis)等。

膜分离技术主要大规模地应用于苦咸水、海水淡化和难分离的混合物的滤透。在污水处理方面,已广泛应用于城市污水、电镀污水、纸浆和造纸工业污水、化工污水、冶金焦化污水、食品工业污水、制药污水处理及放射性污水的处理等。

目前,膜分离技术正在成为水处理研究与应用的热点。Bodzek 和 Konieczny 采用 UF 膜处理金属工业乳液,取得了较好的处理效果,油及 COD 的去除率分别可达 95%~99% 和 91%~98%。由于 NF 具备可去除无机物及有机物的优点,因此国外利用其去除地下水的硬度和残余农药成分。膜分离技术在水的回用方面起着难以替代的作用。国外的水回用工厂利用 RO 去除溶解性盐及有机物,利用 NF 软化水质(也可去除部分有机物),利用 UF 和 MF 去除颗粒状污染物(如浊度、总悬浮固体以及微生物等)。IKoyuncu 等分别采用低压 NF 膜以及二级 RO 系统对牛奶工业废水进行处理,NF 法的 COD 去除率可达 98%,电导率可削减 98%以上,此外,Cr、Pb、Ni、Cd 等有毒重金属的去除率均达 100%,而二级 RO 系统对 COD、电导率和悬浮固体的去除率均在 99%以上,成功地实现了废水的再生与回用。

从研究进展情况看,将膜分离技术用于废水的处理和回用是一个颇有前途的研究与应用方向。

4.2.5.2 生物炭处理技术

生物炭是在完全或部分缺氧条件下,生物质原料(如作物秸秆、木屑、动物粪便等)经热解炭化而产生的一种性质稳定、含碳丰富的物质。生物炭一般呈碱性,疏松多孔,比表面积大、容重小、表面能高,具有高度的芳香性、抗分解性和热稳定性,同时具有大量的表面负电荷以及丰富的表面含氧官能团;生物炭中丰富的含氧官能团和多样化的官能团种类是其与其他炭材料的主要区别,影响其在水土环境中的行为。生物炭的这些性质与活性炭类似,因此生物炭对水体、土壤或沉积物中的重金属及有机污染物都有较好的吸附固定作用,还能够促进植物对营养元素的吸收,有利于土壤微生物的生长,减少农药残留。生物炭在土壤改良及对重金属的吸附固定,降低土壤重金属的生物有效性等方面具有良好的环境效应与应用前景。近年,生物炭作为环境功能材料引起广泛关注,其在土壤改良、温室气体减排以及受污染环境修复方面都展现出应用潜力,为解决粮食危机、全球气候变化等环境问题提供了新思路。

4.2.5.3 磁分离技术

磁分离技术是借助于磁场力的作用,对不同磁性的物质进行分离的一种技术。一切宏观的物体,在某种程度上都具有磁性,但按其在外磁场作用下的特性,可分为三类:铁磁性物质、顺磁性物质和反磁性物质。其中,铁磁性物质是通常可利用的磁种。各种物质磁性差异正是磁分离技术的基础。磁分离法按装置原理可分为磁凝聚分离法、磁盘分离法和高梯度磁分离法三种;按产生磁场的方法可分为永磁分离法和电磁分离法(包括超导电磁分离法);按工作方式可分为连续式磁分离法和间断式磁分离法;按颗粒物去除方式可分为磁凝聚沉降分离法和磁力吸着分离法。

近几年,磁力分离法已成为一门新兴的水处理技术。磁分离作为物理处理技术在水处理中获得了许多成功应用,显示出许多优点。磁分离利用废水中杂质颗粒的磁性进行分离,对于水中非磁性或弱磁性的颗粒,利用磁性接种技术可使它们具有磁性。借助于外力磁场的作用,将废水中有磁性的悬浮固体分离出来,从而达到净化水的目的。与沉降、过滤等常规方法相比较,磁力分离法具有处理能力大、效率高、能量消耗少、设备简单紧凑等一系列优点,它不但已成功应用于高炉煤气洗涤水、炼钢烟尘净化废水及轧钢废水和烧结废水的净化,而且在其他工业废水、城市污水和地皮水的净化方面也很有发展前途。目前,具有代表性的磁分离设备是高梯度磁分离器和磁盘分离器。

4.2.5.4　光催化技术

光催化技术是一种新兴的高效节能现代污水处理技术,主要采用光催化、还原反应或有机污染物、无机污染物进入水体,将污染物分解成为水、二氧化碳、盐。光催化技术有很多种,氧化锌的技术应用,主要是 Cd 和 ZnO 等,去污效果最有效的是 TiO_2,TiO_2 本身无毒,化学稳定性好,一旦被紫外线照射会分解成自由电子,使空气中的氧活化,产生活性氧和自由基,这是因为活性高,一旦遭遇污染,将及时还原反应进行氧化,以达到净化的目的。其反应机制如图 4-12 所示。

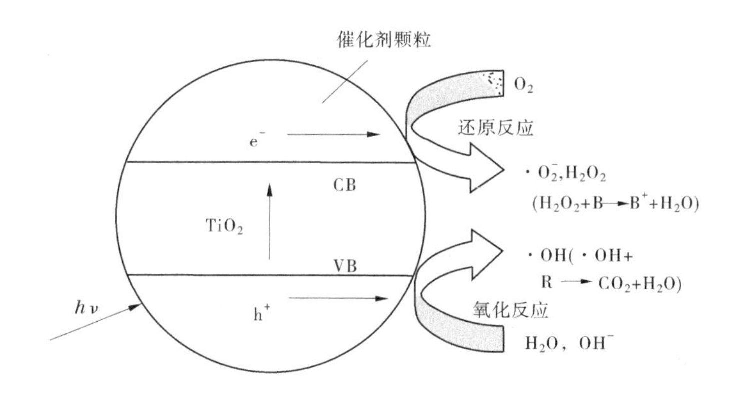

图 4-12　光催化降解污染物的反应机制

在应用研究方面,光催化研究的重点是寻找性能优良的光催化剂,所以高效光催化剂筛选及制备是光催化研究的核心课题。另外,光催化技术所面临的问题是在机制和实际废水催化氧化动力学研究的基础上对光催化反应器进行最优化设计,并对催化过程实行最优操作,因此高效多功能集成式实用光催化反应器的开发,将会成为一种新型有效的水处理手段,特别是在低浓度、难降解有机废水的处理及饮用水中三致物质的去除方面发挥重要作用。该法具有结构简单、操作条件容易控制、氧化能力强、无二次污染、节能、设备少等优点,因而有一定的工业化应用前景。

4.2.5.5　超声波水处理技术

超声可以对废水中的污染物的超声波降解,其中含有有机污染物、化学污染物等,其主要原理是利用超声波产生的加工设备,排入污染物中,脱离,分散,以此来使降解的目的得到实现。超声波水处理技术对污染物有很强的降解能力,且降解速度很快,应用范围更广,不仅可以与其他技术一起使用,也可以单独使用,有很好的发展前景。

近年来,利用超声波(频率>16 kHz)技术处理降解水中的化学污染物尤其是难降解有机污染物的应用取得了很大的进展,它是一项新型的水处理技术,集高温热解、高级氧化及超临界氧化等多种技术于一身,具有降解效率高、适用范围广,且可以与其他水处理技术联合作用的优点。在强化降解或直接降解水体中有机污染物方面的实验室水平及应用上的研究报道也日益增加,取得了许多有价值的研究成果。对于超声波的化学效应机制,国内外至今的研究理论普遍认为空化效应,又称"热点"(hotspot)理论。该理论认为超声波对有机物的降解不是直接的声波作用,而主要是源于其产生的声空化效应。

超声波降解水中污染物,是近年来发展起来的一项新型水处理技术。它集高级氧化技术(Advanced Oxidation Technology)、焚烧、超临界氧化等多种水处理技术的特点于一身,降解条件温和、降解速度快、适用范围广,可以单独或与其他水处理技术联合使用,使超声波在水处理方面得已广泛应用。

(1)处理固体悬浮颗粒。超声波通过液体时,可以破坏液体中颗粒的双电层球行对称结构,并产生偶极矩,导致颗粒脱稳并凝聚增大(产生超声凝聚效应),也可以借助于高频振动使液体内部产生许多微小空穴,使溶解于液体中的气体以小气泡的形式挤出,从而加速液体中悬浮物的上浮(产生超声空穴效应)。

(2)处理某些含重金属络合物的废水。超声波处理某些含重金属络合物的电废水时,可以将重金属络合物的金属离子和络合剂分离,从而较方便地除去重金属。例如,含镍约 $4\ 000\times10^{-6}$ mol/L 的废水,用一定频率和强度的超声作用一段时间后再经过滤处理,可除去99%以上的镍;含铜 $1\ 000\times10^{-6}$ mol/L 左右的电镀废水经超声处理并过滤后,可除去约99.8%的铜。

(3)对废水中有机物的降解。20世纪90年代以来,国内外开始研究将超声波用于水污染控制,应用在卤代烃、酚、醇、醛、聚合物以及有机磷等水中有难降解的有毒有机污染物的治理方面,已取得一些进展。

超声波水处理技术对有机物(尤其是难降解的有机物)处理效果较好,但也存在一定的问题,如超声时间长、能耗大;对于一些有机物而言,其最佳处理效果要求酸性或碱性条件;温度对降解每种有机物的影响没有统一的定论等。因此,为了达到更好的降解效果,通常将超声波与其他处理技术联合使用。目前常见的联合处理技术有超声波—臭氧、超声波—Fenton 氧化、超声波—光催化及超声波—零价铁等联合技术。

第 5 章　污水处理技术案例分析

5.1　典型污水处理厂案例

5.1.1　广州市京溪污水处理厂

5.1.1.1　工程概况

广州市京溪污水处理厂地处白云区沙太北路以东、犀牛南路以北，是国内首座采用 MBR 工艺的地埋式污水处理厂，是广州市亚运会配套城市河涌改造项目，投资约 5.8 亿元，对沙河涌整治起到积极作用。该污水处理厂具有占地少、出水水质好、环境影响小等特点。由于采用地埋式布置，与普通污水厂相比，所增加的基坑支护、地下框架结构、配套消防及通风等工程费用合计约 11 571 万元，经济指标为 1 157 元/(m^3·d)，约占工程费用的 30%。而京溪污水处理厂采用的 MBR 系统工程费用合计 9 891 万元，按污水处理量计算技术经济指标为 989 元/(m^3·d)，占工程费用的 25.8%。此两部分工程费用合计 21 462 万元，按污水处理量计算技术经济指标为 2 146 元/(m^3·d)。若刨除这两部分工程费用，京溪污水处理厂其余工程费用为 16 899 万元，经济指标为 1 690 元/(m^3·d)，与普通污水处理厂价格水平基本相当。

采用膜生物反应器(MBR)污水处理工艺，处理构筑物采用全地下布置和组团布局；配套有污泥处理、臭气处理、地面园林景观等建(构)筑物；处理出水水质同时满足《城镇污水处理厂污染物排放标准》(GB 18918)的一级 A 标准及广东省地方标准《水污染物排放限值》(DB 44/26)的一级标准，尾水直接排入沙河涌作为下游 12 km 长河道景观补水。污水厂于 2010 年 9 月 15 日全面竣工投入使用，现已运行近十年，出水水质稳定达标，运行良好。其处理工艺流程如图 5-1 所示。

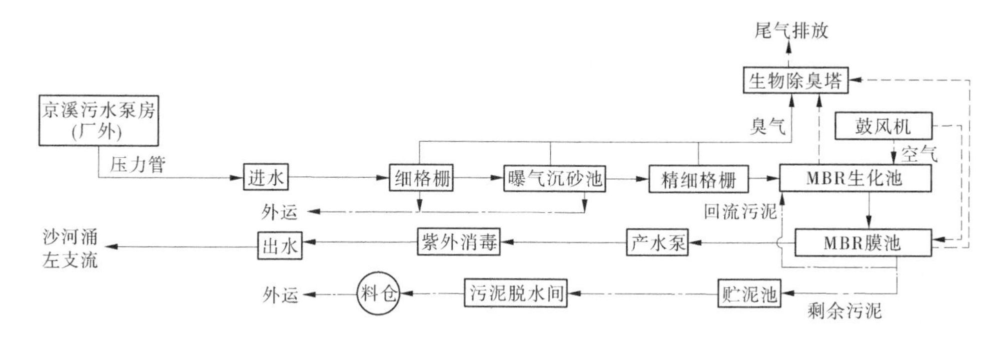

图 5-1　广州市京溪污水处理厂 MBR 工艺流程

可见，对于地埋式 MBR 污水厂而言，造价较高的主要原因除采用地下结构导致基坑工程费用较高外,就是 MBR 系统本身价格较高。未来其他同类污水厂施行建设时,可根据现场场地、地质条件等优化基坑设计,同时可采用放坡开挖等措施,降低基坑工程费用。另外,随着国内膜生产技术水平的提高以及国内 MBR 系统集成商的成长,国产 MBR 系统造价会逐步走低,进一步促进地埋式 MBR 污水处理厂在我国的发展应用。

5.1.1.2　经验总结

1. 污水厂科学规划的重要性

污水工程规划及污水厂选址要充分考虑城市快速发展的实际,充分预留发展余地及提前规划控制用地。否则,污水厂规划调整不得不面临非常巨大的困难。沙河涌上游区域原较早规划人口密度低至 78 人/hm^2(1997~2010 年分区规划),后调整规划人口密度高达 680 人/hm^2(2005 年规划导则)。

2000 年后的近十年,沙河涌上游城市迅速发展,各小区建设逐步成熟,人口密度逐年增加,加上大量的外来人口,现状实际人口已远远超过最早的规划人口。沙河涌上游人口的剧增,导致污水量剧增,原规划和建设的沙河涌截污系统已不能满足城市快速发展的要求。因此,需调整污水规划,拟于沙河涌上游新建污水处理厂,而污水厂的选址成为最大难点。自 2006 年 6 月开始,历经 3 年时间,直至 2009 年 4 月,最终确定选址于上游的犀牛村金湖停车场(1.8 hm^2)。

2. 对污水厂选址提出新的要求

我国现行国家标准规定,污水厂选址的首项原则是选择在城镇水体的下游,由于某些因素,不能设在城镇水体的下游时,出水口应设在城镇水体的下游。该规定主要基于对水源的保护,但对于当前许多大中城市,一方面是城市在快速发展,是污水规划普遍滞后,事实上的土地资源稀缺造成城镇污水厂在流域水体下游选址难度很大,传统的选址原则大多难以贯彻;另一方面,随着人们生活水平的提高,对环境质量的要求也逐步提高,污水处理出水水质指标要求日趋严格(一级 A 标准或以上),而河道截污后又必须马上面对河道补水的需求,这使得在水体上游建设污水厂、就近收集城镇污水、处理后就地利用作为河道补水成为必要。所以,许多情况下在水体上游建设污水厂能体现更佳的技术经济性及可操作性,“污水就近处理回用”应作为污水厂选址的优先原则。京溪污水处理厂在沙河涌上游选址正是体现了这种选址思路的突破。按照原有污水系统现状及规划,沙河涌流域属于猎德污水处理厂的纳污范围,但是,已有的沙河涌截污管系及猎德污水处理厂处理容量已饱和。因此,重新提出在沙河涌上游新建污水处理厂,单独处理上游城市污水,以大大减轻下游污水收集和处理系统负荷;同时,处理出水直接回用于沙河涌河道补水,节省长途调水补水的能耗。

3. 污水厂功能需求进一步升级

水资源短缺和水污染加剧所构成的水危机已成为 21 世纪最严峻的问题之一。建设资源节约型、环境友好型社会是城市建设的内在要求,而水资源综合利用为其重要途径。污水经过治理后也是一种资源,从水资源综合利用的可持续发展要求出发,污水厂设计应兼顾中水利用的要求,污水处理工艺设计也应考虑尾水的最终用途,提高设计标准。污水处理厂功能上应超越传统上主要为控制污染的基本需求,还应兼顾城市水资源综合利用、水体生态恢复等更高的需求。京溪污水处理厂即承担了沙河涌上游城市污水处理和为沙河涌河道补水的两种功能,建成后的京溪污水处理厂正式命名为“京溪地下净水厂”。

4. 污水厂设计的一些传统理念正在发生变化

随着技术的革新和社会的发展,污水厂规划设计的一些基本理念已逐渐发生变化。地下污水处理厂使得土地的地下空间立体使用和构筑物平面组团布局成为可行;地下污水厂先进的除臭技术和高标准的除臭设计使得传统要求的污水厂设计的卫生防护绿化带距离要求并不必要;地下污水厂的单位占地指标在不断压缩以满足城市土地缺乏的要求;地下污水处理厂花园式厂区环境;生物反应器水力停留时间(HRT)和污泥停留时间(SRT)的完全分离;出水水质标准高不等于工艺流程长。

5. 地下污水厂建设的必要性和可行性日益增强

当前,城市化进程对污水处理提出了越来越高的要求,同时城市土地快速开发对污水处理厂的建设选址产生越来越不利的约束。城市中心区污水处理厂的建设选址存在两方面瓶颈:城市排水主干系统已基本建成,污水系统总体布局基本成形,新建污水处理厂的选址具有一定的唯一性。城市的快速发展造成土地的日益稀缺,污水处理厂拟选址地块或已出售,或涉及大量拆迁,落实选址的协调难度大。面对污水系统约束性和土地资源稀缺性双重瓶颈,新建污水处理厂必须突破传统观念,基于城市可持续发展的内在需求和城市总体设计的大视野要求,在节约土地资源上大做文章。为应对城市土地日益稀缺的现实,污水厂建设中对地下空间的利用要求日益强烈,建设地下污水厂的必要性日益增强。随着先进的污水生物处理技术和地下空间开发技术的迅猛发展,现代技术使地下污水处理厂的建造规模、质量及速度不断提高,地下污水厂的综合优势也日渐突出。21世纪高新科学技术主要表现在两个领域:一个是电子信息技术,另一个是生物工程技术。这两种高新技术的发展更新为城市污水生物处理技术的发展提供了基础。随着世界经济和科学技术水平的不断发展以及地上空间的日益减少,人们将眼光转向地下空间已成为社会发展的必然趋势。曾经阻碍地下空间的开发利用发展的因素和关键技术问题正在逐一突破,包括地下空间的防灾技术、通风技术、照明技术、防水技术、环境控制技术、开挖支护施工技术等,地下空间开发利用的成本逐渐减少,使城市污水厂按地下式设计的可行性得以逐渐增强。

6. 地下污水处理厂的设计特点

宜选择占地较小的工艺,占地小,可大大减少地下基坑支护费用及地下结构费用;集约化设计,要求平面布置上的模块化设计及组团布局,尽量压缩构筑物之间的空间;地下空间优化利用,合理利用地下空间资源,结合用地条件进行横向、竖向的方案比选。交通组织;科学设计地下空间的生产(运行管理、维修吊装)、生活、消防、应急的交通设计;管线综合,优化地下空间综合管廊的设计;通风及安全,包括构筑物内的除臭、地下空间通风、消防、事故排水安全等设计;景观设计,宽阔的地表面积对地面景观设计提出更高的要求,也可结合城市布局规划市政公园。

7. 污水厂设计提升至城市设计、城市经营的高度

城市设计是为提高和改善城市空间环境质量,根据城市总体规划及城市社会生活、市民行为和空间形体艺术对城市进行的综合性形体规划设计。人性化、功能化、艺术化的公共空间是城市设计方向。

城市经营,就是通过市场机制对构成城市空间和城市功能载体的自然生成资本(土地、河湖)与人力作用资本(如市政设施和公共建筑)及相关延利资本等进行重组营运,最大限度地盘活存量,对城市资产进行集聚、重组和营运,以实现城市资源配置容量和效益的最大化、最优化。

从城市设计、城市经营的角度,京溪污水处理厂设计实现了功能与环境的立体交叉、系统融合,除除污治污的基本功能外,处理后尾水作为河道补水,实现功能的延展,提升下游的城市价值;因为设计为地下式,地面上湖泊、瀑布、园林小品创造出宜人的花园式环境,与周边环境和谐,处处彰显人性化、艺术化特点;盘活周边土地价值;中水回用、变废为宝,实现资源循环利用的价值。

5.1.2 东莞市污水处理厂

5.1.2.1 工程概况

东莞市污水处理厂位于南城区石鼓村王洲,是东莞市目前采用二级处理、日处理生活污水设计能力20万t的一家最大的国有污水处理厂,占地面积15.42万m^2,截污主干管总长度为14.77 km,管径为1 400~2 600 mm;收水范围:莞城区、南城区、万江区南面组团、东城区(牛山片区、桑园、周屋、温塘片区除外)的全部生活污水;服务面积62.95 km^2,服务范围现状人口49.96万人。外管辖新基污水泵站、珊洲河污水泵站两座和管网的维护。

厂区一、二期工程概算总投资6亿元,其中厂区投资2亿元、管网投资4亿元。分两期工程建成,一期概算投资3.6亿元,其中管网投资2.5亿元,截污主干管总长度为14.77 km,管径为1 400~2 600 mm,厂区投资1.1亿元,占地面积9.8万m^2,于2001年9月动工,2002年6月投入试运行,采用厌氧—氧化沟工艺(A/O工艺),如图5-2所示,处理能力为10万m^3/d;二期于2003年9月动工,2004年8月28日投入试运行,采用缺氧、厌氧—氧化沟工艺(A_2/O工艺),处理能力为10万m^3/d。

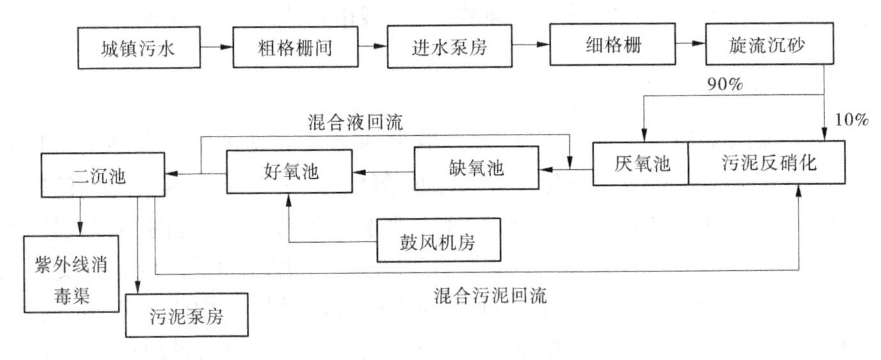

图5-2 污水处理工艺流程

经东莞市污水处理厂处理后的尾水,由东莞市环保监测站常规抽样检验,水质符合《城镇污水处理污染物排放标准》(GB 18918—2002)的一级B标准。

东莞市污水处理厂非常重视厂容厂貌环境的建设,并积极开展生产运行、技术创新、员工综合素质培训、管理职能强化等方面的工作,取得了一些成绩。2004年8月获得了国家环保总局颁发的生活污水“环境保护设施运营资质证书”;2004年12月,分别被中国市政工程协会评为“2004年度全国先进城市污水处理厂”,被广东省建设厅和人事厅评为“2004年度建设系统先进集体”;2005年12月,被东莞市城市管理局评为“2005年度环卫工作先进单位”;2008年1月,分别被东莞市绿化委员会评为“2007年度东莞市园林式单位”,被广东省环保局评为“2007年度重点污染源环境信用等级绿牌企业”,被东莞市环保局评为“2007年度东莞市诚信企业”;2008年11月,被中国城镇供水排水协会评为“2008年度全国城镇污水处理厂优秀运营单位”。2006年,全年日均处理生活污水20.17万t;2007年,全年日均处理生活污水19.92万t。

东莞市污水处理厂三期工程已于2008年11月经东莞市政府(东府办复〔2008〕727号)批准建设,这是东莞市创建国家环境保护模范城市、进一步改善市区生态环境的又一项民心工程。厂区扩建规模为20万t/d,厂区工程概算投资3.4亿元,计划于2008年底动工兴建,2010年底竣工,届时东莞市污水处理厂的处理规模将达到40万t/d,使东莞市区的生活污水处理率达到100%,为提高东莞市生活污水集中处理率和改善东莞水质环境将做出更大的贡献。

5.1.2.2 经验总结

1. 严把工程质量关

后期维护管理中,工程建设质量起到了前提作用,对于单位的选择上,包括设计单位、施工单位和监理单位都要选择具有专业资质的单位。最后,还要将竣工验收标准制定出来,确定验收主管部门之后,就要确定验收内容,各个单位的工作任务都要明确,验收工作的操作要规范化。

2. 健全运行维护管理制度

(1)责任到位。首先,根据污水的处理规模、污水处理的工艺流程以及采用的污水处理技术等,按照规定的操作流程进行,主张自营管理,做好统一维护工作,有关部门还要实施经营管理,对于各项设施做好日常的维护工作。对管理人员和维护人员实施阶段性培训,注意对专业知识进行培训,提高人员的技术能力。同时,根据当地所建的站点工艺,对各工艺部件编制专门的设备维护手册及运营管理指引,统一完善生产管理报表,明确生产责任及检查内容,建立“站长制”,做到“专人专责”。

(2)推广通过物联网和远程监控进行运营。为更好地对污水处理站进行管理和监控,应结合污水远程监控系统及手机App软件,搭建了农村污水运营管理平台,实现了站点无人值守,进一步提高污水工程自控的智能化水平,拓展平台化建设,便于工作人员对站点进行维护和管理。通过平台数据管理和手机App软件可实现以下功能:实时数据监控、报警信息推送、地图操作、节点设置、搜索功能、录入功能、权限功能、派单功能。

(3)通过这个管理平台管理人员可通过平台上具有的报警、报表、数据分析、历史曲线等功能,随时随地了解各个污水站点的运行情况,及时发现问题站点,对各个污水处理站的整体运行情况进行把控和管理。同时,监控软件具有手机短信通知功能,可将污水处理站的运行情况、故障报警等信息发至指定的手机,能快速对突发事件做出反应,有效防止事故的发生。

3. 建立考核机制

把污水治理绩效纳入政绩考核当中,发挥考核的激励效应。

污水处理厂运行成本分析如下:

以污水处理厂对原水进行二级深度处理,按《城镇污水处理厂污染物排放标准》(GB 18918—2002)中一级 B 标准排放为准,并参考所在地的经济发展水平及相关政策,进行污水处理厂与本项目示范工程的运行成本对比,见表 5-1。

表 5-1　部分污水处理厂处理规模相关参数一览

工程名称	处理规模[万(m^3/d)]	总投资(万元)	工程费用(万元)	总投资费用技术经济指标[元/(m^3·d)]	工程费用技术经济指标[元/(m^3·d)]	处理工艺	说明
普通污水处理厂	10				1 417	氧化沟工艺(A_2/O 工艺)	根据建设部 2008 年颁布的《市政工程投资估算指标——第四册排水工程》估算
成都高新西区污水处理厂	4	15 000	15 000	3 750	3 750	氧化沟工艺(A_2/O 工艺)	含管网建设
东莞市污水处理厂	20	60 000	60 000	3 000	3 000	氧化沟工艺(A_2/O 工艺)	含管网建设
广州市京溪污水厂	10	64 550	38 360	6 455	3 836	地埋式 MBR 工艺	其工艺新、基坑深、地下土建规模大、出水标准高等特点导致造价偏高
金华市蒋堂镇污水处理厂	1	1 600	1 600	3 200	3 200	氧化沟工艺(A_2/O 工艺)	一期工程处理规模为 5 000 m^3/d

总体而言,污水处理是能源密集(energy intensity)型的综合技术。污水处理厂的运行费用主要包括电能能耗、材料费用(药剂、维修用备品备件等)、人工工资及福利、固定资产折旧、管理费用和设备维护维修等。据统计,电能的消耗,在整个污水处理厂成本费用中,占有巨大的组成部分,占直接运行成本的 40%以上;材料费用的消耗与管理、人工工

资分别约占直接成本的10%左右。原培胜以日处理量3万t的城镇污水处理厂为例并结合实际工程经验分析运行成本,其中动力费和维修费是运行成本的主要部分,占运行成本的78.6%,人员费占9.5%,药剂费7.1%,其他费用4.8%。通常情况下,在我国,一个日处理1万t的城市污水处理厂的年运行费为150万~200万元,而电能消耗则占了相当大的比例。因此,降低污水处理能耗,是降低污水处理成本的必要途径。

5.2　河道污染治理技术工艺

5.2.1　水污染河流治理技术

对河道的治理,过去人们主要与河道的安全性相斗争,往往忽略了河道的生态性。国外较早注意到这个问题,并进行了一定的研究。生态河道的发展经历了自然型河道和生态型河道两个阶段。

(1)自然型河道阶段(20世纪30年代末至80年代末期)。人们提出河道治理要接近自然。如1938年德国的Seifert首先提出"近自然河溪治理"的概念,指出治理工程应在实现传统河流治理的各种功能(如防洪、供水、水土保持等)基础上,还应该可以达到接近自然的目的。20世纪50年代,德国正式创立了"近自然河道治理工程",提出了河道的整治要符合植物化和生命化的原理。Schlueter认为理(near nature control)的目标,首先要满足人类对河流利用的要求,同时要维护或创造河流的生态多样性。瑞士、德国等于20世纪80年代末提出了"自然型护岸"技术。可见,此阶段生态河道的研究主要在欧洲发展,以自然护岸为特色,着重关注河道的自然状态。

(2)生态型河道阶段(20世纪90年代初期起)。河道治理中开始关注生物多样性恢复问题,注重发挥河流生态系统的整体功能,逐渐实现人与自然和谐共处。河道治理要减轻人为活动对河流的压力,维持河流环境多样性、物种多样性及河流生态系统平衡,并逐渐恢复自然状况。董哲仁提出了"生态水工学(Eco-Hydraulic Engineering)"的概念,他认为水工学应吸收、融合生态学的理论,建立和发展生态水工学,在满足人们对水的各种不同需求的同时,还应满足水生态系统的完整性、依存性的要求,恢复与建设洁净的水环境,实现人与自然的和谐。2003年在对河流形态多样性的研究中指出:河流形态多样性是流域生物群落多样性的基础,水利工程建设应注意保护和恢复河流多样性,以满足生态系统健康的要求。

目前,处理污染河水的技术主要分为三大类,即物理法、化学法和生物法。

5.2.1.1　物理法

物理法主要包括底泥疏浚和引水稀释技术。

1. 底泥疏竣

污染严重的水体的底泥中会沉积大量的污染物质,如有机物、氮、磷、重金属等,在一定条件下这些污染物质会从底泥中释放出来,使水质恶化,形成二次污染,因此底泥是天然水体的一个重要内污染源。通过疏竣河流底泥,可以将底泥中的污染物移除出河流生态系统,同时能消除河流的淤堵问题。由于该方法技术简单,因此是目前世界各国改善水环境使用最多的方法。

由于不同河流的污染类型、时间和污染程度不同，河流底泥厚度、密度、污染物浓度的垂直分布差别很大，这就造成了底泥疏竣的难度。另外，底泥疏竣会对河流生态环境造成一定影响，开挖过深会破坏河流生态环境。因此，在开挖前应当确定合理的挖泥量和挖泥深度。

2. 引水稀释

引水稀释是通过工程调水对污染的水体进行稀释，使污染水体在短时间内达到相应的水质标准。引水稀释法将大量污染物在较短时间内输送到下游，减少了原来河流的污染物总量，使得河流从缺氧状态变成为好氧状态，提高河流自净能力。1964 年，东京为了改善隅田川的水质，从利根川和荒川以 16.6 m^3/s 的流量引入清洁水进行冲污，改变了隅田川的黑臭现象，BOD 由 40 mg/L 降至 10 mg/L。

我国的苏州河、黄浦江也曾使用过引水稀释法，效果良好。引水稀释法的缺点在于只是转移而非降解污染物，会对流域的下游造成污染，治标不治本，只能作为对付突发性水体污染的应急措施或作为城市河流污染治理的辅助手段。

5.2.1.2 化学法

化学法主要是投加化学药剂，通过物理和化学的反应，例如氧化、还原、吸附、沉淀和有机金属络合等，将水中的藻类、重金属、氮和磷等物质除去或稳定化在底泥中。

1. 化学除藻

化学除藻是控制藻类生长的快速有效方法，在富营养化的湖泊治理中已有应用。常用的化学除藻剂有 $CuSO_4$、ClO_2 等。混凝剂配合除藻剂使用会取得较好的效果。

化学除藻操作简单，可以在一段时间内取得明显的除藻效果，提高水体透明度，但是该法只是通过杀死藻类，然后通过絮凝作用将其沉淀，并没有将藻类去除出水体，氮、磷等营养物质仍然留在水体中，不能从根本上解决水体富营养化问题。另外，除藻剂的生物富集和生物放大作用对水生生态系统可能会产生负面影响，使得除藻剂的使用受到限制。

2. 絮凝沉淀

絮凝沉淀技术对于控制河流内源磷负荷，特别是河流底泥的磷释放，有一定效果。除磷可投加的絮凝剂有 $Ca(OH)_2$、$Al_2(SO_4)_3$、$FeCl_3$、明矾等，使之与磷酸根反应形成不溶性固体转移到底泥中。投加絮凝剂还可以快速去除水体中的 SS，快速提高水体的透明度。絮凝沉淀技术的缺点在于治理成本比较高，固定沉淀的磷在一定条件下还会溶出，容易导致二次污染。

5.2.1.3 生物法

生物法包括投菌法、人工充氧曝气法、生物膜法和人工湿地技术等。

1. 投菌法

投菌法是直接向污染水体中投加微生物以促进污染物降解，消除水体的黑臭与富营养化。用于净化污染河流的微生物应该符合以下条件：不含病原菌等有害微生物；不对其他生物产生危害；能适应河流的环境特点。国内外用于河流净化的投菌技术主要有 CBS 技术和 BM 技术。微生物强化技术的主要缺点是高效微生物的选育需要较长的时间；净化效果持续时间短，易受外部条件的制约，如温度、水流等。向污染水体投加菌种后，可能会干扰土著菌种,破坏水域原有的生态结构。

2. 人工曝气充氧法

曝气充氧法与污水处理中的活性污泥法相似,采取人工措施向污染水体中充入空气,加速水体的复氧过程,恢复水体中好氧微生物的活力,使得水体的自净能力增强,水质得到改善。河流人工增氧有固定式曝气和移动式曝气等形式,分别针对不同特点的河段运用。此外,还可充分利用水坝跌水、水闸泄流、天然落差、水上人工娱乐设施等进行增氧。

曝气充氧法在美国的 Hamewood 运河、英国的 Thames 河、德国的 Berlin 河和北京的清河、苏州的苏州河等都曾采用过,且河流的净化效果良好。但是人工充氧曝气的技术含量较高,且投入的资金较大,在资金有限的前提下,不宜大规模采用。

3. 生物膜法

生物膜法的实质是使细菌和菌类一类的微生物和原生动物、后生动物一类的微型动物附着在滤料上生长繁育,并在其上形成生物膜状生物污泥-生物膜。污水与生物膜接触时,污染物质为生物膜上的微生物所吸附、摄取并得到降解,从而使得污水得到净化。用的滤料一般有天然材料(碎石)或人工接触材料(塑料、纤维等)。滤料的比表面积比较大,其上可以附着大量微生物,因此生物膜法具有较强的降解能力,且能承受一定的冲击负荷。

国内外常用的净化河流的生物膜技术有粒间接触氧化法、生物填料接触氧化法、薄层流法和伏流净化法。生物膜技术的缺陷在于投入费用高、作用单一(只能达到水质净化的目的而不能直接进行水生态修复)。

4. 人工湿地技术

人工湿地是一种由人工建造和监督控制的与沼泽地类似的地面。它利用自然生态系统中的物理、化学和生物的三重协同作用,通过过滤、吸附、共沉、离子交换、植物吸收和微生物分解来实现对污水的高效净化。

5.2.2 韩国清溪川治理案例

5.2.2.1 项目背景

清溪川位于韩国首尔市,全长 10.92 km,流域面积 50.96 km^2,历史上是连接首尔城市南北两岸的重要河道。1945 年,清溪川的河床和沿岸已被污泥和垃圾覆盖,水质急剧恶化,周边环境受到严重影响。1955 年人们对清溪川进行了封盖处理。1971 年清溪川上方建起了高架桥。清溪川变成了一条名副其实的“大型城市下水道”,而其最终汇入的汉江也受到了污染。

随着人们对环境问题的关注,首尔市政府于 2003 年 7 月开始对清溪川进行全面恢复,而河流水质的恢复又是整个恢复工程的最重要环节。河流与周围环境正常地进行物质和能量的交换是清溪川修复工程的首要前提,也为优良水质的持续保持提供了重要保证。为此,高架桥被拆除,水泥板也被完全掀开。这样阳光可以照射到河水中,为水生植物生长提供了必要条件,同时河水复氧能力得到加强,河流的自净功能逐步恢复并得到保障,如图 5-3 所示。

图 5-3　清溪川今昔对比

5.2.2.2　治理措施

1. 拆除高架桥

20 世纪 50 年代，首尔市采用长 5.6 km、宽 16 m 的水泥板对没有经过治理的清溪川进行了全面覆盖。其后，为进一步适应城市的发展，1971 年首尔市政府在已封盖为公路的清溪川上建设了高架桥，该高架桥是双向汽车专用道，承载着东西方向的城市交通量。为重现昔日环境优美的清溪川，2003 年首尔市启动了高架桥拆除工程。考虑到该工程的启动可能会导致首尔市中心原本就拥堵不堪的交通状况更加恶化，市政府在交通调查、民意调查以及环境影响评价的基础上，制定了相应的交通疏导及限制措施：在施工前就开始实行单向行驶方式以限制交通量；增加穿过城市中心的公共交通，倡导市民乘公交出行；施工期间，规定车辆夜间运输，以缓解白天的交通压力等。通过实施以上措施，有效避免了拆桥所带来的交通影响。

2. 生态补水

保持充足的水量是清溪川恢复的前提。3 种补充水源彻底解决了水量问题：为持续保证 0.4 m 水深和 1 km/h 流速，清溪川每日需补水 12 万 m^3。为此每天从汉江抽取 9.8 万 m^3 水并经过净化和消毒处理，然后由地下管道输送到上游；在清溪川各段设有地下水和雨水收集设施，日均补水量 2.2 万 m^3；中浪污水厂可提供 1.2 万 m^3 中水作为应急条件下供水。清溪川 3 种补充水源均达到了韩国二级水质标准，这从源头上解决了清溪川的水质问题。

3. 污染治理

为避免沿途污染，修复后的清溪川严禁污水注入。清溪川两岸建造了截流式合流制下水道，以往直接排入河流内的污水都由此输送至下游的污水处理厂进行处理后再排放。沿岸排放的污水量为 66 万 m^3/d，其下水道的雨水径流截流倍数取为 $n=2$，雨水径流量为 132 万 m^3/d，沿河截流式合流制下水道的截流污水与雨水径流的总流量为 198 万 m^3/d。下游污水处理厂的设计处理能力也达到 200 万 m^3/d。截流式合流制下水道系统不仅能截流并输送清溪川沿岸排放的全部污水，而且在降雨时能截流初期的污染雨水，保证了清溪川的水质不受污染。清溪川沿岸排水设施工程剖面见图 5-4。

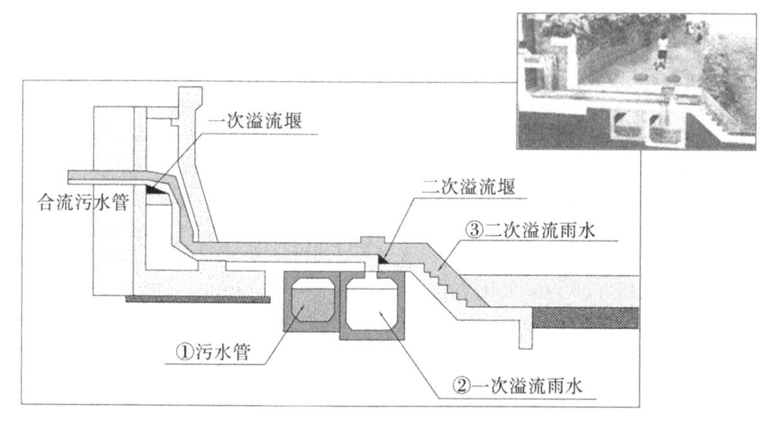

图 5-4　清溪川沿岸截流式合流制排水管道剖面

4. 生态恢复

清溪川的生态恢复工程对河床进行了改造，以提高水体自净能力，力求恢复河流的自然风貌，恢复了深潭、浅滩和湿地等，使水体处于健康的平衡状态(见图 5-5)。经过这样的改造后，种类繁多的水生动植物大幅增加(见图 5-6)。水生植物能大量地吸收河流中的氮和磷，有效抑制了藻类生长，使水体富营养化问题得以解决，净化了清溪川的水质。大量的水生生物的存在也验证了清溪川水质改善的成功。

图 5-5　清溪川恢复后河流断面实景

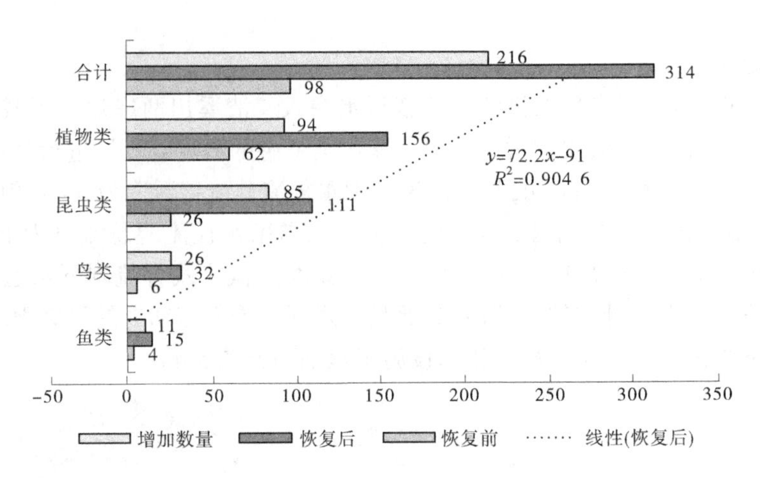

图 5-6　清溪川恢复前后水生生物数量对比

良好水质的保证还依赖于严密的水质监测。清溪川建立了严密的监控体系,对突发的污染、异味、泡沫等问题进行预警并及时处理。

通过上述手段,切实保证了清溪川水质,将往日的城市下水道变为重要的生态景观。表 5-2 给出了清溪川治理后的水质情况。虽然清溪川水源符合韩国地表水的二级标准,但经过两年的修复和维护工作,除了 BOD 和总氮两项,清溪川的各项水质指标都能达到韩国地表水的一级标准。

表 5-2　清溪川各河段水质指标

测试项	pH	DO(mg)	BOD(mg)	SS(mg)	TN(mg)	TP(mg)
河流上游	8.31	9.23	2.6	1.6	2.76	0.014
河流中游	8.24	8.27	1.1	3.2	3.12	0.01
河流下游	8.04	7.92	1.8	1.2	3.48	0.005
一级标准	6.8~8	≥7.5	≤1	≤25	≤0.2	≤0.02

清溪川生态恢复工程结束后,水体污染问题被解决,生态系统恢复,河流周边环境也得到了改善和恢复。清溪川治理自 2003 年开始,历时 5 年,工程总投资 31 亿元。

5.2.2.3　景观设计

清溪川综合整治工程充分考虑了河流所属区位的特点,按照自然和实用相结合的原则,根据各河段所处区域的经济社会状况,在不同的河段上采取不同的设计理念:西部上游河段位于市中心,毗邻国家政府机关,是重要的政治、金融、文化中心,该段河道两岸采用花岗岩石板铺砌成亲水平台;中部河段穿过韩国著名的小商品批发市场——东大门市场,是普通市民和游客经常光顾的地方,因此该段河道的设计强调滨水空间的休闲特性,注重古典与自然的完美结合;河道南岸以块石和植草的护坡方式为主;北岸修建连续的亲水平台,设有喷泉;东部河段为居民区和商业混合区,该段河道景观设计以体现自然生态特点为主,设有亲水平台和过河通道,两岸多采用自然化的生态植被,使市民和游客可以找到回归大自然的感觉。

5.2.2.4　经验总结与启示

清溪川复兴改造工程最显著的成效是恢复了其自然的本来面貌,使得清洁、流动的河水又重新回到首尔市民的生活中,见图5-7。然而清溪川复兴改造工程的意义绝不仅仅是简单地对一条原有承载排水功能的旧河道进行复原,以及作为一项城市美化工程为市民和观光客提供休闲娱乐的亲水空间环境,清溪川的复兴改造还有其更深层次的启示。

图5-7　整建后产生环境生态效益

(1)修复工程全程注重多元主体参与,充分吸收和尊重专家意见与公众意志,保障修复工程顺利进展。从暗渠到敞开、灌水、除污等一系列措施,以及下游湿地的大规模配置,使得清溪川的水、沙、污染物、生物通量均得到了合理的配置;从消落带的角度出发,在暗渠状态时,清溪川可以说不存在消落带,消落带的消失,使其邻近的河流与河岸的生态系统均陷入不健康的状态。

(2)河道较长的河流采用分段设计,每段有不同的主题,例如清溪川的主题由西向东分别对应的主题为历史、现在、未来。故意保留了几片当初高架的残骸,给予联想记忆的空间。桥梁是清溪川的特色,复原后的清溪川遍布了22座桥,分为人行桥和人车混行桥。桥梁设计中提出了3个标准:选择可最大限度疏通流水障碍的桥梁形式;清溪川桥梁的定位是文化与艺术相会的空间;建设成地方标志性建筑,使其成为具有造型美和艺术性的桥梁。

(3)景观设计重点放在溪流两边的护堤空间。如鱼鸟栖息地的生态设计;步行道,便利设施和导游信息发布点的设计和布置;墙面壁画和一些地标设计。

(4)较缓的堤岸坡度有利于堤岸空间的利用和亲水性的形成。同时,强调生态保护,不仅是绿化的营造,而且考虑整个生态系统的恢复,如确保鱼类、两栖类、鸟类的栖息空间;栽种植物,为鸟类提供食物源;建造鱼道等,用作鱼类避难及产卵场所。随着覆盖河道的高架路的拆除,河岸不合理建筑的迁出,重新为消落带争取到了空间,水陆间的物质通量重新运转,生物得以重新在此驻扎生息。

5. 2. 3　欧洲莱茵河治理案例

5. 2. 3. 1　项目背景

莱茵河源头位于瑞士格劳宾登州的阿尔卑斯山区，流域涉及 9 个国家，经过列支敦士登、奥地利、德国、法国和卢森堡，最终从荷兰鹿特丹流入北海，是欧洲最重要的河流之一。莱茵河全长 1 230 km，水量充沛，平均径流量 2 300 m^3/s，流域面积 185 260 km^2（见图 5-8），流域人口 5 800 万，其中有 3 000 万人以莱茵河作为饮用水源地。特殊的地理位置再加上欧洲工业革命的驱动，使得莱茵河成为世界上内河航运最发达的水系。自瑞士巴塞尔（Basel）起，莱茵河的通航里程达 883 km，两岸的许多支流，通过一系列运河与多瑙河、罗讷河等水系连接，构成四通八达的水运网，成为世界最繁忙的流域之一，也带动了沿岸各国内陆经济的持续发展，形成许多著名的城市（如康斯坦茨、巴塞尔、法兰克福、鹿特丹等），并集聚了化工、钢铁机械制造、旅游、金融保险等产业带。

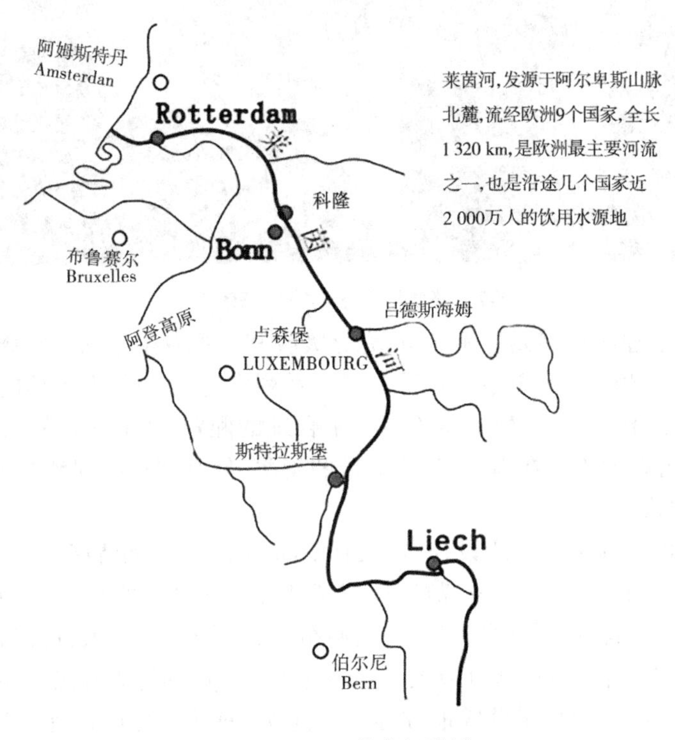

图 5-8　莱茵河流域

19 世纪下半叶，欧洲工业化快速发展，莱茵河沿岸工业区排放大量污水入河，使得莱茵河生态环境遭受严重破坏，鱼虾等各类水生生物消失，甚至一度得名“欧洲的下水道（the sewer of Europe）”。例如，莱茵河德国段内大约有 300 家工厂，上千种污染物如重金属（铜、镉、汞）、酸性物质、染料、漂液，以及一些含有毒性物质的去污剂、杀虫剂等都直接排入河中。此外，通行船只排出的废油、两岸生活居民倒入的各种污水和垃圾，再加上化肥、农药随雨水流入等，各种因素叠加使得莱茵河水质受到严重污染。1973～1975 年期间的监测数据表明，每年大约 47 t 汞、400 t 砷、130 t 镉、1 600 t 铅、1 500 t 铜、1 200 t 锌、

2 600 t 铬、1 200 万 t 氯化物随河水流入下游荷兰境内。

1986 年 11 月 1 日,瑞士巴塞尔的桑多兹(Sandoz)化学公司的一个仓库发生火灾,约有 1 250 t 剧毒农药的钢罐发生爆炸,导致硫、磷、汞等有毒物质进入莱茵河,向下游形成 70 km 长的微红色飘带,引起莱茵河水中大量鳗鱼、鳟鱼、水鸭等水生生物死亡;11 月 21 日,位于德国巴登市(Baden)的苯胺和苏打化学公司的冷却系统发生故障,大约 2 t 有毒物质流入莱茵河。两次严重的污染事件使得莱茵河生态系统遭受严重破坏,160 km 的河段内多数鱼类死亡,480 km 内的井水不能饮用。瑞士、德国、法国、荷兰四国沿河自来水厂、啤酒厂全部因为污染的影响而关闭,居民用水由汽车运输定量供应。

水质污染、航道和水电设施的建设等人类活动导致莱茵河流域大量水生生物资源丧失。荷兰的监测表明鱼类物种数量逐年降低,到 20 世纪 70 年代物种多样性降到最低,20 世纪 80~90 年代经过治理,水质提升后一些洄游性鱼类有所恢复,但是与最初相比仍然下降显著。大西洋鲑鱼(Salmosalar)是莱茵河重要的鱼类物种,水质的化学污染导致其数量锐减,水电站建设形成的物理障碍又导致其无法洄游到上游产卵,最终造成莱茵河中鲑鱼数量从 1870 年 280 000 条左右降低到 1950 年的 0 条。至此,人们彻底意识到对莱茵河的治理刻不容缓。

5.2.3.2 治理措施

对莱茵河日益严重的环境污染问题,1950 年 7 月,瑞士、法国、卢森堡、德国和荷兰五国联合成立了保护莱茵河国际委员会(International Commission for the Protection of the Rhineagainst Pollution,ICPR),并于 1963 年 4 月 29 日在瑞士首都伯尔尼(Bern)签订了《保护莱茵河公约》,确定开始采取实质性的防治措施,以解决河水污染问题。治理历程见图 5-9。

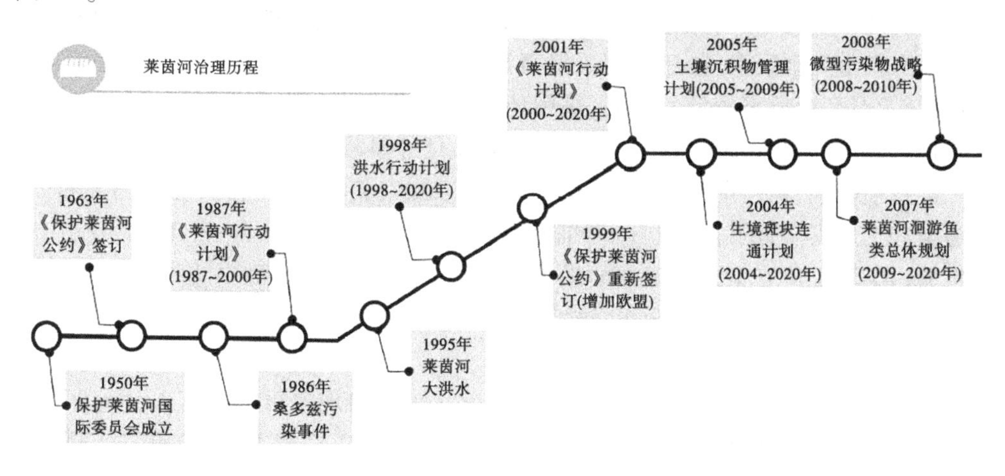

图 5-9 莱茵河流域环境治理历程

改善水质是莱茵河治理的首要目标,其中污水处理、富营养化治理以及水质监测是莱茵河水质恢复过程中最重要的 3 个方面,而各种生态恢复措施是完成莱茵河综合治理最终目标的重要保障。

1. 污水处理

以德国为例,在 1976 年制定了《污水收费法》,向排污者征收污水费,对排污企业征收生态保护税，然后进行污水处理工程的建设。杜伊斯堡拥有 53 万常住人口，每年产生的各类生活污水就有几千万吨，再加上那些工业厂区排放的废水（见图 5-10），数量巨大，需要强大的污水处理系统。政府鼓励企业联合兴建污水处理系统，实行有偿使用和处理。市民在缴纳水费的同时，还需根据使用量额外缴纳 50% 的污水处理费。另外，处理干净的水还可循环利用，出售给园林绿化部门，或者作为工业用水和农业用水出售给企业和庄园，这些都可以带来比较可观的收入。因此，德国的很多企业在政府政策的支持下都非常热心去兴建污水处理厂。

图 5-10　莱茵河污染一角

除了兴建污水处理厂，杜绝污水的产生更加重要。例如，在瑞士巴塞尔的制药和化工行业除投入资金处理废水外，还清理关停高污染的生产部门，转而在研发与管理领域加大投入：如开发对环境危害较低的产品、采用环保型生产工艺和清洁生产技术、采用无害环境的原材料、材料回收再利用等。另外，为了防止意外事故造成污染，ICPR 对沿岸国家所有工厂进行摸排检查，定期核查工厂设备安全标准和安装情况。为此，还专门发布《防止事故污染和工厂安全》的综合报告，详细介绍了工业安全的各方面。自 1992 年，ICPR 对防止事故污染和工厂安全的关键方面提出了建议，如防止填装时溢出的安全锁定装置、防火意识、有害物质倾覆、管道安全等，这些措施对莱茵河治理起了重要作用。

2. 富营养化治理

由于使用含磷洗涤剂和过量施用化肥，莱茵河水质出现严重的富营养化问题。废水处理以及营养物质的转移是降低水体富营化的重要方法。早在 1975 年德国就制定发布了《洗涤剂和清洁剂法规》，设定了允许的最大磷酸盐含量，到 1990 年开始禁止生产使用含磷洗涤剂，避免了氮、磷等的过量使用，遏制了莱茵河的富营养化趋势。磷的入河排放量由 1975 年的 42 000 t 减少到 1990 年的 5 000 t 以下。荷兰采用了多种技术对富营养化的湖泊进行修复，包括水文学（主要是引入其他地方的贫营养水进行稀释）、化学（添加一些化学物质）及生物调控（利用食物链原理通过下行效应控制）的方法。另外，荷兰还开发了矿物计算系统用来记录氮、磷的准确排放值，并且将这一计算系统与税收系统联合起来,通过经济调控的手段使农场的排放量降低到最低。这一措施的优点在于农场主有了更多的选择权和更加弹性的手段去采取最经济的措施来满足环境要求。

3. 水质监测

为确保水体保护与治理的有效性,保护莱茵河委员会在莱茵河及其支流建立了水质监测站,从瑞士至荷兰共设有 57 个监测站点,通过最先进的方法和技术手段对莱茵河进行监控,形成监测网络。最初的监测着重于水体的测量,后来监测对象逐渐扩展到悬浮颗粒物、底泥、微型污染物以及生物体中的化学物质,超过 100 种成分被监测。另外,还增添了鱼类、无脊椎动物和浮游动物等生物监测。每个监测站设有水质预警系统,通过连续生物监测和水质实时在线监测,能够及时地对短期和突发性的环境污染事故进行预警。

4. 生态恢复措施

生态系统的恢复是莱茵河综合治理的最终目标,除提高水质外,栖息地修复也是生态恢复的重要措施。生境结构异质性是维持河流水生生物群落平衡的重要因素,异质性丧失通常会导致干流区生物群落的恶化。莱茵河流域在生境多样性方面还存在较大不足,部分河段和支流(如摩泽尔河、美茵河以及内卡尔河等)已经成为分蓄洪区,河流的水文和地质条件发生改变,导致生境异质性丧失。各种水利设施的建设等人类活动切断了莱茵河与洪泛平原的相互联系,各类生物原先适宜的栖息地遭受破坏,造成一些莱茵河特有动植物种类的消失。因此,在“莱茵河 2020 计划”中明确了实施莱茵河生态总体规划:恢复干流在整个流域生态系统中的主导作用;恢复主要支流作为莱茵河洄游鱼类栖息地的功能;保护、改善和扩大具有重要生态功能的区域,为莱茵河流域动植物物种提供合适的栖息地。此外,制定合理的生态规划,并且与《栖息地法令》和《鸟类法令》的要求相结合,从而确定不同河段的开发目标和实施方案,最终恢复莱茵河干流从上游康斯坦茨湖至下游北海,以及一些具有鱼类洄游的支流的生态功能。

莱茵河行动计划的第一条“鲑鱼重返计划”是莱茵河生态恢复的重要指标,为了让鲑鱼能够重返产卵地,沿岸各国开发和实施了很多项目。首先,打通鲑鱼洄游路线,恢复生境连通性和生态连续性,使鱼类在上下游间能够自由迁徙。莱茵河沿岸国家为去除鲑鱼溯游障碍采取了一系列措施,例如,莱茵河三角洲地区的哈灵水道(Haringvliet)开放部分水闸;改造河堰,降低各支流水系中堰坝的高度;修建试验性设备以保护鱼类免受涡轮伤害;水电站运营者出资为莱茵河关键位置的水坝修建鱼道等。其次,改善生物栖息环境。保护和改善支流上的栖息地是恢复鱼类产卵地的重要前提。例如,清除以前不适合水生植物和动物生长渠化堤岸,使其恢复为自然滩状;同时,以大石头替代水泥,从而使鱼类能够在石隙间栖息觅食。最后,人工放流加快恢复。为了快速恢复莱茵河中鲑鱼数量,管理部门和科研机构在苏格兰和法国西南部购买鲑鱼卵,将它们孵化后进行莱茵河的放流,并且开发了一套监测鲑鱼生长状况的软件。

通过对污水的集中处理、推行清洁生产以及对某些有毒有害物质实行禁排或限排等多项治理措施,莱茵河流域的污水排放量显著减少,水中氧气含量逐渐增加,无机污染物也有所减少,莱茵河水质显著提高,“欧洲下水道”的恶名也早已洗刷。例如,重金属污染的净化取得重大成功,砷、镉、汞的含量减少了 90%以上;水体中总磷也逐渐下降,削减率达到 78.8%。随着莱茵河水质的提升,动植物显著恢复,很多对环境敏感的已经消失或者显著减少的物种开始回归,鱼类、无脊椎动物、水生植物、硅藻以及浮游动物等生物种类数逐渐增加。2012～2013 年监测到 44 种水生植物、306 种底栖硅藻、500 多种大型底栖动物、64 种鱼类物种。鲑鱼因对水质要求非常高而被当作生态恢复的重要指标物种,在一度绝迹后,也开始慢慢返回到莱茵河中,到 2008 年时已有 5 000 条以上的鲑鱼被监测到返回莱茵河产卵,鲑鱼数量的逐渐恢复说明重返计划是成功的。

5.2.3.3　经验总结与启示

莱茵河作为跨国性河流,经历了“先污染,后治理”“先开发,后保护”的曲折历程。从其治理经验中可以看出,对污染河流的治理过程比较复杂,需要花费比较昂贵的代价,并且其生态系统在短时期内也难以恢复。

(1)对事件发生后的协调与合作高度重视。ICPR 的秘书长范德韦特灵在总结治理经验时认为莱茵河的成功修复有多方面的因素,其中各国政府之间的政治共识、信任与合作是基础,专业人士全程参与指导是关键,各种非政府组织的积极参与以及政府和公众之间的传达和沟通是动力和保障。Sandoz 事故在莱茵河周边所有国家激起了一阵保护莱茵河的宣传热浪,也引起了政治警惕,在很短时间里召开了 3 次以上部长级会议,讨论了莱茵河污染问题,并最终形成了对莱茵河具有历史意义的《莱茵河行动计划》。

(2)从源头治理污染,提升水质。水质提升是水生生物资源恢复的首要前提。要从源头上严控污染源,清查沿江所有工厂,定期检查这些工厂的设备安全标准和安装情况,控制各种污染物入河。提升两岸工业废水和生活废水处理率,并设立长期水质监测站点。例如,荷兰某葡萄酒厂曾检测出一种以前未出现过的化学物质,保护莱茵河委员会立刻组织多个国家的监测站进行排查,结果发现其源头是法国葡萄园的农药残留,很快就解决了这一污染问题。另外,还要提高工厂企业的管理水平,尽量避免突然的污染事故发生。

(3)完善生态修复模式。在莱茵河的生态综合治理中,为了让鲑鱼重返产卵地,打通鲑鱼洄游路线,恢复生境连通性和生态连续性,使鱼类在上下游间能够自由迁徙,采取了一系列措施,如降低堰坝高度、修建鱼道、改善栖息地环境、人工孵化、增殖放流等。

(4)把生态与环境问题提升到从未有过的高度。《莱茵河行动计划》标志着人类在国际水管理方面迈出了重要的一步。人们首次做出明确承诺:要拓宽合作范围,而不仅仅限于水质方面的合作。生态系统目标的确立,为莱茵河综合水管理打下了基础。所以,不仅要防治莱茵河污染,而且要恢复整个莱茵河生态系统。

(5)亡羊补牢,建立预防机制。莱茵河流域的一些工厂发生事故,就有可能造成大量的莱茵河水污染。Sandoz 事故之后,ICPR 清查了所有工厂,各国有关责任部门定期检查这些工厂的设备安全标准和安装情况。ICPR 的综合报告《防止事故污染和工厂安全》,对工业安全进行了全面的概括。

(6)加强监测,建立有效的信息通报和预警机制。沿河的水文监测,除了常规的水文监测,更重要的是检测水质变化,并实时在网上公布,供各界查询;当上游发生突发性污染事故时,及时通报,下游沿河国家的监测站能够在第一时间采取预警措施。1950～1970 年 ICPR 刚开始行动时,面临的第一个挑战是建立一个从瑞士到荷兰的统一监测方案。正是完善的检测体系成为执法的重要依据,莱茵河流域的水污染防治措施取得了明显的成效。

治理前后效果见图 5-11 和图 5-12。

图5-11　莱茵河生态重建后

图5-12　生态环境状况日趋向好的莱茵河

5.2.4　英国泰晤士河治理案例

5.2.4.1　项目背景

泰晤士河是英国著名的母亲河，全长402 km，流域面积13 000 km^2。泰晤士河流域全年降水比较均匀，水位稳定，在特定顿(Teddington)上游来水最大流量为1 050 m^3/s，最小流量为0.91 m^3/s，年平均流量71 m^3/s；冬季丰水期平均流量一般为241 m^3/s，夏季枯水期的平均流量一般为14.2 m^3/s，多年平均流量为18.9 m^3/s。泰晤士河横贯英国首都伦敦等10多个城市，流域面积1.3万 km^2，为伦敦提供2/3以上的饮用水和工业用水。

泰晤士河历史上发生2次水质严重恶化的时期。第1次水质恶化是19世纪前半叶(1800~1850年)。从伦敦到格雷夫赛河污染尤为严重。在这个时期，伦敦人口由100万增加到275万。伴随着城市建设和工业的迅猛发展，泰晤士河污染日益加重，特别是随着工业的发展,人口迅速膨胀,大量的生活废弃物排入河中污染河水。特别是1850年英国法律规定房屋的卫生间要使用抽水马桶,所有废水都必须排入下水道,再经下水道排入泰晤士河。这一措施加重了河水污染,1850年河水含氧量几乎为零,水生生物几乎灭绝。

泰晤士河的第2次水质恶化发生在20世纪的前半叶(1900~1950年)。这个时期伦敦人口增长到800万,该河每天污染负荷量达900多t,污水量和生化需氧量(BOD)负荷不断增长,由于污水处理厂排放大量污水、雨水增加污染负荷,加之20世纪40年代英国开始使用合成洗涤剂,合成洗涤剂污染和电厂废水热污染使得泰晤士河长达30 km的河段完全缺氧,河水中的DO几乎为零,SS质量浓度高达14 mg/L,曾经美丽的泰晤士河变成了一条死河。

5.2.4.2 治理措施

泰晤士河的治理经历了2个阶段,第一阶段始于1859年,第二阶段从1950年至现在。

1. 通过立法严格控制污染物的排放

泰晤士河第一阶段的治理力度并不大,直至20世纪60年代初,英国政府才痛下决心全面治理泰晤士河。首先通过立法,对直接向泰晤士河排放工业废水和生活污水做了严格的规定。工业废水必须由企业自行处理,符合一定的水质标准后才能排入泰晤士河,或排入污水管网转入城市污水处理厂后再排入泰晤士河。实施排污许可,工业企业必须向有关部门申请排放权,反映其排放污染物的浓度、数量等,排放权需要定期审核,必要时进行修改,未经同意,不得排放污染物。对工业企业实施环境监察,检查人员不定期到工厂检查,废水排放不达标又不服从监督的工厂将被起诉,受到罚款甚至停业处罚。

2. 修建大型污水管网和污水处理厂

泰晤士河的治理从"排污"开始。1859年,伦敦启动隔离排污系统的建设,在泰晤士河南岸修建4条分线污水管网,将污水抽入直通下游克罗斯内斯(Crossness)排泄的干渠。在北岸地区,高线和中线的污水管网汇集于OLDFrod后流向WestHam的AbbeyMills水泵站,在此同底线污水管网汇合流入通向贝肯顿(BEctkton)排污口的干渠。

隔离排污系统的建成缓解了泰晤士河伦敦主城区河段的严重污染状况,但其毕竟只是将污水转移到河口和海洋,而未对污水进行任何净化处理,并未解决泰晤士河污染的根本问题。因此,从19世纪末期泰晤士河的治理开始由"排污"转向"治理",英国政府开始在原来排污管网的末端修建污水处理厂,至1955年,泰晤士河流域共兴建了190多个小型污水处理厂。60年代起,有关当局重建和延长了伦敦污水管网,并建设了数百座污水处理厂,后来对部分污水处理厂进行了合并,又建设了几座大型的污水处理厂。由于污水处理设施的建设,从1955年到1980年泰晤士河的污染物负荷降低了90%,河水溶解氧最低水平提高了10%。

3. 从分散管理逐步迈向综合管理

在第二阶段的治理过程中,泰晤士河的管理实行了创新,水资源和水污染防治的管理实现了从分散管理向综合管理的逐步转变。在1963年《水资源法》颁布之前,用水各自为政,自行其是。1963年《水资源法》颁布之后,英国政府依法成立了河流管理局,在水资源协调概念指导下,实施了地表水和地下水取用的许可证制度,实行协调管理。从1973

年新《水资源法》颁布开始,逐步形成了一体化流域管理的模式,将全流域200多个管水单位合并而建成一个新的水务管理局——泰晤士河水务管理局,统一管理水处理、水产养殖、灌溉、畜牧、航运、防洪等各种业务,并做明确分工、严格执行。1973年建立的水务管理局扮演了经营者和污染控制监管者的双重角色。1989年,随着英国公共事业民营化的改革,泰晤士河水务管理局转变为泰晤士河水务公司,承担供水、排水职能,不再承担防洪、排涝、污染控制的职能,政府建立了包括经济监管、环境监管和水质监管在内的专业化监管体系,实现了经营者和监管者的分离,促使泰晤士河的综合管理更加科学合理。

4. 加大新技术的研究与利用

泰晤士河流域内最初建立的污水处理厂主要采用“沉淀+消毒”的处理工艺,只能去除少部分污染物,对泰晤士河的治理效果不太显著。在当局的支持下,英国水污染研究实验室在1950~1965年期间针对泰晤士河的污染做了大量的研究工作,研究提出了活性污泥法,并应用到新建的污水处理厂中,污水处理厂尾水流入生态处理系统——氧化塘得到进一步净化处理,最终出水的BOD能够下降到5~10 mg/L。现代生物污水处理厂的建立显著减少了污染物的排放,是泰晤士河流水质得以改善的根本原因,这也是当局重视新技术研发的结果。以后成立的泰晤士水务管理局也非常重视技术的研究。泰晤士水务管理局有近20%的人员从事研究工作,水务管理局设有专门的研究部门,能随时处置和研究各种急迫问题,科学研究为治理技术的选用、确定水环境容量、分配排放量等方面提供了强有力的技术支持。

5. 充分利用市场机制

泰晤士河水务管理局是一个经济独立、自主权较大的水污染防治机构。管理局引入市场机制,加强产业化管理,实行谁排污谁付费,发展沿河旅游业和娱乐业,通过多渠道筹措资金,经济效益显著。1987~1988年泰晤士水务管理局总收入5.97亿英镑,总支出3.86亿英镑,上交政府的盈利2.11亿英镑。市场化既解决了城市河流污染治理资金不足的难题,又促进了城市的社会经济发展。

泰晤士河仅仅运用了截流排污、生物氧化、曝气充氧等常规措施,治理成功的关键在于管理上进行了大胆的体制改革及科学的管理方法,即将全流域200多个管水单位合并建成泰晤士河水务管理局,统一管理水处理、水产养殖、灌溉、畜牧、航运、防洪等各种业务,这保证了水资源按自然规律进行合理、有效保护和开发利用,杜绝用水浪费和水环境遭到破坏。经过约150年的治理,英国政府共投入300多亿英镑,1955~1980年总污染负荷减少了90%,枯水季节DO最低点依然保持在饱和状态的40%左右。20世纪80年代,河流水质已恢复到17世纪的原貌,达到饮用水水源水质标准,已有100多种鱼和350多种无脊椎动物重新回到这里繁衍生息,包括名贵的鲑鳟鱼、三文鱼。目前,伦敦的下水道同时承载未处理的污水和雨水,由于它的流量有限,加之伦敦降雨量又大,排污系统无法及时排掉雨水,经常造成挟带生活垃圾的雨水流入泰晤士河,严重威胁泰晤士河生态系统。为此,英国政府宣布将耗资20亿英镑,于2020年前在伦敦地下80 m处修建一条长达32 km的污水水道,这将改变泰晤士河水污染现状,进一步改善泰晤士河水质。

泰晤士河综合治理后生态恢复状况见图5-13。

图 5-13　泰晤士河综合治理后生态恢复状况

5.2.4.3　经验总结与启示

1. 依法治污,制定相应的法律、法规

英国是世界上最早实施依法治污的国家。1876 年英国制定了世界上第一部水环境保护法规《河流污染防治法》。然而,真正走上健全的法治轨道的是 20 世纪 60 年代,自此制定了一系列法律、法规和治污标准,内容涉及水资源保护、污染源管理和控制、水环境管理、水质监控等方面。以制定时序,相继为《河流法》(1961 年)、《水资源法》(1963 年)、《防止油污染法》(1971 年)、《水法》(1973 年)、《污染控制法》(1974 年)等。其中,《污染控制法》以法律条文形式,明确了对各种违规行为的司法监禁或经济制裁等处罚规定,对污染城市河流及其他水环境的行为,起到令行禁止的作用。

根据河流水质监测标准,英国河流的水质污染程度可分为四级:

一级——无显著污染物排入。虽有污染物,但生化需氧量 BOD 少于 3 mg/L,无毒物与悬浮固粒;BOD 虽大于 3 mg/L,但水生生物一般未受显著影响。

二级——水质可疑。溶解氧大量减少(夏季或其他固定期间),有显著毒物的排入,但未影响鱼群;接受污水,但对水质无显著影响。

三级——急待改进。BOD 量大,有毒物,有悬浮固体颗粒,引起公众非议。

四级——严重污染。BOD 超过 12 mg/L,鱼群不能存活,脱氧,发臭,变色。

2. 区域性水污染防治体制

欧美及日本各国在进行城市河流污染治理时,都建立起区域性水污染管理机构。英国根据 1973 年制定的《水法》,对水管理机构进行改组,取消了原有的 29 个河道局、157 个给水企业、1 390 个污水治理机构;然后根据水文学特点、社会经济状况,适当照顾行业区划的完整性,将英格兰和威尔士分为 10 个区域,并成立相应的区域水管理局。

区域性水污染防治体制一般分为两种类型:一是以城市或工矿区为中心的水污染防

治体制；二是以水体为中心的区域性污染防治体制。泰晤士河的治理采用后一体制，其特点是以流域为主体，污染源沿流域分布且较为分散，污染的集输性状也不集结。区域性防治体制体现多目标、多层次、多因素的综合技术，水域的水质不仅仅看作是水污染问题，而且与大气污染、土地利用有关，既有点污染源，也有面污染源。区域性防治需做到点、线、面结合。

西方国家常用的区域性水污染防治措施主要有工程治理措施和生态防治措施两种类型。

(1)工程治理措施——污水和废水处理系统。

区域性防治的特点是不以各个污染源为单位建设污染防治设施，而是建立完善的城市污水和废水处理系统，这是各国最普遍采用的城市河流污染的硬件工程治理措施。

泰晤士河流域的污水处理设施始建于 19 世纪中叶，至 1955 年共兴建了 190 多个小型污水处理场。60 年代起，增加了全流域水环境整治力度，并从构筑区域性防治网络着眼，进行合并和技术改造。截至 198 年，全流域正在运行的污水处理厂有 476 座，地下污水管总长 4 500 km，平均日处理污水 470. 5 万 m^3。平均每个污水处理厂服务受益人口 3 475 人。全流域又可分成与供水区相一致的 3 个污水处理区，即中心区、西南区和东北区。

由于大型污水处理厂的单位处理能力的基建费用和运转费用分别比小厂节省 65% 和 80%，因此污水处理厂大型化是近今发展的主要趋势。泰晤士河流域的贝克顿污水处理厂日处理能力为 100 万 t，另外还有 2 个日处理能力 50 万 t 的污水厂。法国的阿谢尔污水处理厂通过分期实施，最终建成 30 万 t 的日处理能力。

(2)生态防治措施——芦苇床废水处理系统。

芦苇床废水处理系统是一种人工种植芦苇的湿地污水处理工艺。利用芦苇根系发达和优越的水土气交换能力等生态效应，使污水流经种有芦苇的土壤床或砂砾床而产生的自然净化现象。英国的第一批芦苇床系统是 1985 年 10 月在泰晤士河流域的沃尔登建造的，此后又陆续建了 23 个系统，最大的系统占地 1 750 m^3，日处理生活污水 224 m^3。至 198 年初，仅英国、德国、丹麦三国，就建有芦苇床废水处理系统 30 多个。

3. 引入市场机制，实现水污染防治产业化

城市河流的污染防治耗资巨大。如果把水污染治理工程仅仅看作是市政工程，由政府承担全部费用，显然是力不从心的。由于资金来源不足，城市河流的污染治理常常裹足不前。泰晤士水务管理局是一个经济独立、自主权较大的水污染防治机构。管理局引入市场机制，加强产业化管理，实行谁排污谁付费，发展沿河旅游业和娱乐业，通过多渠道筹措资金，经济效益显著。1987~1988 年度泰晤士水务管理局总收入 5. 97 亿英镑，总支出 3. 86 亿英镑，上交政府的盈利 2. 11 亿英镑。产业化既解决了城市河流污染治理资金不足的难题，又促进了城市的社会经济发展。

5. 2. 5　新加坡河治理案例

5. 2. 5. 1　项目背景

新加坡是拥有 626 km^2 国土面积的东南亚岛国，相当于 2001 年 3 月将原萧山、余杭 2

市“撤市设区”之前的杭州市城市面积，截至 2006 年 6 月，人口达到 4 483 900 人，其中以华人居多。境内仅有 2 条河流，其中新加坡河是国内最大的天然河流，是新加坡人的母亲河。河流全长 11 km，总体宽度保持在 30~70 m，最宽位于入海口附近，约 150 m，河流上游位于中央商业区，缓慢流经国会大厦、鱼尾狮公园后向南汇入大海。

新加坡虽然地处多雨的亚热带地区，但其狭长而平坦的地形使土地缺乏良好的保水能力，长期以来水资源严重匮乏，更加凸显了新加坡河在城市生活中的地位，从 19 世纪开始两岸逐渐发展成新加坡的商贸中心，设立在河口的商港吸引了远近的商船。因其重要的航运功能，到 19 世纪末河流承载了全国绝大多数的船运业务，早期两岸还集中了所有的商业活动，该地域可谓曾是新加坡的经济大动脉。然而到 20 世纪 70 年代，这条承载着巨大的生活和经济功能的黄金水道由于长期过度使用终于逐渐衰退成一条垃圾遍地、臭气扑鼻、蚊蝇肆虐的污水沟。

河道更新工程项目从早期治水到中后期的发展道路、交通、景观、商业和观光旅游，贯穿了“1971”“1981”“1991”三大概念规划以及面向 21 世纪的“2001 规划”，历时 30 年，是新加坡城市整体更新中一个重要的组成部分。“2001 规划”中继续奉行“满足居民的各种需求；促进经济成长；有效地开发自然资源；提高环境品质；优化生活品质；创造独具特色的都市景观”六大原则，正是上述长期和务实的决策，使这一资源匮乏、人口众多的城市国家得以充分和有效地利用好现有资源。新加坡河的演变沿革见表 5-3。

表 5-3　新加坡河的演变沿革

阶段	时间	状况	影响
第 1 阶段（渔港时期）	1819 年以前	殖民之前的新加坡尚未开发，只是一个小渔港，居民以捕鱼为生	新加坡河处于自然河川时期，原始生态的河流
第 2 阶段（殖民时期的航运中心）1819~1965 年	1819 年	英国殖民者踏入新加坡，并将殖民大楼建于新加坡河北岸	新加坡河成为航运中心的转折点
	1822 年	实施新加坡整体规划，沿河进行大量的商贸活动	将新加坡河定位于重要的航运枢纽港
	1965 年	75%的航运商贸活动都集中在新加坡河	促进了新加坡的经济繁荣
第 3 阶段（独立后的商业休闲中心）1965~20 世纪末	1970 年	过度的商业活动和人口增长，导致水体严重污染，成为一条布满生活垃圾的污水渠	严重影响城市形象和商贸活动
	1977 年	提出“十年清河、十年河清”的水域治理工程	新加坡河生态复兴转折点
	1992 年	新加坡河更新建设第 2 步，创造“花园城市”	形成以新加坡河为轴心的城市商业、景观和旅游的核心区域
	1994 年	颁布《新加坡河开发控制性详细规划》，制定更为详尽的城市更新策略和方法	促使新加坡河沿线成为城市活力中心，城市形象极大提升

5.2.5.2　治理措施

1. 净化水质

河道更新的第一步从清洁水源开始,20世纪70年代工程正式启动,到80年代末宣布首战告捷。具体措施和步骤是:禁止流域内养猪,将露天排档转入室内经营,禁止餐饮行业或其他生产行业直接向外排放污水;铺设下水管道,使工业废水与生活废水全部通过下水道排出;清洁沿河环境,疏浚河道,修复河床,兴建护岸;同时,修建水渠和水库,汇聚雨水,增加水资源的储备。

经过十几年的努力,新加坡已经建成了完整的下水道系统,铺设的下水道总长度超过3 000 km,所有的居民生活区域均铺设了下水道。新加坡目前日处理废水能力超过100万 m^3,处理率达到100%。一些初步净化后的废水经过进一步处理后便可达到工业用水标准,净化过程中产生的污泥,脱水后用作填海造地、植树和种草皮的材料,实现了资源的再利用。为了节约用地,新加坡政府逐步采用集约和有盖的污水处理设备。早期治水初见成效后,政府又从1992年开始,拨款超过10亿新元改造和提高现有的污水处理能力。此外,还加强了法制规范,20世纪70年代末,新加坡政府就颁布了工业污水处置法规,规定对工业废水的污染控制方法有2种:一是制定工业废水排放标准,允许自行处理后达标排放;二是监测排水口,防止污染。在生产废水排放处安装自动监测装置,超标排放时闸门自动关闭,非环境部人员无法启动闸门。如果在定期的工厂排水监测中发现超标物质,第一次超标排放的最大罚款是5万新元,第二次和更多的超标则是每次10万新元,甚至包括追究企业负责人的刑事责任。如此重罚,使工厂企业不敢以身试法。同时,政府每年还拿出巨资安装污水处理设备,修建化粪场,把粪便、秽物、污水处理成肥料、燃料,并把工业用水变废为宝,消除污染。通过为期10年的清河工程,加上后续的设备投入以及法律监督,一条清洁的"生活之河"再度回到了市民的生活中。

2. 河道景观更新工程

1992年,政府又展开了河道更新的第二步,即有计划地发展以河流为轴线,辐射四周的城市区划、景观、商业和道路、交通建设。具体是:首先提升沿河地区的商业和旅游魅力,将原有的旧店铺和旧仓库因地制宜地改造成了精致并极具特色的高级餐馆、酒吧、咖啡厅或商店,同时积极开发上游北岸克拉码头的夜间景观,挖掘沿岸中国城和小印度历史街区的传统特色旅游。

然后在此基础上保障沿河地区交通的顺畅和视觉的舒适,工程从水、陆、空3层空间同时入手。在水面,修缮旧桥,并抬升桥身,开通穿梭于水面的水上的士,作为水路游览的新亮点和市民的新型交通方式。在陆地,按沿河和周边地区进行分别规划,沿河15 m区域被建成步行专区,游步道以花岗岩铺地为主,中间穿插主、次行道树各1行,旨在为游客提供舒适观光环境的同时增强空间层次感;周边地区在规划中力求体现交通的便捷性和景观的整体性,主要是以小型化的近河街区来加强步行系统和外围车行系统的联系,并充分利用公交和地铁客运能力,使位于步行系统的人流可随时汇入车型系统,快速到达城市的每一个角落。在空中,为造就宽阔的视觉效果,将沿岸建筑的天际轮廓处理成向河边逐渐降低的格局，并有限高规定；另外，增设跨河交通连接，到 1992 年已经拥有包括步行专用桥 3 座、汽车专用桥 8 座在内的 11 座桥梁。1999 年又在罗伯森码头地区新建 3 座步行桥，使跨河交通日趋轻松。

3. 推出美化水道新计划

为使沿河地区的旅游和商业活动获得持久的魅力，2008 年 4 月开始新加坡重建局和旅游局共同启动了河道更新的第三步，即新加坡河美化工程的第一阶段，试图在该地区原有商业活动的基础上添加各种娱乐和庆典活动，使其成为一个 24 h 始终充满活力和生机的滨水空间。通过目前已经公布的滨河地区硬件和软件设施规划的具体方案可以了解到：本次更新工程的范围是从河口的加文纳桥（Cavenagh Bridge）到若锦桥（Jiak Kim Bridge）间绵延 3 km 的滨水空间。酝酿中的调整方案主要为了突出历史街区在夜晚的独特风貌，方案由"基础设施规划"和"照明规划"2 部分组成。完善基础设施具体内容包括增设供人休憩的长凳、记载码头历史进程的铭牌以及标注重要游览信息的铭牌。"照明规划"则包括在李德桥（Read Bridge）和加文纳桥（Cavenagh Bridge）上增设程控调光灯，配合不同的节日绽放出不同的色彩，另外 3 座大桥——克里门梭桥（Clemenceau Bridge）、哥里门桥（Coleman Bridge）和埃尔金桥（Elgin Bridge），则会在桥底披上妩媚彩灯；衔接驳船码头、克拉码头和皇后坊（Empress Place）的 4 个地下走道也会安装富有魅力的特殊照明；另外，还在河面上安装浮动照明，同时在 3 km 的沿河街道上安装新的街灯，行道树上也装有装饰灯，这些都将为游人营造出一个别具特色的滨河夜景。

5.2.5.3 经验总结与启示

新加坡河更新工程从经济效益和社会效益上看，首先是全方位深入挖掘了河道的城市供水能力，其次是完善了河岸向周边地区辐射的交通体系，最后是提高了沿岸历史文化和景观文化地区的观光魅力。

（1）强化资金保障。新加坡河河道更新工程跨越 2 个世纪，历时 30 年，需要政府的巨额投资。为保证能够为长期的综合景观改造提供充足的资金，新加坡政府在景观更新中利用自身拥有全国 90%土地的优势，通过向民间出借使用权的方式，募集到源源不断的资金。

（2）分阶段实施。层层展开、不断深入的新加坡河河道更新工程的第一步，到 1980 年已经每天可以向市民提供 6 300 万 t 的清洁水源，相当于全国日消费量的 1/2 左右，沿岸地区的自然生态环境也得到了有效的恢复；当更新工程进行到第 10 个年头（1987 年），开始出现喜人的成果，鱼儿又回到了水中，部分流域甚至开放了垂钓和划水等水上运动项目。随着工程第二、第三步的逐步深入，生态的回归以及交通和环境的改善又促进了土地利用价值的明显提升，推动了商业、零售、旅游及休闲等产业的整体发展，每年吸引着来自世界各地的近千万观光客，为当地政府创造了巨额财政收入，如今的沿河地区不仅是市区最为重要的旅游景点和文化中心，同时还成功地吸引了大量的海外投资。

（3）因地制宜制订合理方案。新加坡河景观更新工程也遇到过问题。克拉码头规划最初的方案主要是将滨河建筑地带的历史建筑修复后开发为旅游景点，但是方案因未能充分考虑市民的生产与活动要求,宣告失败;修改稿则将露天餐厅迁至河边,并修建一系列的露天茶座,然后在旧餐厅的原址上兴建古典风格的购物中心,并在街道上方安装“玻璃减温天幕”及冷风机。修改稿由于大大改善了居民生活环境,因而得到居民的支持,并最终获得成功。

5.2.6　佛山汾江河治理案例

5.2.6.1　项目背景

汾江河是岭南文化的发祥地,被视为佛山的“母亲河”。汾江河所属的佛山水道西起禅城区的沙口,流经禅城区的祖庙、张槎以及南海区的罗村、桂城、大沥和广州的芳村,到沙尾桥与平洲水道汇合后流入珠江的后航道,全长约 25.5 km。其中,沙口水闸到谢叠桥全长 18 km,俗称汾江河。汾江河沿岸历史文化资源丰富,汾江河水道沿线历史悠久,名胜古迹和人文资源相当丰富,有现位于汾宁路、升平路一带的历史文化街区 1 处,中山公园、中山桥、精神粮食社旧址、华英中学旧址、王借岗古火山遗址、罗村赛边李公祠等 6 处文物古迹,汾流古渡、正埠码头、粤剧表演场、升平路长兴街、桃李园、燕子滩堤岸等 6 处历史遗址,以及朗沙和叠北 2 个生态风貌村,见图 5-14。

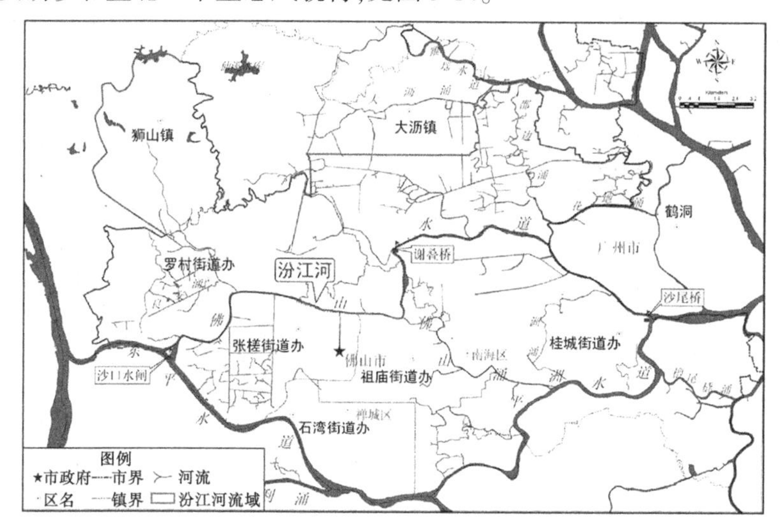

图 5-14　佛山市汾江河流域水系

汾江河水曾经清且深,河水可以直接饮用。近几十年来,汾江河两岸纺织、漂染为主的重污染企业,源源不断地把未经处理的污水排进汾江河中。与此同时,随着汾江河流域人口急剧扩大,汾江河也接纳了大量生活污水。两岸生态环境不断恶化。早在 20 世纪 70 年代末,佛山市政府就制订了整治汾江河污染的计划。多年来,尽管河流治理取得了一定成效,但汾江河污染—治理—再污染—再治理的恶性循环并没有得到根本的改变。佛山市汾江办 2008 年的统计数据显示,汾江河水质长期处于“劣Ⅴ类”,按照标准,最低级的Ⅴ类水为农用水及景观用水,“劣Ⅴ类”通常被归为“无用水”,一些水质指标,如溶解氧、氨氮等还严重超标。其具体水质指标超标情况见表 5-4。

表 5-4　佛山水道汾江河 2003~2006 年水质污染现状调查结果

（单位：mg/L）

年度	调查断面	pH	DO	NH_3—N	总磷	CN^-	S^{2-}	Cu	Zn	Pb	Cd	Cr^{6+}	COD_{Cr}	BOD_5	石油类	粪大肠菌群
2003	罗沙	7.50	7.62	0.94	0.06	0.002	0.004	0.015	0.030	0.007	0.000 38	0.004	21.20	2.40	0.06	109 250
	街边	7.42	2.79	5.81	0.21	0.002	0.039	0.041	0.030	0.014	0.000 40	0.006	47.80	10.80	0.42	240 000
	横■	7.45	1.71	6.13	0.45	0.002	0.054	0.018	0.030	0.009	0.000 31	0.005	55.70	11.00	0.35	240 000
	全河段	7.46	4.04	4.29	0.24	0.002	0.032	0.025	0.030	0.010	0.000 36	0.005	41.57	8.07	0.28	196 417
	超标倍数	0	0	1.86	0	0	0	0	0	0	0	0	0.39	0.35	0	8.82
2004	罗沙	7.53	4.35	2.91	0.38	0.002	0.083	0.014	0.039	0.030	0.000 60	0.015	25.80	4.90	0.26	179 458
	街边	7.43	1.17	9.98	0.76	0.004	0.133	0.184	0.055	0.030	0.002 50	0.013	77.10	22.20	0.63	240 000
	横■	7.31	1.24	10.33	0.52	0.002	0.194	0.023	0.075	0.020	0.000 70	0.004	43.70	14.70	0.32	188 333
	全河段	7.42	2.25	7.74	0.55	0.003	0.137	0.074	0.056	0.027	0.001 27	0.011	48.87	13.93	0.40	202 597
	超标倍数	0	0.14	4.16	0.83	0	0	0	0	0	0	0	0.63	1.32	0	9.13
2005	罗沙	7.65	7.60	1.26	0.16	0.002	0.007	0.002	0.038	0.001	0.000 10	0.015	28.00	3.50	0.12	171 000
	街边	7.31	2.40	5.84	0.33	0.004	0.017	0.004	0.025	0.002	0.000 10	0.022	40.00	9.40	0.40	227 667
	横■	7.28	1.30	5.77	0.47	0.004	0.020	0.008	0.070	0.003	0.000 20	0.015	57.00	9.10	0.47	240 000
	全河段	7.41	3.77	4.29	0.32	0.003	0.015	0.005	0.044	0.002	0.000 13	0.017	41.67	7.33	0.33	212 889
	超标倍数	0	0	1.86	0.07	0	0	0	0	0	0	0	0.39	0.22	0	9.64
2006	罗沙	7.55	6.63	1.37	0.30	0.002	0.004	0.003	0.098	0.004	0.000 43	0.007	22.30	6.45	0.09	185 792
	街边	7.16	0.95	7.52	0.53	0.003	0.050	0.009	0.080	0.007	0.000 38	0.011	44.50	12.30	0.37	240 000
	横■	7.30	0.48	6.15	0.53	0.003	0.008	0.005	0.075	0.008	0.000 29	0.010	39.13	11.62	0.34	240 000
	全河段	7.34	2.69	5.01	0.45	0.003	0.021	0.006	0.084	0.006	0.000 37	0.009	35.31	10.12	0.27	221 931
	超标倍数	0	0.06	2.34	0.50	0	0	0	0	0	0	0	0.18	0.69	0	10.10
标准值(Ⅳ)		6~9	≥3	≤1.5	≤0.3	≤0.2	≤0.5	≤1	≤2	≤0.05	≤0.005	≤0.05	≤30	≤6	≤0.5	≤20 000

注：调查结果以实测浓度的年均值表示；粪大肠菌群单位为“个/L”；超标倍数 =（全河段年均值 - 标准值）/标准值；DO 超标倍数 = [（C_{im} - 全河段年平均值）-（C_{im} - 标准值）]/（C_{im} - 标准值）；C_{im} 为 8.50 mg/L，指在 23.5 ℃下（2003~2006 年汾江河平均水温）饱和 DO 浓度。

5.2.6.2 治理措施

为进一步加大对汾江河的综合整治力度,力争2010年实现汾江河"三年江水变清"的目标,明显改善汾江河的水环境质量和生态景观,佛山市成立汾江河综合整治指挥部(市长任总指挥)和办公室。佛山市汾江河(佛山水道)综合整治指挥部下设6个专项整治组,具体负责各专项整治工作的落实。佛山市汾江河(佛山水道)综合整治指挥部下设办公室,为市政府主管汾江河流域综合整治的协调机构,办公室内设综合计划部、工程治理部和建设管理部三个职能部。计划通过3年时间,从生活污染控制、工业污染控制、水域生态修复三方面入手,切实推动以截污。治污为重点的沿线市政基础设施建设,加快佛山水道的综合开发改造步伐,将佛山水道打造成一个集生活居住、休闲娱乐、旅游观光和公共服务等为一体的城市综合服务区,基本实现汾江河主河段江水变清任务。

1. 生活污染控制

生活污染控制一方面要完善污水处理系统,提高生活污水处理率。在2010年底之前完成狮山东南污水处理厂和盐步污水处理厂的建设,以及镇安污水处理厂和平洲污水处理厂的扩建。各新建和扩建的污水处理厂都必须采用脱氮除磷深度处理工艺,同时确保污水收集管网和污水泵站建设同期完工,保证流域城镇污水处理率达到85%以上。另一方面,要规范粪便处置方式,实施转移联单管理。以前佛山水道流域从化粪池中清除出的粪便经规范处理的量很少,大部分随意堆放在佛山水道及其河涌附近,不规范的粪便处置方式也是造成佛山水道水环境质量下降的一个不可忽视的因素。为控制此类污染,首先要对全流域居民生活小区的三级化粪池进行系统排查,对于没有化粪池以及化粪池不符合规范的小区令其限期整改;其次,规范粪便处置方式,加快各污水处理厂的粪便处理设施建设,也可以根据实际情况,建设独立的粪便集中处置单位,提高粪便资源化、无害化程度;再次,加强粪便转移管理,在全流域实施转移联单管理,落实分工,明确责任。

2. 强化工业污染控制

通过建设污水处理厂及其配套处理设施,城市生活污染源的污染可基本得以控制,而工业污染源的污染物排放量大,污染物种类多,偷排漏排现象严重,以及存在突发事故等潜在威胁,要实现佛山水道三年变清的目标,必须强化工业污染源治理。

1)调整工业布局,优化产业结构

关闭、搬迁流域内的废水排放量大、纳税贡献小的纺织印染、皮革、造纸、食品加工、化工塑料等重污染企业。积极引进高附加值、高土地产出密度、高税收、高成长性、高关联效应、高技术层次与含量、无不良环境影响的产业,严格限制水污染严重的项目上马。所有新建扩建项目要按照国家和省有关建设项目环境管理规定,严格执行环境影响评价制度,认真做好审批工作,严格把好环保关,从源头上控制污染物的产生。

2)实施排污总量与排放浓度双轨控制

流域内所有企业COD和氨氮的排放量在基准年基础上削减10%,对于自行处理独立排污的企业,其工业废水排放严格执行广东省地方标准《水污染物排放限值》(DB 11—26)中的一级标准,即主要污染物COD、氨氮的排放浓度分别达到90 mg/L、10 mg/L以下。对于其他企业,则要求其工业废水进入污水处理厂集中处理,2010年流域内工业废水集中处理车需达到60%以上。

3)规范排污口设置,禁止直接向汾江河排放废水

对现有直接向汾江河排放废污水的企业,要求其废污水经处理达到排放标准后就近排入附近的支涌,或经预处理后排入市政管网进行集中处理。要严格监管,随机检查,建立倒逼机制和奖励机制,加快汾江河流域产业转型和升级的步伐。

3. 水域生态修复工程

佛山水道环境疏浚及底泥处置工程是佛山市申请世界银行贷款的子项目之一,项目计划总投资约为2.22亿元人民币,计划利用世界银行贷款2 087万美元。项目工期约为18个月,预计在2010年底前完成。本项目疏浚范围为汾江河全河段和佛山涌河段,全长约30 km,预计疏浚总量约83万 m^3。填埋总量约57万 m^3。项目采用环保疏浚船进行环保疏浚,疏浚后的泥浆通过加压泵船和封闭管道输送至脱水站进行强制脱水,将泥浆脱水至含水量为60%的干泥,同时对脱水后污水进行处置,达到污水处理厂入水标准后,送入污水处理厂进行处置。污泥可由部分陶瓷企业烧制轻质瓷砖(加入30%污泥)在广佛地铁沿线使用。

经过综合整治,佛山市汾江河水开始渐渐变清。2010年后汾江河的水质将彻底消除黑臭现象,全流域水质可常年稳定达到V类水标准,上游河段水质优于V类水标准,符合农业用水及一般景观用水的要求,可以作为城市景观用水。汾江河水体的生态功能逐步得到恢复,河岸的景观逐步得到改善,进入汾江河的污染物得到大幅度削减,逐步接近汾江河的水环境容量。汾江河综合整治效果见图5-15。

图5-15　汾江河生物浮岛及综合整治效果

5.2.6.3　经验总结与启示

1. 加强规划和控制

高标准编制好汾江河治理与沿岸开发规划,为未来10~20年内汾江河治理及沿岸的空间布局、交通网络、产业发展等提供科学依据。为保证汾江河沿岸的开发建设工作在系统的规划管理依据指导下进行,需要形成用来指导实施的控规及城市设计深化整合方案,并开展《详细城市设计及修建性详细规划》《交通专项规划》《环境景观详细规划》等一系列的相关专题规划的研究制定工作。未来的开发建设要在统一规划的基础上,对各功能区及项目进行统筹考虑和整体设计,在整体设计的框架下全面、同时地推进各功能区、各项基础设施和商业项目建设,确保汾江河开发形成整体的形象和辐射影响功能。

2. 强化与周边的协调发展

汾江河的特点是河流狭长,有不少岸段两侧分属2个行政区。汾江河主要流经禅城

区和南海区,汾江河治理与开发是跨区、跨部门的工作。禅城区在汾江河治理和开发中,要强化与周边的协调发展,还要考虑本区或跨区的两岸联动发展。水岸的单侧开发、另一侧滞后就会造成较大反差和环境、景观的不对称,最终影响河岸的利用效果。因此,在规划建设过程中要做到两侧各具特色或错位发展,沿河景观多姿多态,产业发展各有方向。

3. 强化“历史文化特色”的融合

汾江河独有的历史文化特色,是形成汾江河沿岸开发“个性特色”的识别标志,也是展现佛山城市历史文化、人土风情魅力的重要元素。在开发建设中要注意突出“历史文化特色”的作用,强化“历史文化特色”的融合,注意保留原有的历史文脉风貌。对原有历史的建筑要加于保护和利用,同时要开发建设中使原有的历史文脉风貌得到进一步的张扬。

4. 联动开发,错位发展

六大功能区联动开发,按照整体设计和综合配套原则,岭南风情商业街、中山公园休闲区、高档商务区、沙口生态旅游区、综合居住区、创意产业区等六大功能区联动开发,形成合理的空间布局和各功能区错位发展的格局。商贸产业与居住、文化、休闲、旅游等产业联动开发和发展;产业培育与基础设施及城市建设联动发展;三大改造与周边的功能区联动开发及发展。汾江河开发与城中村改造、各种遗留问题联动处理和妥善解决。

5. 高起点、高标准推进具体项目

通过借鉴国内外水岸经济发展的先进经验的基础上,汾江河沿岸服务业发展具有自身特点的模式,在具体项目的逐步推进和实施过程中,深化细化适应佛山发展特点的规划设计理念,通过树立河岸样板项目段的示范效应,优化形态功能布局,使其服务业功能区规划建设同道路交通系统、绿地生态系统建设紧密结合。把道路交通设立与商务楼宇、休闲场所互通连接,方便工作、生活与休闲之间的流转,加强交通网的功能新开发,体现出现代服务业功能区的分散化、多极化的特点。

5.2.7　江苏苏州河治理案例

5.2.7.1　项目背景

苏州河发源于太湖,西起江苏省吴江县瓜泾口,向东流经苏州市和昆山市,自青浦赵屯流入上海,在上海境内流经青浦、嘉定、闵行、长宁、普陀、静安、闸北、虹口和黄浦等9个区、县,横贯整个上海市区中心,在外白渡桥注入黄浦江,全长125 km,在上海市境内河段长54 km,是黄浦江最大支流和浦西的总干渠。现在苏州河上海市区段水系的区域人口为210万,为市区人口的34%,占地51 km^2,约占全市36%,是市区最繁华的地段,也是上海主要的商业区和居住区。

百年前的苏州河曾碧波荡漾,美丽清新。上游江面宽阔,水清如绿,下游蜿蜒曲折,鱼虾成群。1911~1914年,上海的第一个自来水厂闸北水厂便坐落在恒丰路桥附近,以清澈的苏州河为水源。从20世纪20年代末起,随着城市的发展,人口增多,尤其是工业的兴起,两岸工厂林立,工业废水和生活污水直排苏州河,水质开始变坏。特别是50年代以后,水质严重恶化。由于苏州河为湖源型平原感潮河流,流域地势平坦,河流比降较小,且河道弯曲,流速缓慢,排入苏州河的污水受到潮汐影响,不能迅速排出河口。1956年污染范围往西延伸到北新泾,1964 年涨潮黑臭水上溯至华漕,1978 年直达青浦县白鹤、赵屯,并形成了 26 km 常年黑臭带,成为国内外著名的臭水浜。

近年来,由于东太湖淤积严重,上游清水来量大为减少,且中、上游段沿线乡镇企业发展迅猛,来水水质日趋下降,下游段又因长年污染积累,大量有害污泥淤积河底,河道逐年淤浅。目前,苏州河的自净功能丧失殆尽。同时,因苏州河两岸规划失调,任意建设,近年来两岸又涌出大量违章搭建,使不少防汛、绿化、道路等设施遭到破坏。

苏州河黑臭严重影响了上海作为国际大都市的形象。为此,上海市政府着手对苏州河进行治理,以改善苏州河水环境质量,恢复其生态功能。

20 世纪 80 年代初,上海开始对苏州河污染治理问题进行研究。1988 年对排入苏州河的污水实施合流污水治理一期工程,1993 年投入运行,每天截流污水 140 万 m^3。在此基础上,1996 年开始进行苏州河环境综合整治,上海市政府成立了领导小组,由市长担任组长,20 多个政府部门和地方政府领导为小组成员,下设办公室,负责苏州河整治工作的组织、协调、督促和检查,全面推进苏州河整理工作。苏州河整治工程历时 11 年(1998～2008 年),总投资约 140 亿元。

随着该工程的实施,苏州河干流及支流水质已有明显好转,消除黑臭,鱼虾重新回到苏州河,如图 5-16 所示。

图 5-16　苏州河治理效果

5.2.7.2　治理措施

由于苏州河环境污染历史久远,污染因素复杂,所牵涉的部门也很多,目前尚存在对苏州河水体功能的不合理利用,因此要实现苏州河水体生态系统的良性循环,还必须组织协调各有关单位在苏州河环境的综合整治方面做大量的、切实的工作。1996 年 2 月 18 日,由市长任组长的上海市苏州河环境综合整治领导小组正式成立,领导小组包括市政府各有关的委、办、局和苏州河沿线 9 个区(县)的领导。

鉴于苏州河的治理是一项长期、复杂的系统工程,为进一步加强对苏州河环境综合整治工作的领导,1997 年初上海市建委批准了作为常设机构的上海市苏州河环境综合整治领导小组办公室。办公室直属市建委,其职责是对苏州河环境综合整治工作实行全方位的组织、协调、督促、检查、管理。苏州河四期整治工程实施情况如表 5-5 所示。

1. 苏州河环境综合整治一期工程

苏州河环境综合整治一期工程从 1999 年底开工,到 2003 年 1 月竣工,总投资约 70 亿元,采用水环境综合治理的思路,以消除苏州河干流黑臭以及与黄浦江交汇处“黑黄”

界面、整治两岸脏乱环境和改善滨河面貌为目标。实施的主要工程有：

（1）建设 6 支流截污工程，消除排入苏州河城区支流的直排点源污染。

（2）建设西干线和石洞口污水处理厂工程，处理苏州河 6 支流区域的截流污水。

表 5-5　苏州河四期整治工程实施情况

项目	时间	投资（亿元）	目标	工程
一期	1998～2003 年	70	消除干流黑臭以及与黄浦江交汇处的黑带	支流污水截流工程、石洞口城市污水厂建设工程、综合调水工程、底泥疏浚处置工程等 10 项工程
二期	2003～2006 年	40	稳定水质、环境绿化建设	沿岸市政泵站雨天排江量削减工程、中下游水系截污工程、梦清园二期工程等 8 项工程
三期	2006～2011 年	31	改善水质、恢复水生态系统	底泥疏浚和防汛墙改建工程、水系截污治污工程、青浦地区污水处理厂配套管网工程、长宁区环卫码头搬迁工程等 4 项工程
四期	2011 年至今	254.47	提升河道水质、提升防汛能力、提升综合功能和提升管理水平	点源和面源污染综合治理、防汛设施提标改造、水资源优化调度和生态、景观、游览、慢行的多功能公共空间集成策划和建设等综合措施

（3）实施综合调水，控制水流流向和净泄量，并多次进行大规模调水试验。改造吴淞路闸桥及运行方式，涨潮时关闸挡潮，落潮时开闸放水，使往复的河水成为单向流动。

（4）建设支流闸门，控制支流输入苏州河干流的污染物总量。在木渎港及上游的西沙江、小封浜、老封浜、黄樵港、北周泾、顾港泾 6 条支流河口新建了以保护苏州河水质为目的的闸门。

（5）搬迁环卫码头工程，削减传统生活方式的特定污染。

（6）改造防汛墙，改善河岸景观。通过河口关闸挡潮来降低防汛水位，对部分因年久失修并危及防汛安全的墙段进行加固改造。

（7）综合整治陆域环境，改善河流景观。在长寿路桥以东河段，建设滨河林荫道，并增加多块公共绿地，使市中心苏州河区域的面貌有明显改观。

2002 年，苏州河综合整治一期工程完成后，苏州河干流黑臭现象基本消失，位于外滩的苏州河—黄浦江合流交汇界面不再存在，滨河景观大大改善，沿河房地产迅速增值。苏州河干流底栖动物生物量和需氧物种明显增加，市区段发现成群的小型鱼类，苏州河呈现生态恢复迹象。

苏州河环境综合整治一期工程完工后，河流水质总体得到改善，但干流水质仍存在不稳定性，支流污染仍十分严重，特别是市郊支流的脏、乱、差现象极其严重，河道成了天然垃圾箱，既污染水体，又阻塞河道，严重影响了上海城市环境和沿线市民生活。

2. 苏州河环境综合整治二期工程

在充分发挥一期工程效益的基础上,2003~2005 年,上海以“以治水为中心,标本兼治,重在治本,同步推进水环境整治和两岸开发建设”为方针,以稳定苏州河干流水质、改善陆域环境为目标,投资近 40 亿元,实施了环境综合整治二期 8 项工程,具体是:

(1)沿岸市政泵站雨天排江量削减工程。建设梦清园、成都路、芙蓉江、昌平路和江苏路 5 座雨水调蓄池,改造 3 个分流制排水系统,削减初期雨水对苏州河干流的污染负荷。

(2)中下游水系截污工程。建设闵行、嘉定、普陀、闸北、虹口等区 90 km 污水管道,进行污染源截污纳管。

(3)上游——南翔地区污水处理系统工程。建设污水泵站 2 座,敷设污水管道 27 km,进行污染源截污纳管。

(4)河口水闸建设工程。建设河口 100 m 宽液压倒卧式翻板闸门,为实施苏州河“西引东排”“东引南北排”的综合调水提供技术保障。

(5)梦清园二期建设工程。建设梦清园公共绿地和城市水生态处理系统示范项目,改造原啤酒厂罐装楼为苏州河展示中心。

(6)两岸绿化建设工程。建设周桥公园等大型公共绿地,面积 23 万 m^2,基本形成滨河景观廊道。

(7)环卫设施建设和改造工程。改造苏州河中上游沿河垃圾简易堆场 10 处;建设黄浦区垃圾中转站,控制生活污染;建造市容环卫执法管理和保洁维修基地。

(8)改造西藏路桥,改善两侧环境面貌。

苏州河环境综合整治二期工程的效果如下:

(1)进一步改善干流水质,干流上下游之间水质差别已逐步缩小。干流主要水质指标 COD_{Cr}、BOD_5 上游稳定达到Ⅳ类标准,下游平均值达到Ⅳ类标准;DO 在上游平均值达到Ⅳ类标准,下游平均值还劣于Ⅴ类标准。

(2)进一步改善支流水质,中心城区的支流基本消除黑臭。

(3)新建滨河景观绿地 23 万 m^2,内环线以内初步建成滨河景观廊道。

苏州河环境综合整治二期工程实现了阶段性目标,但是苏州河水质稳定的保障机制还很脆弱,苏州河自净能力的恢复也很有限,两岸陆域环境面貌还未得到全面和根本的改善,影响了苏州河水质的进一步改善和水生态系统的恢复。

3. 苏州河环境综合整治三期工程

为全面完成苏州河环境综合整治任务,巩固环境综合整治一期、二期工程的成果,持续改善苏州河干支流水质,并为生态修复创造条件。2006~2011 年,实施了总投资约 31 亿元的环境综合整治三期 4 项工程,工程项目分别是:

(1)市区段底泥疏浚和防汛墙改建工程。在河口至真北路桥约 16.7 km 的市区段进行底泥疏浚和防汛墙改造,疏浚底泥 130 万 m^3,加固防汛墙 26.3 km,改善了环境面貌,提高了防汛能力。

(2)水系截污治污工程。建设 4 座雨水泵站截流设施,改造和完善支流排涝泵站污水收集管网,改善水系水质。

(3)青浦地区污水处理厂配套管网工程。

(4)长宁区环卫码头搬迁工程。在长宁区田度地块建设长宁区生活垃圾中转站、长宁区粪便预处理厂和城市污泥处理厂,搬迁长宁区苏州河万航渡路3处环卫(市政)码头。

环境综合整治三期工程实施以后,苏州河干流下游水质与黄浦江水质同步改善,支流水质与干流水质同步改善;为生态系统恢复创造了条件。苏州河环境综合整治一期、二期和三期工程完工,标志着集中式大规模的苏州河环境综合整治工程胜利完成。

4. 苏州河环境综合整治四期工程

苏州河环境综合整治四期工程总投资254.47亿元,2018年开始全面实施,从提升河道水质、提升防汛能力、提升综合功能和提升管理水平4个方面进行综合治理,主要措施如下。

1)点面结合,标本兼治,提升河道水质

以水质达标为重点,以污染控制为抓手,坚持"水岸联动、点面结合,标本兼治、综合施策"。结合"五违四必"区域环境生态整治,采取污染源截污纳管、初期雨水拦蓄处理、污水处理厂提标改造等措施,同步实施支流及周边环境整治,实现区域污染全面治理。

2)蓄排结合,统筹兼顾,提升防汛能力

结合流域工程,进一步完善苏州河水系防洪治涝格局,提升苏州河的防洪治涝排水能力。健全防洪体系。依托吴淞江工程,疏拓苏州河蕴藻浜以西段河道,建设两岸堤防,有效降低苏州河两侧区域的涝灾风险。提升排水能力。提高苏州河沿线25个排水系统的排水能力,将设计暴雨标准提高到5年一遇,并有效应对100年一遇强降雨。

3)注重生态,水岸联动,提升综合功能

贯彻"绿色、开放、共享"的整治理念,多部门联合,积极推进苏州河两岸城市更新及用地转型,整治两岸陆域、打通滨水通道、增加滨水空间、营造水陆景观、提升生态质量,打造世界级滨水区。整治陆域。完成苏州河中心城区42 km公共岸线的空间贯通开放,形成多功能复合的滨水空间。建设生态景观。营造自然景观与人文景观,提升滨河公共服务功能,打造"生态、休闲、运动、文化"品牌,满足市民健康生活和精神文化需求。修复生态岸线。因地制宜对苏州河堤防进行生态改造,水绿结合,改善环境品质,提升景观质量,促进生态廊道与生活功能的有机融合。提升综合功能。研究苏州河对于城市功能的整体作用;合理布局沿河码头、航运设施,提升苏州河防汛、航运、景观、人文、公务等综合功能。

4)市区联手,条块联动,提升管理水平

以苏州河综合整治为示范,形成市区联手、条块联动、协同整治、建管并举、良性互动的体制机制。建立协调推进机制。结合河长制,明确市、区两个层面的责任与分工,落实具体工程项目与责任主体。优化调度运行管理。制订污水处理厂、输送干线、市政泵站、截流设施组成的优化调度方案,控制泵站溢流放江污染。提升环境监测能力。构建苏州河水系监测、预警数据平台,进一步完善苏州河两翼水环境预警监测体系。加强执法监督管理。加强对排(污)水企业的监管,实施河湖动态监管,加大执法力度。

5.2.7.3　经验总结与启示

(1)建立宏观管理和技术管理体系。一是建立和完善水资源治理及保护统一管理的政策法规体系,依法治水,依法管水,将水资源的开发、利用、治理和保护纳入法制轨道;二是建立综合、科学、先进的水资源调度体系，以及对水资源开发、利用、保护实施全过程动态调度的统一管理体制，分级管理、监督到位、关系协调、运行有效地对水资源实施优化配置；三是理顺水资源管理体制，建立以宏观管理为主体，全市管理与区（县）管理相结合，联结各部门各区（县）的水环境治理和水资源保护的统一管理监督机构；四是完善水资源污染补偿体系，制定科学用水定额，健全水资源污染补偿评价指标体系，利用经济杠杆促进实施水资源的优化配置，提高水资源的利用率，促进水资源的供需平衡；五是建立和完善水资源监控体系和信息网络，利用现代科技和先进管理技术，方便水环境治理和水资源管理部门及时准确地掌握水资源信息，做好相关水资源管理的决策。

（2）定位水体功能，明确治理目标。纵观国际上一些一流大都市的市区河道，如巴黎塞纳河、伦敦泰晤士河、东京多摩川等，都是保护水体的观赏、生态功能，使之免遭污染侵害。为构筑上海的国际大都市框架，苏州河的功能定位在以改善生态和观赏旅游为主，兼泄洪排水，其中华漕至白鹤的中游段以及白鹤以上的上游段可具有一定的航运功能和工农业供水功能，从而从根本上改变现今苏州河纳污排污和运输航运的落后现状。根据上海市政府确定的苏州河环境综合整治“目标高一点，要求严一点，力度大一点，步子快一点”的基本方针，苏州河环境综合整治四期工程以“市区联动、水岸联动、上下游联动、干支流联动、水安全水环境水生态联动”为原则，按照“水岸联动、截污治污”“沟通水系、调活水体”和“改善水质、修复生态”三大步骤，从“控源截污、沟通水系、生态修复、环境整治、长效管理”5 个方面开展综合治理。

（3）编制治理、保护、利用规划，加强管理。根据上海市的实际情况，在传统水利向现代化水利转变过程中，为引导、推动水环境治理和水资源保护工作，须先行编制相关水资源可持续利用规划和水资源保护规划。根据上海区域内各水利控制片的水资源开发利用现状，按照社会经济发展与水资源、环境相协调原则，确定各控制片内水资源的主导功能顺序，合理划分水功能区，作为水环境治理和水资源合理利用、科学保护和科学管理的依据。

（4）重在截污纳管，切断河道污染源。在河道水环境治理中要坚持以治污为本、截污为先、按水系分片整治的原则，注重水的“安全、资源、环境”相协调。须根据规划加快污水处理设施建设，将污水总管建设延伸至各镇、街道、工业区等地区，并加大对禽畜牧场等面污染源的源头治理力度，同时重点推进二级管网建设，尤其是污水收集管网建设，为河道水环境治理开展截污治污创造条件。

（5）充分利用现有工程，调度水资源。河道水环境治理的核心是截污治污和控制污染物排放，在当前污染源还没有得到有效控制，河道水污染还比较严重的情况下，可以充分利用现有水利工程调度水资源，缓解水污染，改善水环境。一是在已沟通水系中加大引水调水力度，增加水量，加大水体的稀释能力，提高水体置换速度，加快污染物外排；二是充分利用已建泵闸工程，增加河道水动力，加快水体流动，增强水体自净能力。

（6）加强长效管理机制，巩固提高治理成果。河、湖、港作为水资源、水环境的重要载体，既极为珍贵又极为脆弱，既依赖本地区的保护又极易受上游水质的影响，即使治理好的河道，如果疏于保护和管理，仍会出现大的反复，因此长效管理工作是做好河道水环境治理和水资源保护工作的保障。应及时完善河道长效管理机制，以推进政府职能转变为核心，注重条块政策协调和机制牵引，进一步明确事权划分和责任分工，理顺工作关系。

同时,进一步加强水源地保护,加大禽畜牧场治理和企业排污执法管理力度,加强水利、建设、环保、环卫等部门的沟通配合,切实做好河、港、湖的维修、养护、保洁、执法等各项工作,巩固和提高河道水环境治理和水资源保护的工作成果。

5.2.8 厦门筼筜湖治理案例

5.2.8.1 项目背景

筼筜湖位于厦门岛西部,与厦门西海域相通,过去曾是一个天然避风海湾,称筼筜港。“牛家村畔水云乡,万顷烟波入夜凉。最爱月斜潮落后,满江渔火列筼筜”,是清乾隆年间的诗人描写的筼筜港景色,当时的“筼筜渔火”就成为了厦门大八景之一,此后也有大量描写筼筜港的诗词涌现。1970年7月,在“围垦筼筜港,建设新厦门”的口号声中,筼筜港口开始筑堤,1971年9月竣工。从此,筼筜港成为一座基本封闭的内湖,主要由外湖、内湖、干渠、松柏湖几部分组成。目前,湖区水域面积1.6 km^2,流域面积约37 km^2,库容380万 m^3,排洪沟33条,主要雨水排放口49处。湖西岸距厦门西海域约300 m,湖与海之间由一条30 m宽的明渠及一条20 m宽的箱涵连通。因此,筼筜湖具有排洪、景观、休闲娱乐等多重功能,它的功能作用与其周围流域紧密联系在一起,筼筜湖的彻底根治在于筼筜湖的流域治理。

随着经济、社会的飞速发展,环湖周边人口和工厂大量增加致使筼筜港从20世纪就遭受了不同程度的污染;到了20世纪70年代初,由于围海造田、修建西堤筼筜港变成了基本封闭的内湖——筼筜湖,其水域面积从原来的10 km^2 退缩至如今的不足2 km^2。此后,由于人类活动的增加和人们环保意识的缺乏,将未经处理的生活垃圾、生活污水、工业废水等直接排入湖中,筼筜湖成了环湖37 km^2 内的数十万居民和300多家工厂的“垃圾回收站”和“废水排放池”,其环境的急剧恶化可想而知。至20世纪80年代后期,筼筜湖已是垃圾成堆、杂草丛生、水体黑臭、蚊蝇滋生。恶劣的环境破坏了湖区的生态平衡,致使鱼虾绝迹、白鹭离去,路人途经无不掩鼻而过,人民的生活和工作受到极大影响,同时制约了厦门市海湾型现代化城市的建设。

厦门市政府对筼筜湖整治工作给予了十分的重视与相当大的投入。1988年3月,时任副市长的习近平主持召开“综合治理筼筜湖”的会议,要求“统一思想,加强领导,各部委全力支持筼筜湖治理工作”。1988年9月,厦门市九届人大常委会第四次会议通过了《关于加速筼筜湖综合整治工作的决议》,正式拉开了全面整治筼筜湖的序幕。随后厦门市人大和厦门市政府坚持以“治好筼筜湖,保护西海域”为目标,按照“截污处理、清淤筑岸、搞活水体、美化环境”的十六字方针,多措并举,综合施策,已实现“湖水基本不臭”的阶段性成效,湖区水质基本达到国家地表水体Ⅳ类标准。经过30多年不懈努力,如今的筼筜湖已成为一个湖水清澈、白鹭翱翔、生物多样性逐年增加,具有良好生态环境的文化娱乐、游览休闲的“厦门市最美的会客厅”。

5.2.8.2 治理措施

1. 引水

第一,打通筼筜湖和五缘湾。从五缘湾开始,沿金湖路、禾山路、台湾街到江头公园,修建2条断面3 m×4 m涵管或暗渠为贯通渠,全长4 520 m,连通五缘湾和筼筜湖。第二,在五缘湾内小岛北端东侧 475 m 开始,向东(方位 102°)修 4 条断面 3 m×4 m 涵管或暗渠为引水渠,长度 3 500 m,直至Ⅰ类海水进水点。第三,封闭五缘湾大桥下海湾口(可根据需要设船闸供小型船只出入),阻止湾口水体交换。第四,在引水渠五缘湾内开口处设置自动水闸,海水涨潮水位高于湾内水位时,水闸打开,干净的海水流入五缘湾;海水退潮水位低于湾内水位时,水闸关闭。这样,五缘湾内就可以保持较高的水位,并通过贯通渠不断地向筼筜湖流动。第五,在筼筜湖西堤设置 2 个自动水闸,退潮海水水位低于筼筜湖内水位时,水闸门自动打开,湖内水向海里排出,涨潮海水水位高于湖内水位时,水闸自动关闭,海水不得流入。这样,五缘湾和筼筜湖就有接近海潮落差一半的水位高差,使五缘湾的水不停地向筼筜湖流动,而五缘湾的水,全部来自距海岸线 2 km 以外的Ⅰ类海水,五缘湾和筼筜湖内,就可以流动着Ⅰ类海水,如果按管渠内 0.1 m/s 的流速,每天有 20 万 m^3 的水量交换。

2. 治污

在筼筜湖中修建 1 条断面 4 m×5 m 主排污渠,上沿高出水面 2 m,渠上可设置人行通道。两岸所有排污管均接入主排污渠,包括沿湖各排洪渠纵深内的排污管也要集中接入主排污渠。湖东路以西湖面宽广,可以在南岸边加修一条排污暗渠。2 条渠的污水集中到西堤污水处理厂净化,净化水用于绿化、消防。

3. 清淤

结合修建排污渠,分段抽干湖水,一次性清除湖内浅水部位、排洪渠内全部污泥,深水区、低洼区,可采用回填海沙的方法,做到湖底坡度平缓,狭窄水道水流不冲带污泥。

4. 导洪

前述由主排污渠将筼筜湖分成两边,南侧宽大,北侧狭小,沿湖各排洪渠、雨水管全部接入北侧湖内,南侧用于流清洁水,北侧平常流清洁水,下雨流雨水,暴雨泻洪水,洪水、雨水直排大海。

5.2.8.3　经验总结

(1)加强顶层设计,建立长效机制。制定以流域治理为基础的筼筜湖总体规划,筼筜湖治理的根本是流域治理。从上述可见,筼筜湖的排洪、淤积、污染都是流域所造成的,因此制定以流域治理为基础的筼筜湖总体规划势在必行。要依靠规划指导建设,系统地完善截污管网,进行上游水土保持建设。要建立有效的组织领导和长效管理机制。推行“河长制”,加强流域治理,创新管理机制,落实《厦门市溪流养护管理办法》,建立长效管理机制。明确筼筜湖“河长”“副河长”,负责辖区内河流的污染治理和管理保护,并接受考核。

(2)推进雨污分流,扩大污水处理能力。只有实现雨污分流,才能真正实现污水不入湖,从根本上解决污染问题,还筼筜湖一池清水。因此,建议要认真梳理合流制的排洪管沟,因地制宜制订改造方案,分步骤、分片区循序渐进地进行雨污分流改造。由于近些年城市建设快速发展,人口不断增加,目前全岛污水处理能力已趋于饱和,因此要加大污水收集处理能力建设。一是要对入湖的排洪沟进行干沟改造,解决沟口恶臭,清除渠底污泥。二是结合驳岸改造,敷设初期雨水干沟式截流管线。三是建设 2 座全地下再生水厂(江头水厂 5 万 m^3/d,松柏水厂 7 万 m^3/d),收集周边污水和初期雨水,并用排放的再生水冲洗排洪沟。四是在南湖公园建设初期雨水处理厂(10 万 m^3/d)和调蓄池(25 万 m^3),满足初期雨水的调蓄和处理。针对厦门市本岛污水处理能力已趋于饱和的情况,要对现有的污水处理厂进行扩建,提升污水收集处理能力。

(3)加强水动力,改善湖区水质。要保持水质稳定达标的一个很重要的手段就是加强水动力,让水活起来。2016年市十四届人大五次会议代表重点建议——《关于搞活筼筜湖、五缘湾水体及改善周边环境工程的建议》,建议结合海绵城市建设,在五缘湾内湖顶新建海水提升泵站,用于提升水位,通过4.9 km压力管道将五缘湾内湖水输送至江头天地湖,通过重力流,途径天地湖、松柏湖、筼筜内湖、筼筜外湖,最终排入西海域。从而提高筼筜湖、五缘湾内湖水动力性能,特别是对搞活天地湖、松柏湖以及筼筜湖干渠段水体,提高沿线水体的自净能力作用明显。建议厦门市政府进行深入研究论证。同时,通过实施筼筜湖第二排涝泵站(52 m^3/s)及西堤闸工程,增加纳潮能力达220万 m^3/d,是现有西堤闸纳潮规模的1.5倍,进一步改善筼筜内、外湖水质。同时该项工程还可以提高防洪排涝标准,达到50年一遇、挡潮200年一遇的标准。

(4)做好湖区清淤,加强生态治理。要根据淤泥堆积程度定期做好湖区的清淤工作,保持筼筜湖一定水深。由于湖区环境限制,缺少堆泥场所,清淤工程实施起来难度较大。因此,要对堆泥场地的选择和污泥处置方法难题进行研究论证,找到合适的方法,才能实施清淤工程。同时,要配套进行驳岸改造,岸边清淤,建设亲水休闲平台,提升筼筜湖景观和环境质量。加强生态治理,提高湖区自净能力。在流域内积极开展各项生态建设,削减水体中有机污染物,尽快稳定湖区的水体环境,逐步增加生物多样性,提高湖泊自身的自净能力。

5.3 关于我国河流综合治理的对策建议

国内外典型河川生态修复成功案例表明,拟自然理念是推进河流生态修复的重要指引。采用生态的技术和模式开展河流生态修复,将修复后的河流再次归还给大自然,充分利用大自然的稳定性、平衡性、抗干扰性和自净化功能,统筹实现防洪、抗旱、生态、景观、人文等多方面目标,对推进我国河流生态修复事业具有重要指导意义。结合国内一些山水林田湖草试点河道整治项目存在的突出问题,借鉴国外拟自然河流生态修复经验和做法,提出以下对策建议:

(1)生态优先为原则,人与生态融为一体。目前,国外河流治理摈弃了国内河流治理采用河底、岸坡全部浆砌石或混凝土护砌方法。因为该方法切断了河道与地下水的交换,降低了河道自净能力,破坏了生物的生存空间,导致了河道生态功能退化。国外倡导拆除传统治理河道的三面光结构,改为透水型多孔结构及植物型土质护岸,恢复河流生态系统的治理模式。泰晤士河等国外著名城市河流的整治与开发都采用了这一治理模式,充分体现了生态优先的原则。同时,将人与生态融为一体,让河流更加“亲民”,让更多的老百姓享受到河流整治的成效。江河堤岸的设计按照“人水亲和”“人水相依”的理念,结合城市规划、防洪功能及沿岸景观建设的要求,在老城区以直立式结构为主,多建亲水平台结构,尽量满足人们亲近水的要求;岛屿则基本采用复式堤+亲水平台结构,贯彻穿插人文景观、生态、亲水的理念,强调地域性、文化性,淡化工程痕迹。苏州河的开发原则是“增绿化、增空间、减容量”。正是出于生态、人文等方面的综合考虑,从景观角度加强了沿岸的绿化建设,加强了公共活动环境建设。

（2）高起点规划，高标准建设。国内外城市河流治理和开发都遵循了高起点规划、高标准建设的原则。以珠江广州河段为例，沿岸滨水地区的发展规划贯穿于城市规划的各个层面：在宏观规划方面，确定河流及其沿岸地区作为城市总体空间结构的重要构成要素；在中观规划层面，确定各区段滨水地区的城市空间脉络；在微观规划层面，对两岸滨水地区进行具体的城市设计。按照各法定层面的城市规划，运用设计控制和开发控制双重手段对珠江两岸滨水地区的建设发展进行科学、有效的引导和控制。先后编制完善了珠江“中心城区段”岸线利用与滨水地区景观规划，以及各区段、各节点的控制性和修建性详细规划。高标准建设河流两岸堤防工程和绿化景观带，结合水利和防洪工程建设，按照200年一遇、1级堤防的标准，逐项完善珠江堤防工程，逐段建设两岸岸线。

（3）保留和利用原有历史文脉风貌，沿岸建设标志性建筑物。国内外城市河流沿岸往往聚集城市历史性建筑物和标志性建筑物，作为城市的标志和形象。伦敦的泰晤士河，汇集了伦敦大部分具有历史意义的建筑，如纳尔逊海军统帅雕像、威斯敏斯特大教堂、圣保罗大教堂、伦敦塔、大本钟以及伦敦的地标伦敦眼。新加坡河上的鱼尾狮是新加坡的城市象征，沿岸分布着很多历史地标、纪念碑、铜塑像群，还有榴莲形国家表演艺术中心等建筑。苏州河两岸也有许多历史建筑及名胜，如南岸的外滩公园、英国总领事馆、光陆大戏院，北岸有百老汇大厦、公济医院、邮政总局、四行仓库等。在规划建设过程中，这些城市始终注重保护具有历史价值的建筑和空间环境，挖掘和全面整合历史文化资源。对沿岸新的建筑物和新的发展空间，注重提高文化品位，建设传统和现代相融汇的历史文化名城。

（4）沿岸发展现代服务业，实现产业结构升级。泰晤士河、新加坡河、苏州河、珠江等国内外城市河流沿岸经济发展都经历了从工业转向服务业的过程。在工业化初期阶段，城市河流是以发挥水运交通、码头装卸、仓储等产业功能为特点的“工业走廊”体系。当时河流两岸的产业布局与面貌，正是工业经济的建设和发展赋予给城市水系“工业生产型”产业功能的历史使命。城市发展步入一个崭新的历史时期时，河流两岸类似“工业长廊”式产业定位及其面貌已经不能适应社会经济的发展。为适应城市经济产业结构调整的需要，河流两岸的产业布局与定位必须从其原有的工业生产功能转换到发挥休闲、旅游、商务、居住等现代综合服务功能上来。上海的苏州河文化长廊项目是沿岸经济产业转型的一个成功的例子。通过开发建设，苏州河流域形成了M50——半岛文化创意产业集聚区、长风生态商务区、长寿路休闲娱乐街区、上海西部集团文化创意产业基地、华东师大教育出版产业区、国家动漫游戏产业振兴基地及河畔创意景观带等文化特色区域。2010年上海世博会期间，苏州河文化长廊使参观世博会的国内外游客目睹了上海“母亲河”的新貌。

（5）强化河流生态修复全过程监管，避免“伪生态，真破坏”。加强河道整治项目环境影响评价管理，确保项目开工前，完成项目环境影响评价前置手续。强化项目施工期间环境影响评价措施落实情况，尤其是生态环境敏感脆弱、自然保护区等地区；对发现的问题，要及时提出整改措施；对逾期未整改到位的，要采取经济、行政、法律等综合措施，坚决落实整改要求。结合项目绩效考核验收，通过开展项目实施对周边生态环境影响评估，切实遏制“伪生态、真破坏”等现象发生。

5.3.1　东莞市内河涌黑臭水体治理工程实践

5.3.1.1　工程概况

1. 示范点选择

小享村(生活居住区)河道长度约 4 km,湖塘水面面积 6.5 万 m^2。下郎支涌位于该村西南部,长约 420 m,平均宽约 10 m,基本为直线形,为浆砌石直立式护堤,呈南北走向,岸边绿树成荫,其上下游均与小享村农垦区河道相连。下郎支涌周边工厂和居民楼基本没有截污,尤其是工厂废水基本是未经处理就直接排放到河道。据调查可知,下郎支涌附近地区内有工厂 3 个,分别为梳子厂、洗涤厂、灯饰厂,排污口 5 个,污水基本未经处理就全部直排河道,周边居民约 100 户,排放量约为 30 m^3/h。由于该段河涌两头连接农垦区,经估算,农垦区农田施氮量 540~600 kg/(hm^2·年)。此外,西湖为小享村的一个功能化养殖鱼塘,水体富营养化程度也较高,其排水口位于下郎支涌东岸,也是一个重要的污染源。因此,选择该段河道进行黑臭水体治理,具有十分重要的实际意义。

2. 污水来源及特性

小享村近年来城市化发展迅速,截污设施配套建设落后,生活污水排水量和排水方式依然是就近排入河涌及湖塘,与城市生活污水存在着很大的差别。因此,需要逐户地对居民用水、排水等情况进行调查。

根据调查,下郎支涌两侧用水主要为生活用水、工业用水、商业用水(用量少,计入生活用水中)和公共设施(绿化)用水等四类。其污水来源主要包括以下方面:

(1)生活污水。由于小享村的污水管网未建,所有生活污水基本都是顺着污水管道直接排入塘内或河涌的。下郎支涌周边居民约 100 户,加上工厂的集体宿舍员工,合计约 1 500 人。

调查结果显示,农户用水时段主要集中在上午 6:00~8:00,中午 10:30~12:00,下午 5:30~7:00。第一时段主要是洗漱用水、厨房用水和洗衣用水等,耗水量在 3 个时段中最大;第二时段主要是厨房用水,耗水量最小;第三时段主要是厨房用水和洗浴用水,耗水量居中。污水为生物排水,有机氮、磷相对比较丰富,昼夜水量、水质变化差异均较大。

(2)工业污水。据调查可知,下郎支涌附近地区内有工厂 3 个,分别为梳子厂、洗涤厂、灯饰厂,排污口 5 个。工厂废污水基本未处理全部直排河道。由工厂排出的污水排放量大,色度大,或呈乳白色,或呈黑油状,难溶性悬浮物含量比较高。

根据实际调查统计资料表明,生活污水与工业废污水排放量合计约为 30 m^3/h,即 720 m^3/d。

(3)农田污水和养殖鱼塘富营养化水体。该段河涌两头连接农垦区,且受外江潮汐涨落影响,水流呈来回往复流动,因而在下游水闸开闸时,还易受上下游的农田污水的影响。经估算,农垦区农田施氮量 540~600 kg/(hm^2·年),远远超过国际上为防止水体污染而设置的 225 kg/(hm^2·年)化肥使用安全上限。

此外,西湖为小享村的一个功能化养殖鱼塘,水体富营养化程度高,其排水口位于下郎支涌东岸,也是一个重要的污染源。

(4)雨水径流。小享村目前仍未实行雨污分流,降雨过程形成的径流,会将地表上的污染物质带入水体,这些污染物多为人们生活、生产中废物洒落、垃圾堆存及废污水泼洒和累积等。因此,这部分污水具有很强的时段性且水量不稳定,水质变化范围也较大。当形成径流注入河涌时,会挟杂一些生活垃圾和地表冲刷物,容易直接沉降塘底造成淤积,一般需要人工及时清除。

3. 水环境调查

根据下郎支涌河涌水体的实际情况,对其周边排污口出水和河道水体分别进行理化指标检测。具体如下:对其中 4 个向下郎支涌排污的排污口水质状况进行了监测,同时在河道现场选择 5 个监测断面进行了采样分析。示范工程的布置位置以及具体样点位置详见图 5-17,并选择前段 60 m 长河涌水体为参考河段(CK)。下郎支涌所采样品送往具有国家环境监测资质的东莞环境保护监测站进行检测,具体结果详见表 5-6、表 5-7 和图 5-18。

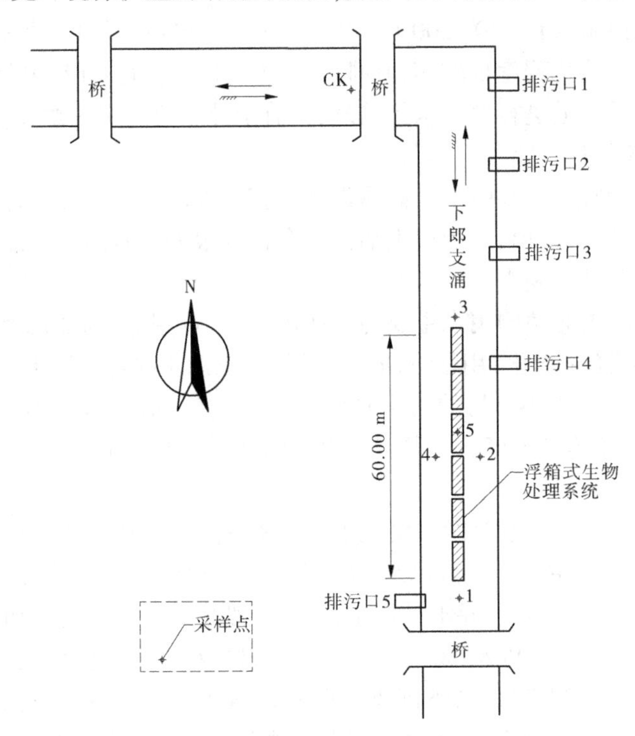

图 5-17　下郎支涌示范工程布置及采样点

表 5-6　下郎支涌周边排污口水质状况

样点	水温(℃)	pH	COD(mg/L)	TP(mg/L)	氨氮(mg/L)	TN(mg/L)	电导率(μS/cm)	SS(mg/L)
1	29	9.92	251	3.02	8.69	10.91	222	255
2	29	10.3	325	8.82	45.47	50.58	490	559
3	29	6.23	186	2.96	16.01	17.97	254	152
4	26.8	7.53	373	4.52	32.34	35.38	1 158	220
均值	28.45	8.5	283.75	4.83	25.63	28.71	531	296.5
状况	劣Ⅴ类							

表5-7　下郎支涌治理前水质状况

指标	水温（℃）	SS（mg/L）	COD（mg/L）	TP（mg/L）	氨氮（mg/L）	TN（mg/L）
河段1#	28.2	111	147.00	1.50	15.42	27.50
河段2#	28.0	111	119.00	1.37	12.01	24.39
河段3#	28.0	84	115.00	1.00	7.60	18.08
河段4#	27.9	113	188.00	1.34	9.33	20.41
河段5#	27.9	127	194.00	1.24	7.95	19.32
河段（CK）	28.0	122	199.00	1.50	16.20	24.20
均值	28.0	111.33	160.33	1.33	11.42	22.32
水质状况	劣Ⅴ类					

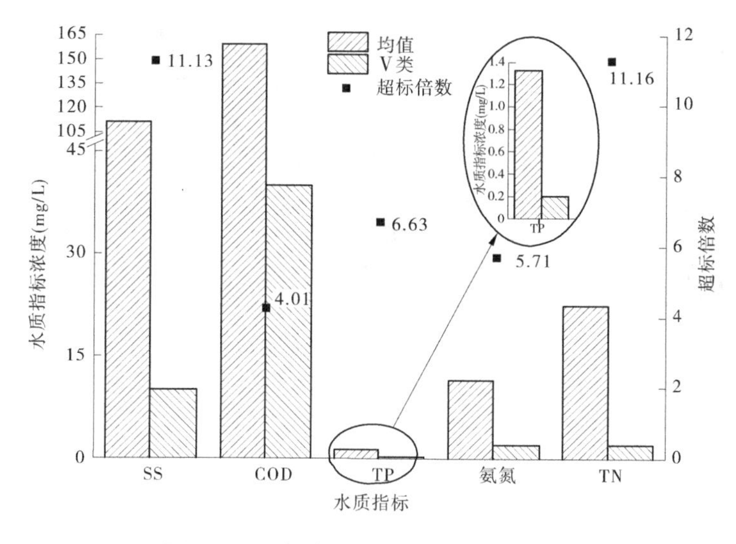

图5-18　下郎支涌治理前水体污染状况

由表5-6可以看出，根据国家《地表水质量标准》（GB 3838—2002）中Ⅴ类水质标准，下郎支涌排污口水质指标严重超标，水体污染严重，亟待进行治理。分析认为，由于所监测水质指标的取样点距离较为接近，而且河涌内的水体来回振荡，水体混合较为均匀，各样点间无显著性差异。

由表5-6可以看出，污水自排污口直接排入河涌后，经过与河涌水体混合，各水质理化指标均出现不同程度的下降，但仍然严重超标，一般超出国家地表水Ⅴ类水质标准数倍（GB 3838—2002），甚至更高。对下郎支涌治理前河段的水质理化指标检测结果利用OringinPro8.5统计分析软件进行ONEWAYANOVA分析表明，取样点1#~5#及参考河段（CK）无显著性差异（R^2=0.017，P<0.05）。分析认为，由于所监测水质指标的取样点距离较为接近，而且河涌内的水体来回振荡，水体混合较为均匀。同时，也表明参考河段

(CK)水体状况在治理前与示范工程区域各采样点(河段1#~4#)的水体状况无显著性差异,即在沉箱式生物处理系统示范工程建设前,下郎支涌水体状况较为一致,可以作为参考河段(CK)与示范工程建成后对水体的处理效果进行对照。

由表5-6、表5-7和图5-18可知,下郎支涌水体受污染十分严重。根据实际调查,河涌水体水环境污染状况主要表现在:

(1)周边生活污水没有截污措施,大量未经处理的生活污水还是直接排入河涌(见图5-19),水体污染负荷较大,严重超出水体自净能力。

图5-19　治理前水质状况

(2)下郎支涌排污口的水质状况污染极其严重。取样点4的COD_{Cr}竟高达373 mg/L,取样点2的TP、TN、氨氮和SS(悬浮物)分别达到8.82 mg/L、50.58 mg/L、45.47 mg/L和559 mg/L。4个取样点排污口的水质指标,均远远超出Ⅴ类水质的标准值(详见表5-6),说明该处水体严重富营养化,水体污染严重。

(3)污水口所排污水经过与河涌内水体混合后,其各项水质指标略有下降,但仍然远远超出国家Ⅴ类水质标准(详见表5-7)。TN均值和SS均值分别为22.32 mg/L和111.33 mg/L,分别为Ⅴ类水质标准值的11倍多,严重超标,导致水体严重富营养化,而且透明度降低;TP均值达到1.33 mg/L,超出国家Ⅴ类水质标准近7倍;氨氮均值达到11.42 mg/L,超出国家Ⅴ类水质标准约6倍,也是造成水体发臭的主要原因之一;COD_{Cr}均值高达160.33 mg/L,超出国家Ⅴ类水质标准4倍多,说明水体有机质污染严重。

(4)该地区地势低洼,河涌与外江水体交换能力差,岸墙为硬质石砌的陡岸,坡降平缓,水体透明度严重下降,水流十分缓慢,淤积严重,污染物沉积十分严重。

4. 水环境污染问题及改善需求

根据实地调查,下郎支涌水环境污染问题主要有以下5个方面:

河涌两侧周边居民区已快速城市化,但污水管网建设难度大且相对滞后,因而小享村生活污水没有任何收集系统和处理措施。污水或直接排入邻近河道、池塘,或通过渗坑、简易化粪池就近排入河涌或湖塘水体遭受严重污染,发黑变臭。更为严重的是,多数村民仍未意识到生活污水直排入河这种传统习惯对河涌的严重污染。

河道整治过程中的“直线化”和“三面光”改造,导致了河涌岸墙单一化、直线化和硬质化,大大削弱了河流自净能力和破坏了生态景观,使河涌成为典型的排污沟,加剧了河水的污染。同时,河涌水体发黑发臭,不仅直接影响到整个村庄的整体形象,而且严重影响到人们的身心健康。

随着城市化程度不断提高,外来人口大量涌入,加之周边大量工厂的兴建,河道、湖塘的污水排入也随之成倍增长;高氨氮、高有机悬浮物和低溶解氧等问题日益严重。

下郎支河涌属于小享内河网居民区末端部分,从帅虎洲调水至此水流速度一般低于 0.5 m/s,水动力条件相对较差及污染较大,以致河湖水体更新能力低下,河涌及湖塘淤积十分严重,均处于严重的富营养化水平。而且该河涌水体常处于严重好氧、缺氧、厌氧三种不同状态,长期黑臭。目前,许多河段及大部分湖塘已经丧失自净能力。

河涌两岸生活污水和工业废污水排放量较大,水体污染来源复杂,充分混合后污水组分及影响因素更加复杂多变。以氮、磷为主的有机类污染相当严重,景观水体呈浓黑色,经常发生死鱼等水安全事故,导致水生生物基本绝迹,水生态系统健康严重受损,已基本丧失河涌生态功能。

近年,小享村城市化进程加快,工业发展迅速,人口不断增多,社会经济发展势头良好,但以水污染严重、水景观破坏等为主要特征的水危机,在一定程度上成为小享村社会经济发展的“瓶颈”。如果不采取有效措施对其进行整治,水污染问题将严重威胁到小享村水环境和水生态的平衡,严重制约该村经济和社会的进一步发展。因此,对河涌水环境综合整治逐步得到多数村民的重视,改善水质并恢复其生态功能势在必行。

5. 技术需求分析

小享村境内河涌较多,水网发达,但是河涌岸墙均已浆砌石硬化,水生动物栖息地空间不够;水环境容量小,基本丧失自净能力,为珠江三角洲城市化农村地区污染的典型类型。

据检测结果分析,小享村下郎支涌为污染最为严重的河段,属重富营养化污染类型。本项目计划利用沉箱式生物处理技术系统先对下郎支涌进行示范工程推广应用研究,在取得一定应用经验后,就可以将该技术系统大范围地推广应用于类似的其他河涌。

水环境污染不仅给人们带来经济上的损失,而且更为严重地影响了人类的健康,尽快恢复水生态环境的健康水平就显得非常迫切和必要。但是,对水环境污染治理,尤其是水体富营养化的控制绝对不是一件轻而易举的事,各种方法各具针对性,单一的修复措施都很难有效地控制富营养化。

河流、湖泊水环境的治理领域,目前国际上采用的方法主要有化学方法、物理方法和生物方法。考虑到农村的经济基础和管理水平现状,农村生活污水的治理不能走大中城市污水处理的技术路线,这是因为大中城市污水处理所采用的生物处理技术虽然有较高的有机物、氮、磷去除率,但其基建成本高,运行费用高,管理要求也高。在我国,一个日处理 1 万 t 的城市污水处理厂投资约 1 500 万元,年运行费为 150 万~200 万元。因此,单一的物理、化学方法往往治标不治本,常作为一种辅助技术或应急控制技术,要求少用、慎用或不用。而生物方法则克服了化学方法和物理方法的缺点，应用生物及微生物能量循环流动来治理被污染的水体。它主要是通过生物的代谢产物或次代谢产物作用，使污染物在现场降解成小分子无机物以及转化成其他无害气体脱离水体。

为了改善污染水体环境，国内外学者进行了大量深入的研究，提出了许多有效的处理技术与方法，并应用到河道治理实践中。其中，河道直接净化技术是当前水环境治理技术的研究热点之一，主要包括三类技术。一是生物接触氧化技术：常见的有砾间接触氧化法、排水沟（渠）的接触氧化法、生物活性炭填充柱净化法、薄层流法和伏流净化法等；最早最有代表性的是日本江户川支流坂川古崎净化场和韩国的良才川，该类技术对有机污染不太严重的小区域河流治理非常有效，且抗冲击的能力良好。二是曝气复氧技术：通过人工曝气复氧是促进水层交换的主要方法，20 世纪 90 年代，德国在 Emscher 河、Teltow 河、Fulda 河、Saar 河，分别采用了固定和移动式的充氧方式；美国在 Chesa-peake 海湾的 Hamewood 运河河口安装曝气设备后，生物量明显增加；我国刘延恺在北京清河严重污染河段采用该技术后，水体中 BOD_5、COD 和 $NH_3—N$ 都有一定的去除。三是人工浮岛技术：该技术是充分利用水生生物的自然净化机能达到绿色清洁净化的方法。20 世纪 80 年代末以来，国外巧妙应用人工浮岛技术，不仅达到治理的目的，而且造就美丽的景观；我国很多学者还对水生植物选择种类和去除机制进行了深入研究。总的来说，这些技术各有优势，目前已不同程度地应用于河道污染处理，但在实际应用中发现还是存在一些不足，例如：生物膜容易堵塞，需要定期反冲沉积污泥，如果堵塞严重便难以维修，且潜在爆发二次污染；人工曝气时，气液混合时间短，功能区域小，充氧效率低等；需要投入大面积的处理区以提高水生植物对污染物降解能力；水生植物受水质影响较大等。这些不足致使应用受到限制，处理效果还不十分理想。基于此，寻找一种更先进实用、造价低廉的农村生活污水处理技术具有重要的现实意义。

5.3.1.2 工程建设方案

1. 设计思路

下郎支涌的污染非常严重，已经处于重度富营养化状态。从技术角度上讲，实施过程中可能遇到的主要障碍有：污染严重，透明度低，水下光照弱。河涌的水体交换能力差，淤积严重；水体中氨氮和有机物浓度过高，水体黑臭，毒害性强。岸墙为硬质石砌的陡岸，缺乏缓坡，水生生物栖息环境遭到严重破坏，水生态系统调节和适应能力比较弱。

基本上没有截污设施或污水收集及处理系统，日排入污水量大，昼夜偏差大，且以生活污水为主，兼混有工业废污水，需要考虑水力的冲击负荷变化。

对上述障碍，本书依托的沉箱式生物处理系统能够克服以上各种技术应用局限，适合应用。其主要理由如下：

下郎支涌水体污染特性在整个珠江三角洲河涌中具典型的代表意义。河涌已失去了原有的生态服务功能，当地居民及政府支持此项工作开展。下郎支涌长度适宜，而且可以设置参考对比河段，利于凸显本书拟推广技术的实际处理效果和带来的生态环境效益。工程建设规模投资不大，易于控制，可以以较小的代价去尝试、研究、积累经验，从而为以后河涌或湖塘生态修复技术的大范围推广应用提供借鉴。

沉箱式生物处理系统工艺流程如图 5-20 所示。

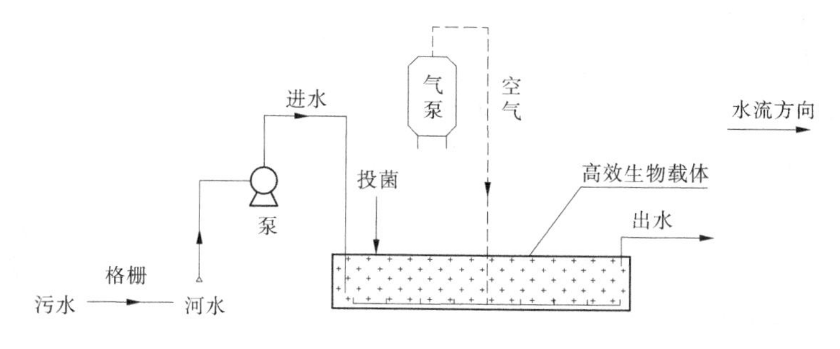

图 5-20　沉箱式生物处理系统工艺流程

污水先经过设置在排污口处的格栅去除大颗粒杂质再排入河道，污水与河水混合后，经过污水泵的输送作用进入沉箱处理区，经过固定化微生物降解后，出水从沉箱体顶部溢出。由于该工艺污泥产生量很少，设计中不予考虑设计排泥。一方面，大量试验证明，其运行能耗小，且大大提高 COD_{Cr}、氨氮及悬浮固体削减能力，有效消除和控制水体黑臭；另一方面，直接安装在河床，不占用土地资源，节省本已稀缺的土地资源。此外，随着水体水质的不断改善，为水生生物物种创造了良好的生境。因此，这种高效率、低投入、低运行费、高稳定性和少技术维护的工艺，符合南方城市化农村地区治理需要和经济要求。

2. 布设方案

本书选择在万江区小享村下郎支涌，建设沉箱式生物处理系统技术示范转化推广应用工程一处，工程建设平面布置如图 5-21 和图 5-22 所示。

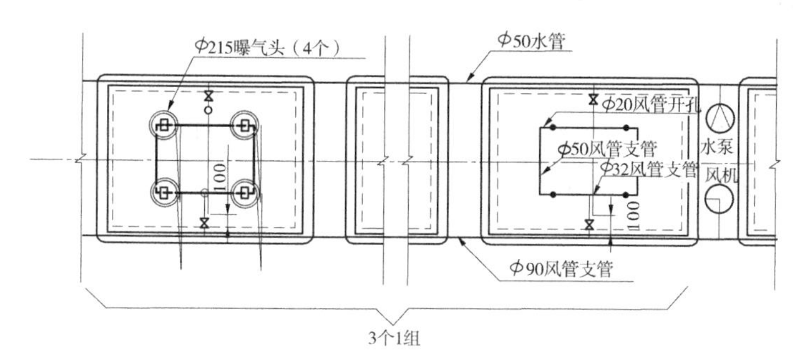

图 5-21　沉箱式生物处理系统平面布置

根据调查，示范工程建设河段有 5 个排污口，其中 90%以上的污水均来自排污口 1、排污口 2 和排污口 3。示范工程将该河段分为两部分，其中前段（长约 60 m）为对照河段（保持原状），不布设沉箱式生物处理系统；后段（长约 60 m）为工程性示范河段，布设沉箱式生物处理系统。

对示范区与参考河段内各样点水质理化指标分析发现，参考河段（CK）和治理河段各样点之间理化指标差异明显。治理后，在未对排污口进行截污的条件下，下郎支河涌治理河段的常年黑臭得到彻底解决，低水位时，在持续几个小时作用下，水体清澈见底（见图 5-22）。

2010 年 11 月示范工程建设完工后，于当年 12 月补充一些填料。系统安装完成时，水体仍然是又黑又臭。到 2011 年 2 月中旬，水体已经开始变清，透明度增加，而且水体黑

图 5-22　治理过程中的下郎支涌

臭问题得到解决。在 2011 年 3 月中旬时,水体进一步变清,黑臭问题得到彻底解决,未出现反复;到 3 月 22 日时,水体透明度进一步增加,在低水位时,本系统连续工作几小时后,水体清澈见底,偶见小鱼散游其间。本示范工程自建成并调试成功后至今,一直运行,不断改善下郎支涌河道水环境,逐步恢复其水生态系统健康。

3. 调试运行

整个沉箱式生物处理系统示范工程安装于 2010 年 11 月完成。安装完成后,按照项目计划,开始采样分析,试验现场由 2 位专人管理和记录,实验室监测由 3 位专业人员负责。

采样点布置见图 5-17。监测指标包括室内监测指标和现场监测指标,其中室内监测指标主要包括 TN、TP、COD_{Cr}、SS 及氨氮等污染物;现场监测指标有水塘内的水温、pH、浊度、透明度。

采样频率:根据试验要求定期采样分析,具体频率根据具体试验的要求进行相应调整。挂膜稳定后,采样频率为每 3 天采样 1 次,采样时间则根据潮位变化规律,一般在涨潮(小潮)期间帅虎洲水闸开启前。

由于河道受较弱潮汐水流影响、日水体交换量不大,污染物在河道内来回游荡,难以去除,故将系统布设区域内各样点同期数据取算术平均值作为最后结果。

运行参数及条件:

由于下郎支涌河道水体污染严重,黑臭熏天,因此风机采用一天 24 h 启动,增加水体溶解氧以供微生物生长代谢之需,成为一个十分重要的环节。

5.3.1.3　结果与分析

1. 温度和 pH

温度则是生化反应中支配着酶反应动力学、微生物的生长速度，以及化合物溶解度等，因而对控制污染物的降解转化起着关键的作用。一般来说，生物处理在 5 ℃下菌种基本处于休眠状态，最适温度环境在 20～30 ℃。pH 可能影响污染物的降解转化及产物的生成过程，大多数微生物强酸碱都会抑制其生物活性，通常在 pH 为 4.0～9.0 范围内微生物生长最好，各种微生物处于最适 pH 范围时酶活性最高，如果其他条件适合，微生物的生长速率也最高。图 5-23 为试验运行期间 pH 和水温变化情况，由此可见，试验期间的水体 pH 及温度基本都在较优的范围以内，有利于对生物载体进行挂膜作业。

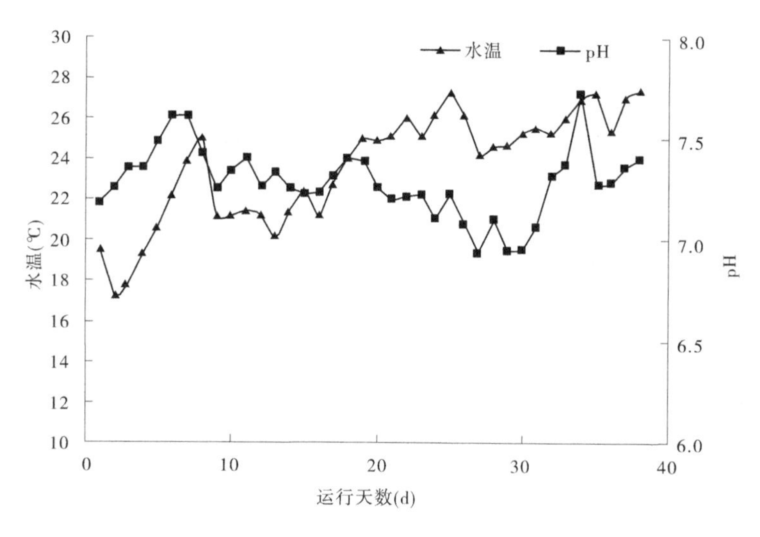

图 5-23　系统运行温度及 pH 变化

2. 氨氮去除效果

氨氮的去除是富营养化水体处理中最难的问题之一，氨氮的生物降解主要是利用硝化反硝化原理。一般而言，碳氧化和氨氮的硝化是分开进行的，即先进行碳的氧化，后再进行硝化，因为硝化菌、亚硝化菌在有机物存在的情况下，不能生存，且硝化菌、亚硝化菌易受各种因素的抑制，如温度、pH、碱度、NO_2^-、NO_3^-、氨氮和游离氨的浓度等。

河道污染水体治理前含氮污染物监测结果可知，氨氮占据了 TN 的 80%左右。下郎支涌示范工程区河段的氨氮背景值为 11.42 mg/L，由图 5-24 可知，系统运行过程中氨氮指标呈降低趋势，且十分明显，试验期间示范工程区氨氮浓度在 2 mg/L 上下，波动较小，未出现较大波动。而且，试验研究表明，试验河段对氨氮的去除率高且稳定，平均去除效率为 71.57%，使得氨氮浓度显著低于对比河段；对比河段的氨氮浓度波动起伏较大且远远高于试验河段。

3. 对 COD 去除效果

沉箱式生物处理系统高效生物载体表面附着生长有生物膜，丰富的微生物的生长均需要充足的碳源，从而对有机物进行降解。通过曝气造流作用，水体在高效生物载体沉箱之间不断来回振荡，载体的物理过滤作用使许多悬浮的有机物积留在载体空隙中，对微生

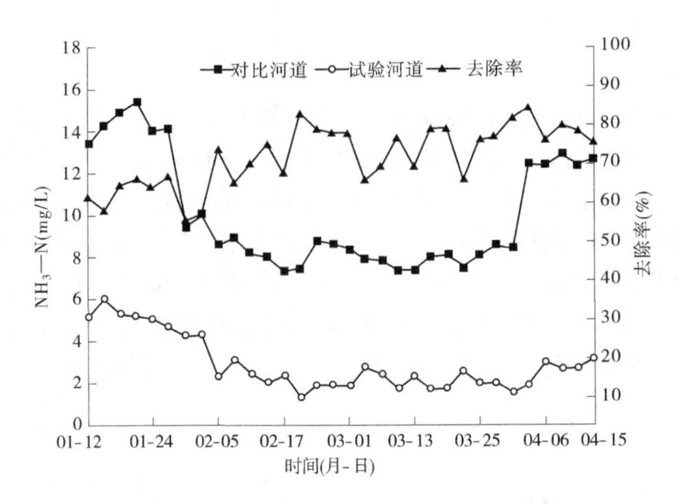

图 5-24　示范区氨氮变化情况

物的选择和生长有利。

如图 5-25 所示,试验期间 COD_{Cr} 背景值(治理前)为 160.33 mg/L,试验期间基本在 50 mg/L 上下波动,平均去除率为 61.33%,相对比较稳定。在 2011 年 3 月 23 日前,COD_{Cr} 指标一直保持下降趋势,而之后主要是随着周边居民日排入的生活污水的贡献有关。水体 COD_{Cr} 总体上出现递减趋势,说明高效生物载体形成的微环境,其净化的能力已超外来污水 COD_{Cr} 贡献量。如果同步完善实行截污措施,那么可能更有利于 COD_{Cr} 指标控制。

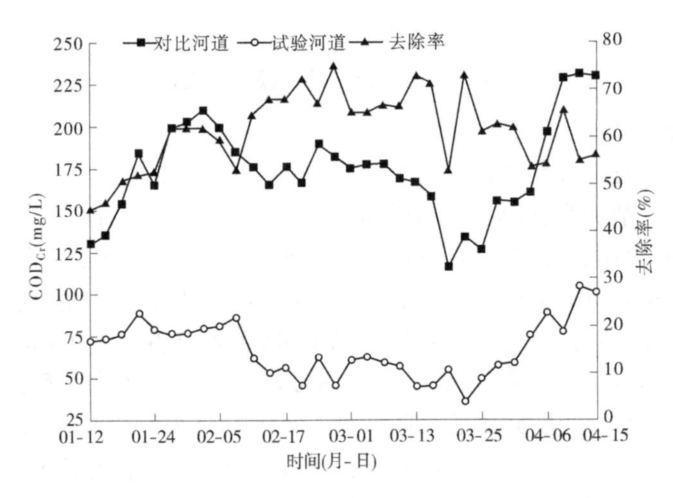

图 5-25　示范区 COD_{Cr} 变化情况

4. 对总磷的去除效果

该段河道治理前,进行了清淤工程,但是水体中的磷盐污染依然严重。示范段对 TP 的去除效果如图 5-26 所示。开始治理后,从 2011 年 1 月到 2011 年 4 月这段监测时期内,呈平稳波动;与参考河段相比,示范河段的 TP 大幅下降,参考河段的 TP 浓度值平均在

2.5 mg/L,为示范区的2倍以上,且起伏波动较大,并在后期呈上升趋势。总之,试验河段的TP浓度基本控制在1 mg/L上下,对TP的去除率逐月上升,最高达到69%,平均去除率为56.22%,使得TP浓度显著低于对照段。不过,指标降幅越来越大,系统运行一段时间以后,降幅趋缓,仍处于一个较高水平。试验运行期间,TP得以降解,认为主是由于以下几点原因:第一,部分难溶性磷通过沉降、底泥包埋等方式的转移;第二,生物载体上附着的多聚磷酸菌的吸收作用。

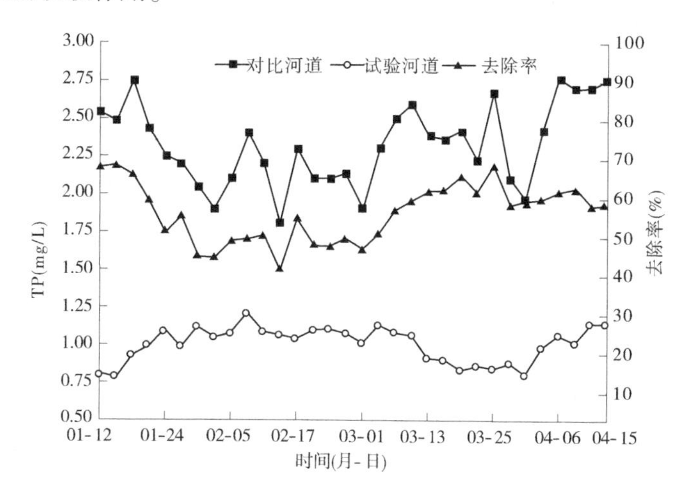

图5-26　示范区总磷变化情况

然而,水体中总磷浓度仍维持较高水平。分析认为,一方面可能是生物载体聚磷菌过量吸收合成贮能的多聚磷酸盐颗粒的能力未能充分发挥;另一方面可能是由于河涌历史"负债"太重,水体透明度低的条件下,水底溶氧条件基本接近零,聚磷菌在厌氧条件下,释放出磷酸盐于水体,系统的去除能力即使再高,也难以在短时间内去除河涌内的磷盐释放量。

5. 悬浮物的去除效果

水体中总悬浮物包含了水体总固体悬浮颗粒和浮游生物量等。悬浮物的含量直接影响着水体的透明度或浊度,即水体中悬浮物含量较高时,水体的透明度较低,浊度较高;水体中悬浮物含量较低时,水体透明度较高,浊度较低。下郎支涌治理前水体中悬浮物背景值为111.13 mg/L,表明河道常年黑臭,水体中的悬浮颗粒含量比较高。由图5-27可知,试验河段对SS的净化效果十分明显,悬浮物平均含量为42.87 mg/L,平均去除率为68.33%,最高可以达到85%,使水体透明度大幅提高,浊度大幅减小;而对照河段的悬浮物浓度仍然在100 mg/L以上,且在2011年4月呈现上升趋势,超过200 mg/L。分析认为,试验河段悬浮物的大幅度降低应该是系统中载体上固定了大量优势微生物,降解了水体中的营养盐物质,而对照河段悬浮物含量一直维持在非常高的水平。因此,沉箱式生物处理系统对降解颗粒物、消除黑臭效果明显,可以大幅度提高水体透明度。同时,根据以前小试验研究表明,单纯依靠曝气对污染物也有一定的去除效果,但污染物去除的贡献率较低,最高值仅能达到30%,且耗费大量的电能。而将微型曝气技术集成到本系统中,技术集成协同效应凸显,最高可以达到85%。

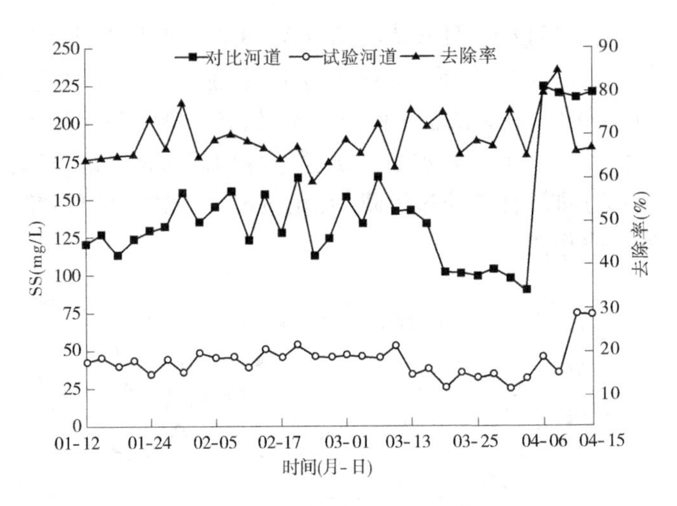

图 5-27　示范区悬浮物变化情况

6. 技术经济分析

1) 工程造价分析

项目组根据建设工程项目所需主要设备和材料、建安等工程费用,按污水处理量计算技术经济指标,对沉箱式生物处理系统示范工程与传统的污水处理厂以及近年来迅速发展的 MBR 工艺污水处理厂进行工程造价对比分析(详见表 5-8)。

表 5-8　沉箱系统示范工程与各污水处理厂造价对比

工程名称	处理规模[万(m^3/d)]	总投资(万元)	工程费用(万元)	总投资费用技术经济指标[元/(m^3·d)]	工程费用技术经济指标[元/(m^3·d)]	处理工艺	说明
普通污水处理厂	10				1 417	氧化沟工艺(A_2/O 工艺)	根据建设部 2008 年颁布的《市政工程投资估算指标——第四册排水工程》估算
成都高新西区污水处理厂	4	15 000	15 000	3 750	3 750	氧化沟工艺(A_2/O 工艺)	含管网建设
东莞市污水处理厂	20	60 000	60 000	3 000	3 000	氧化沟工艺(A_2/O 工艺)	含管网建设

续表 5-8

工程名称	处理规模[万 (m^3/d)]	总投资(万元)	工程费用(万元)	总投资费用技术经济指标[元/$(m^3\cdot d)$]	工程费用技术经济指标[元/$(m^3\cdot d)$]	处理工艺	说明
广州市京溪污水厂	10	64 550	38 360	6 455	3 836	地埋式 MBR 工艺	其工艺新、基坑深、地下土建规模大、出水标准高等特点导致造价偏高
金华市蒋堂镇污水处理厂	1	1 600	1 600	3 200	3 200	氧化沟工艺(A_2/O 工艺)	一期工程处理规模为 5 000 m^3/d
沉箱式生物处理技术示范工程	0.02	70	20	3 500	1 000	沉箱式生物处理系统	污水原位生态修复新型技术(因总投资费用技术经济指标含科研试验费用,故采用工程费用技术经济指标对比)

一般而言,在我国,一个日处理 1 万 t 的城市污水处理厂投资约 1 500 万元,其技术经济指标为 1 500 元/$(m^3\cdot d)$。根据建设部 2008 年颁布的《市政工程投资估算指标——第四册排水工程》,10 万 m^3/d 规模的普通二级污水厂(二),估算工程费用技术经济指标为 1 471 元/$(m^3\cdot d)$。该估算指标人材机单价均按北京地区 2004 年(编制时)价格水平,且设备均按国产考虑。然而,随着近年来经济水平的不断发展以及污水处理技术的不断改进,投资污水处理厂的技术经济指标也在不断提高,尤其是在大型城市。根据调查,成都高新西区污水处理厂(含污水管网建设)为新建日处理能力 4 万 m^3 污水的处理厂,占地 100 亩(1 亩 = 1/15 hm^2)及新铺设污水管网 20 km 总投入 1.5 亿元,总投入技术经济指标为 3 750 元/$(m^3\cdot d)$。东莞市污水处理厂位于南城区石鼓村王洲,是东莞市目前采用二级处理、日处理生活污水设计能力 20 万 t 的一家最大的国有污水处理厂,占地面积 15.42 万 m^2,截污主干管总长度为 14.77 km,管径为 1 400~2 600 mm;厂区一、二期工程概算总

投资 6 亿元，总投资技术经济指标为 3 000 元/(m^3 · d)。广州市京溪污水厂是国内首座采用 MBR 工艺的地埋式污水处理厂，占地少，出水水质好、环境影响小，概算总投资 6.45 亿元，其中工程费用 3.84 亿元、工程建设其他费用 2.12 亿元(含征地拆迁费 1.55 亿元)、基本预备费 0.35 亿元、建设期贷款利息 0.12 亿元、铺底流动资金 0.03 亿元，工程总投资费用技术经济指标为 6 455 元/(m^3 · d)，工程费用技术经济指标为 3 836 元/(m^3 · d)，与传统污水厂相比，京溪厂各项造价指标较高，这是由其工艺新、基坑深、地下土建规模大等特点所决定的。浙江金华市首个乡镇污水处理厂在蒋堂镇运行，项目占地面积 6 000 m^2，于 2009 年 9 月动工建设，项目设计日处理污水 1 万 m^3，一期设计日处理污水 5 000 m^3，工程总造价 1 600 万元，技术经济指标为 8 000 元/(m^3 · d)。

相比而言，本项目的沉箱式生物处理系统示范工程总投资为 70 万元(含试验研究费用)，其中工程建设投资为 20 万元。通过工程计算，本系统日处理污水规模为 200 m^3/d，其技术经济指标为 1 000 元/(m^3 · d)，工程造价成本较低。总的来说，普通污水处理厂工程建设经济技术指标是本项目的 1.5 倍左右。而且，污水处理厂的实际建设投资的技术经济指标要远高于估算投资规模(详见图 5-28 和表 5-8)。同时，该系统基本不占用土地资源，为原本地狭人稠、土地资源紧张的珠三角地区节省了大面积的土地。

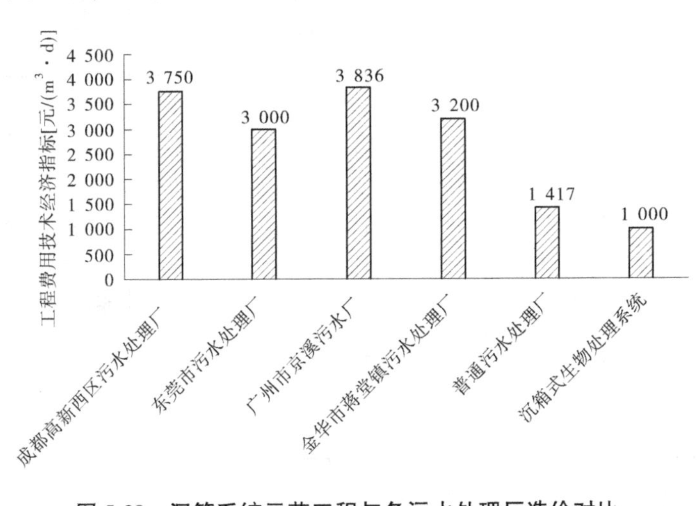

图 5-28　沉箱系统示范工程与各污水处理厂造价对比

2) 运行成本分析

以污水处理厂对原水进行二级深度处理，按《城镇污水处理厂污染物排放标准》(GB 18918—2002) 中一级 B 标准排放为准，并参考所在地的经济发展水平及相关政策，进行污水处理厂与本项目示范工程的运行成本对比。

总体而言，污水处理是能源密集(energy intensity)型的综合技术。污水处理厂的运行费用主要包括电能能耗、材料费用(药剂、维修用备品备件等)、人工工资及福利、固定资产折旧、管理费用和设备维护维修等。据统计，电能的消耗，在整个污水处理厂成本费用中，占有巨大的组成部分，占直接运行成本的 40% 以上；材料费用的消耗与管理、人工工资分别约占直接成本的 10%。原培胜以日处理量 3 万 t 的城镇污水处理厂为例并结合实际工程经验分析运行成本，其中动力费和维修费是运行成本的主要部分，占运行成本的

78.6%,人员费占 9.5%,药剂费占 7.1%,其他费用占 4.8%。通常情况下,在我国,一个日处理 1 万 t 的城市污水处理厂的年运行费为 150 万~200 万元,而电能消耗则占了相当大的比例。因此,降低污水处理能耗,是降低污水处理成本的必要途径。

目前,东莞市现有的 37 个污水处理厂,均采用 BOT 模式建设(项目公司获批并建成污水处理厂后,以收取处理费回收投资并获取合理利润,经营期满后,该厂无偿移交给政府)。在国内,一般对 BOT 污水处理厂的污水处理费单价控制在 0.80~1.00 元/m^3,也即与政府部门的采购价格相一致。根据现执行标准,东莞市综合用水水价为 1.28 元/m^3。根据东莞市《关于调整我市污水处理费收费标准的通知》(东价〔2009〕113 号),从 2009 年 12 月 1 日起,居民生活类污水处理费由现行 0.7 元/m^3 调整为 0.75 元/m^3。总的来看,东莞市污水处理费的收取标准仍低于国家的要求。近年来,东莞市纳入广东省重点污染源环境保护信用管理评价的污水处理厂过半都吃红黄牌,某些水质指标不合格(如大肠杆菌等超标),环保信用不佳。如需进一步提高出水水质标准,势必导致污水处理费用的再次增加。

本项目污水生物处理系统示范工程在实际运行中,电能的消耗同样在整个污水处理厂成本费用中,属于巨大的组成部分。因小享社区下郎支涌河道水体污染极为严重,本项目示范工程的曝气时间采取每日 24 h 满负荷运行,以提高沉箱系统的处理效率。本项目示范工程电能装机容量为 3.1 kW,则每日电能消耗为 74.4 kW · h;一年按 360 d 满负荷运行计算,则电能年消耗量为 2.68 万 kW · h。而东莞市生活用电单价为 0.61 元/(kW · h),可计算出本项目示范工程每年电费需要 1.63 万元,折算成技术经济指标为 0.23 元/m^3。每年基本无大修,维修费用较低;现场运行目前由珠江水利科学研究院技术人员负责,因而人员工资暂无法计入。若按照城镇污水处理厂电能消耗所照比率进行计算,则本项目示范工程运行成本为 0.50 元/m^3。与城镇污水处理厂污水处理费相比,具有明显的价格优势。

因此,将来对迅速城市化的农村生活污水的治理,尤其是珠三角河涌地区,应积极采用具有新型的、低成本、高效率、生态环保等诸多优点的生态修复技术。

7. 效益分析

1) 经济效益

沉箱式生物处理系统建设费用低,直接经济效益和间接经济效益良好。一方面,与普通污水处理厂工程建设投资相比,可节省约 35% 的投资。另一方面,系统运行成本为 0.50 元/m^3,月运行费(不包括管理维护费用)控制在 1 500 元以内,与传统污水处理厂相比,具有明显的价格优势。而且,该项目的成功示范推广应用,将给整个珠江三角洲其他类似河道治理提供充分的技术支持,推广应用市场前景广阔。

需要说明的是,由于本项目属于水利公益性项目,在项目转化资金资助期限内,重点在于对技术系统进一步熟化并进行示范性工程研究,并未对推广应用经济指标做具体量化。在此只能对经济效益做粗略估计。可以确信,在项目技术得到大面积应用推广后,直接经济效益和间接经济效益会更加显著。

2) 社会效益

该项目符合广东省东莞市万江区水环境综合规划要求。作为小享村基础设施建设的一部分，本项目实施后，项目所在河段的居民生活环境会有显著改善，可以作为水环境整治教学基地，起到改善居民知识结构和普及宣传科技知识的作用。

河道水环境质量在衡量优秀住宅区中，尤显重要。通过水环境治理及水景观的改善，使生活工作的人们的生存环境和生活质量得到改善，有效提高附近小区人居质量，人们也可以充分享受治理的效果，实现"人水和谐"。同时，改善了投资环境，可以增加外来投资吸引力，促进房地产投资商开发和地盘增值，对于区域经济可持续的高速发展有着重要意义。

东莞市万江区小享村境内河涌水系发达，水污染特性为南方城市化农村地区及其生活污水污染的典型。本项目成功推广应用，将给整个珠江三角洲其他类似河道治理提供技术的支持，社会效益显著。

3）环境效益

沉箱式生物处理系统项目的实施，有效地改善了河涌水质。通过本项目的实施，下郎支涌示范区水体得到有效改善，强化了河道自净能力，有效降低了水体中主要污染物浓度指标（COD、NH_3—N、TP 以及悬浮物等）。按照我国《地表水环境质量标准》（GB 3838—2002）中 NH_3—N 和 COD 等指标可以提高 1～2 个级别，水体透明度会有显著提高。根据治理前后河涌水体污染物浓度的对比，计算出本系统单位体积 1 d 内对氮、磷的去除效率分别为 125.43 g/(m^3 · d)、11.42 g/(m^3 · d)，则大致计算出本项目在水质净化方面可以去除氮和磷去除量分别为 1 463.04 kg/年、133.2 kg/年左右。

运行期间未产生二次污染，且为水生生物再造良好生境。采用的沉箱式生物处理系统技术既没有污水处理厂的噪声污染，也不需要烦琐、复杂的管理和高昂的运行费用。同时，还能够有效提高水环境质量，为水生生物营造了栖息空间，尤其是后生浮游动物、螺和蜗牛等底栖动物、鱼类水生动物的出现，在一定程度上恢复了多营养级别的食物链，健全并稳定整个水生态系统。

显著改善了周边的人居环境。项目实施后，河涌臭味消失了，生产、生活环境改善；另外，河涌两边及其附近区域休闲的居民也增多了，初步实现了"人水和谐"。

总之，下郎支涌河道是小享社区污染最为严重的河涌，其水环境污染问题在珠三角地区中具有典型的代表性。本示范工程成果将对城市化农村地区重污染河道水体的生态修复，尤其是珠三角地区，具有重要的示范效应和借鉴价值。

5.3.2 佛山市明窦涌生态治理工程实践

5.3.2.1 工程概况

1. 水系调查

明窦涌起源于亚艺湖，南北走向，经明窦水闸汇入东平水道，涌底高程-1.5 m，全长约 3.0 km；常水位高程为 1.0~1.1 m，防洪排涝水位为 0.6~0.8 m。

拟建示范工程河段为明窦涌的一段，位于广东省佛山市禅城区，中海 · 文华熙岸小区内部，北连深华路，南邻魁奇二路，东接文化中路，西毗邻荷园路。该河段长约 155.0 m，宽约 15.0 m，水面面积约 0.23 hm^2，上游离深村泵站 160 m，离亚艺湖约 800 m，详见图 5-29。

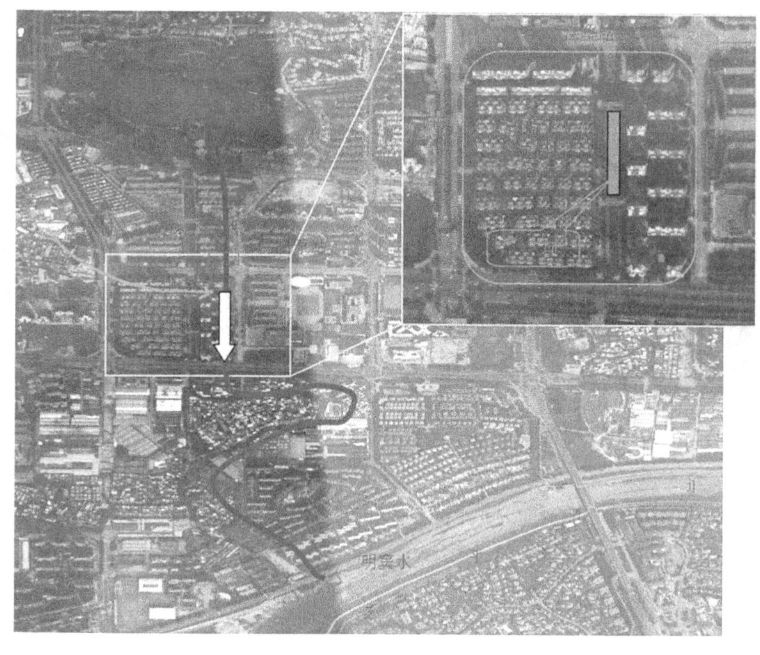

图 5-29　明窦涌水系

2. 周边环境调查

示范工程河段位于明窦涌中海 · 文华熙岸楼盘段,其水生态环境质量直接影响到周边居民生活环境,也是禅城城区一个重要形象索引。基于研究河段两岸的环境现状和特殊的地理位置,当地政府致力于打造一条供周边居民休闲、娱乐、散心的亲水河道,现已完成两岸绿化整治工程的建设。

该河段两岸现状为浆砌石挡土墙,高 3.0 m,顶宽 0.4 m,挡土墙顶部距水面 0.5 m,沿程分布间隔 2.0 m 的花岗岩护栏,护栏高 1.0 m。同时,两岸设 3.0 m 宽的亲水步道,铺装透水砖,亲水步道与河岸之间设 2.0 m 宽的绿化带,其中左岸绿化带以乔木、灌木、草混植为主,右岸绿化带以草皮为主,零星分布灌木。亲水步道与周边马路高差 1.7 m,详见图 5-30。

图 5-30　调查河段左、右岸断面情况

河段上、下游均设结构一致的跨河桥,桥面宽 15.0 m、长 25 m,3 孔,单孔净宽 5.0 m,

净高 3.5 m,详见图 5-31。

图 5-31 调查河段上、下游断面情况

3. 排污渠调查

拟建示范工程段内有 1 条排污渠,以收集雨水为主,主体功能为排涝。排污渠出口处设置 2 个拍门,通过排污渠、明窦涌水位差自动控制水体单向流入明窦涌。拍门后连接净宽 8.0 m 的盖板涵,长 5.0 m,接着连接 6.6 m 宽的渠道,东西走向,穿过中海小区,长约 200 m。该小区内已铺设完善的截污管网和雨水管网,且实现雨污分流,其中约有 9 500 m^2 集雨面积的雨水汇入排污渠,而污水则全部截至市政管网,见图 5-32。

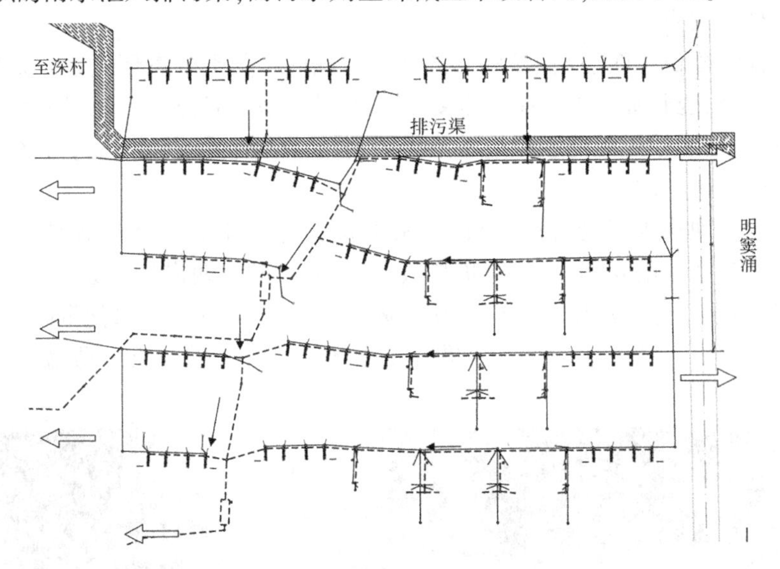

注:虚线为截污管网,实线为雨水管网,填充部分为排污渠,实心箭头为污水管网流向

图 5-32 中海小区部分管网

排污渠穿过小区,东北方向经过文化中路,延伸至深村、岭南大道北。由于岭南大道北以西,河涌水体发黑发臭,污染十分严重,因此在此处(医灵古庙附近)建有 1 座深村旧涌截污泵站和节制闸(详见图 5-33),将水闸以西污水全部挡住,通过液位控制系统启动泵站,将水体引向市政截污管网。

经调查,深村占地面积约 58 万 m^2,以住宅区为主,常住居民 2 100 户,由于老城区改造难度大,管网截污不彻底,部分污水直接入排污渠,以生活污水类型为主,排水特征以冲刷、扩散等方式,排污渠出水量约为 200 m^3/d。

图 5-33　深村旧涌截污泵站污水来源及特征

明窦涌水源包括两部分:亚艺湖来水和排污渠出水。亚艺湖来水约 50 000 m^3/d,是主要的补给水源;排污渠出水约 200 m^3/d,是主要的污染源。

经调查,对河涌水体进行了采样检测,采样点布置详见图 5-34 及图 5-35。1#点离 2#点比较近,呈现乳白色,为排污渠污水和亚艺湖出水混合水体,但混合程度不高。2#代表排污渠出水,水体呈黑色。3#代表排污渠下游明窦涌水体水质。1#、2#、3#水质检测结果见表 5-9。1#主要水质指标 COD、总氮、氨氮等超标,分别超标 30%、8. 4 倍、8. 1 倍;重金属指标正常;BOD_5 也出现超标 1. 1 倍,说明该水体生化性能比较强,以生活污水为主;总磷指标正常,主要是因为亚艺湖污水总磷含量相对地表水 V 类比较低,而且来水量比较大,与水量比较小的排污渠污水混合后,把水体的总磷浓度稀释了,因此检测结果低于 0. 4 mg/L。3#主要水质指标 COD、总磷、总氮、氨氮等超标,分别超标 60%、2. 2 倍、8. 2 倍、7. 6 倍;重金属指标正常;BOD_5 也出现超标 2. 3 倍,说明该水体生化性能非常强,以生活污水为主。3#主要水质指标总磷、总氮、氨氮等超标,分别超标 30%、3. 0 倍、2. 7 倍;重金属指标正常;COD、BOD_5 指标正常,说明该水体是以氮、磷污染为主的富营养化水体。

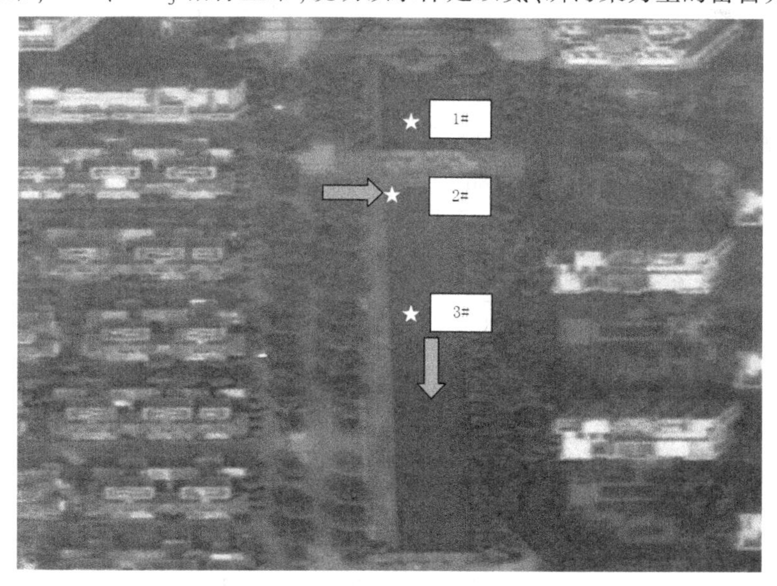

图 5-34　佛山明窦涌水质检测采样点分布

图 5-35　采集水样图

表 5-9　明窦涌水质检测结果

序号	水质指标	1#检测值	2#检测值	3#检测值	地表水Ⅴ类	1#超标情况	2#超标情况	3#超标情况
1	pH	7.33	7.26	7.39	6~9	正常	正常	正常
2	电导率（μS/cm）	339	294	283	—	—	—	—
3	色度	40	45	40	—	—	—	—
4	浊度	62.2	65.1	54.2	—	—	—	—
5	臭	很强	很强	很强	—	—	—	—
6	COD	51	63.1	23.3	40	0.3	0.6	正常
7	BOD_5	20.8	32.72	7.45	10	1.1	2.3	正常
8	总磷	0.107	1.26	0.506	0.4	正常	2.2	0.3
9	总氮	18.7	18.4	7.94	2	8.4	8.2	3
10	氨氮	18.2	17.1	7.4	2	8.1	7.6	2.7
11	硝酸盐氮	<0.008	<0.008	0.439	—	—	—	—
12	亚硝酸盐氮	0.027	0.029	0.113	—	—	—	—
13	铜	0.009	0.017	0.01	1	正常	正常	正常
14	镉	<0.000 3	<0.000 3	<0.000 3	0.01	正常	正常	正常
15	铬	<0.000 9	0.001	0.01	0.1	正常	正常	正常
16	铅	<0.006	<0.006	<0.006	0.1	正常	正常	正常
17	镍	0.007	0.009	0.006	—	—	—	—
18	锌	<0.001 2	0.014	0.003	2	正常	正常	正常
19	砷（μg/L）	3.52	2.47	4.28	10	正常	正常	正常

注：1. 样品类型：地表水除 pH 无量纲，部分参数标注外，其余单位为 mg/L。
2. 地表水Ⅴ类参考《地表水环境质量标准》（GB 3838—2002）表 1 基本项目标准限值。
3. 检测单位：珠江水利科学研究院水生态实验室（CMA 认证）。

以上监测结果表明：该河涌周边景观环境虽然已完成整治，但是涌内水体污染仍十分严重。排污渠污水是其主要污染源,以生活污水为主,生化性能较好。此外,亚艺湖水体以氮、磷超标为主,虽然超标倍数比较小,但是由于引水量比较大,挟带的氮、磷总量也比较多,成为另外一个重要污染源。

根据实地调查,明窦涌水环境污染问题主要有以下5个方面:

(1)明窦涌两侧周边居民区已快速城市化,附近中海、雅居乐小区污水管网铺设较完备,采用雨污分流制,上游深村属于人口杂居的老城区,污水管网建设难度大且相对滞后,大量污水或直接排入邻近排污渠,进而汇入明窦涌,造成河涌水体发黑变臭。

(2)明窦涌两岸已完成"直线化"和"两面光"改造,导致河涌岸墙单一化、直线化和硬质化,大大削弱了河流自净能力,使河涌成为典型的"排污沟",加剧了河水的污染。同时,河涌水体发黑发臭,不仅直接影响到整个城市的形象,还严重影响到人们的身心健康。

(3)排污渠出水作为明窦涌主要污染源之一,主要收集上游深村生活污水,因深村居民离河涌比较远,没有直接面对排污造成的严重后果,排污行为很难得到抑制,高氨氮、高有机悬浮物和低溶解氧等问题日益严重。

(4)明窦涌水量主要来自亚艺湖抽调水,根据泵站调度规则,每天运行7 h左右,导致其余时间涌内水体随潮位变化,形成一个盲肠段,以致水体交换能力不足,水动力环境下降。而且明窦涌排污渠水体经常处于厌氧状态,长期黑臭,排入河道后,造成河涌丧失自净能力。

(5)排污渠生活污水排放量较大,污染非常严重,以氮、磷为主的有机类污染物浓度高,景观水体呈浓黑色,导致水生生物基本绝迹,水生态系统健康严重受损,已基本丧失河涌生态功能。

近年来,深村城市化进程加快,工业发展迅速,人口不断增多,社会经济发展势头良好,但以水污染严重、水景观破坏等为主要特征的水危机,在一定程度上成为深村社会经济发展的"瓶颈"。如果不采取有效措施对其进行整治,水污染问题将严重威胁到深村水环境和水生态的平衡,严重制约该村经济和社会的进一步发展。因此,对河涌水环境综合整治逐步得到多数村民的重视,改善水质并恢复其生态功能势在必行。

5.3.2.2　工程设计方案

1. 总体思路

本次方案设计的总体思路为:源头治理,原位修复。鉴于河段岸带工程整治已经完成,重新大规模的拆除、动土施工,土地使用是首要障碍,也将造成巨大资金浪费。因此,结合河道的现状,利用河道桥涵、水面空间;采用高效原位生态修复措施,一方面可以高效去除有机污染物,另一方面能有效脱氮、除磷,控制富营养化的暴发,同时增加水面景观效果,是本项目建设的首要选择。具体说明如下:

(1)在排污渠的出水口处,布设珠江水利科学研究院自主研发的国家专利技术——沉箱式生物处理系统(专利号ZL 200820044314.1),系统主要由沉箱、推流式曝气及配电装置构成,十分适合于污染严重的内河涌水体,尤其是兼受外江潮汐和水闸影响网河地区的"直线化"和"三面光"处理的内河。沉箱由角钢、钢筋及土工网制成,根据水质和处理效果需要,箱内加装高效生物载体,再进行驯化固定优势微生物。系统建成后,整个系统安装在河道(湖塘)底部,不影响河道水体的流态。本技术已有直接净化污染河涌污水(恶臭、劣V类)成功案例,通过该技术的应用,水体透明度可大幅提升,尤其氨氮及COD

指标去除效率分别达到90%、70%,水质达地表水Ⅳ类,水体黑臭现象消除。

(2)为改善河涌水面景观,根据河道内水体污染程度和流速流向,布设珠江水利科学研究院自主研发的国家专利技术——浮岛式生物处理系统(专利号 ZL 2006A35102001),该技术属于一种湿式有框架的新型污染水体原位修复技术,是一项将固定化微生物技术、景观植物修复、微型曝气技术进行高效集成的综合型水环境整治技术。浮岛式生物处理系统被浮床框架分为上、下结构,框架上部为水生植物处理单元;下部填装高效生物载体的载体箱,按照一定比例以单个的形式悬挂在浮床框架上。该技术在普通生物浮岛技术的基础上,增加了高效生物载体和微曝气系统;通过景观植物的根系吸收和附着生物膜,既能改善水面景观、营造更加美好的水面景观效果,又能大幅提高净水效率;填装聚氨酯基网状、块形生物载体的处理单元,有效弥补了普通浮岛微生物量少、活动不高等不足,大幅提升了浮岛净水功能。案例研究表明:浮岛式生物处理系统对 COD 的去除效率比普通浮岛提高 5~6 倍,对氨氮的去除效率比普通浮岛提高 8~10 倍。

2. 设计目标

基于河道内水质污染现状和工程规模,参考《地表水环境质量标准》(GB 3838—2002)和《广州 · 佛山跨界水污染综合整治专项方案》,本次方案设计的总体目标为:消除河段水体黑臭现象,提高水环境质量标准,给周边居民提供舒适的居住、工作环境,为同类河涌的整治工作提供示范作用。具体表述如下:

感官指标:消除黑臭现象,水体清澈透亮。理化指标:COD 指标达到地表水Ⅴ类水质标准,即[COD]≤40 mg/L。生态指标:修复河涌鱼、虾、螺等水生动物的栖息地。打造水生态景观格局,塑造水景观。

3. 沉箱系统设计

基本参数:经调查,排污渠出水流量为 200 m^3/h,以居民生活污水为主,包括洗涤、就餐、盥洗等日常活动,根据人们生活作息习惯,这些活动基本上集中在早、中、晚 3 个时间段,每个时间段集中排放时间 1~3 h,因此排放最大流量参照 30 m^3/h 设计计算。

设计计算:沉箱系统设计的主要内容包括填料体积、水力停留时间、曝气系统等三部分。

1)填料体积

填料体积计算:

$$V = \frac{QS_0}{1\,000N_v} = \frac{30 \times 24 \times 32.72}{1\,000 \times 2} = 11.78(m^3)$$

式中:Q 为设计污水量,m^3/d;S_0 为 BOD 消减负荷,mg/L;N_v 为 BOD 有机负荷,取 2 kg $BOD_5/(m^3 \cdot d)$。

按照柱形体积设计,填料层高度 $h_3 = 0.5$ m, $B = 1.5$ m,则:

填料层长度:$L = \frac{V}{h_3B} = \frac{11.78}{0.5 \times 1.5} = 15.71(m)$

实际填料层长度:$L' = nL_0 = 8 \times 3 \times 0.75 = 18(m) > L$,满足要求。

考虑到河道行洪排涝、水力停留时间、潮涨潮落、污染负荷及处理能力等因素,设计沉箱系统体积为 $L = 40$ m, $h = 2.0$ m, $B = 1.5$ m, $V = 120$ m^3。

2)水力停留时间

空床水力停留时间：$t_1 = \frac{V}{Q} = \frac{120}{30} = 4(\text{h})$

实际水力停留时间：$t_2 = \varepsilon t_1 = 0.5 \times 4 = 2(\text{h})$

校核污水水力负荷计算：

COD 有机负荷一般在 6~10 kg/(m^3 · d),采用 COD 有机负荷进行校核：

$q_{\text{COD}} = \frac{Q\Delta C_{\text{COD}}}{1\ 000V} = \frac{30 \times 24 \times (63.1 - 40)}{1\ 000 \times 11.78} = 1.41\ \text{kg/(m}^3 \cdot \text{d)} \leqslant 6\ \text{kg/(m}^3 \cdot \text{d)}$，满足要求。

3)曝气系统

设计采用膜片式曝气头,D=215 mm,充氧能力为 0.112~0.185 kg O_2/(m^3 · h),则：

去除单位重量 BOD 的需氧量为

$$\Delta R_0 = 0.82 \times \Delta C_{\text{BOD}}/T_{\text{BOD}} + 0.32 \times S_0/T_{\text{BOD}} = 0.82(\text{kgO}_2)$$

每天去除 BOD 需提供的总氧量为

$$R_{\text{C}} = Q \times \Delta C_{\text{BOD}} \times \Delta R_0 = 30 \times 24 \times 32.72 \div 1\ 000 \times 0.82 = 19.32(\text{kg})$$

氨氮部分硝化每天的需氧量为

$$R_{\text{N}} = Q \times 4.57\Delta C_{\text{NH}_3\text{—N}} = 30 \times 24 \times 4.57 \div 1\ 000 \times 17.1 = 56.27(\text{kg})$$

则去除 BOD 需氧量和氨氮部分硝化的合计需氧量为

$$R'_0 = R_{\text{C}} + R_{\text{N}} = 19.32 + 56.27 = 75.59(\text{kg})$$

当系统氧的利用率 E_{A}=20%时,从系统内逸出气体含氧量的百分率为

$$Q_{\text{t}} = \frac{21 \times (1 - E_{\text{A}})}{79 + 21 \times (1 - E_{\text{A}})} = \frac{21 \times (1 - 20\%)}{79 + 21 \times (1 - 20\%)} = 17.54\%$$

曝气深度为 1.1 m,曝气器处的绝对压力为

$$P_{\text{b}} = P + 9.8 \times 10^3 \times H = 1.013 \times 10^5 + 9.8 \times 10^3 \times 1.1 = 1.121 \times 10^5(\text{Pa})$$

当水温为 25 ℃时,清水中饱和溶解氧浓度 C_{s}=8.4 mg/L,则系统中混合溶液饱和浓度的平均值为

$$C_{\text{sm(25)}} = C_{\text{s(25)}}\left(\frac{Q_{\text{t}}}{42} + \frac{P_{\text{b}}}{2.026 \times 10^5}\right) = 8.15(\text{mg/L})$$

当水温为 25 ℃时,系统实际需氧量为

$$R = \frac{R'_0 \cdot C_{\text{sm(25)}}}{\alpha \times 1.024^{T-20}(\beta\rho C_{\text{s(25)}} - C)} = 150.1(\text{kg/d})$$

式中,α=0.8,β=0.9,ρ=1.0,而且嘉定系统出水溶解氧浓度 C=4 mg/L。

系统总供气量为

$$G_{\text{s}} = \frac{R}{0.3E_{\text{A}}} = 2\ 501.00(\text{m}^3/\text{d}) = 1.74\ \text{m}^3/\text{min}$$

考虑到曝气水深、曝气量和有效利用系数等,选用 HG750 型旋涡气泵,具体参数：曝气深度 1.5~2.0 m,Q=120 m^3/h。

单个膜片式曝气头供气量为 1.5~3.0 $m^3/(h \cdot 个)$，取 1.5 $m^3/(h \cdot 个)$，则需要曝气头的数量为

$$n = \frac{G_s \times 60}{1.5} = 70(个)$$

为方便安装、有效利用系数和出气量，实际选用曝气头 96 个，具体参数：型号 QMZM200，气量 1.8 m^3/h。

4. 平面布置

1) 拦污栅

在排污渠出口处布置一道拦污栅，高 3.0 m、宽 8.5 m，倾斜 3°安装。拦污网四周由 30 mm×30 mm×3 mm 的角钢搭扣焊接而成，中间增加斜拉角钢，胶网铺设在角钢表面，绑扎固定。胶网孔径为 5 cm，丝径为 2.5 mm。相对排污口出水，在拦污网外边界，增加 4 条防止倾覆的 ϕ 30 镀锌钢管，钢管底部插入淤泥，顶部通过角钢固定在挡土墙上，详见图 5-36。

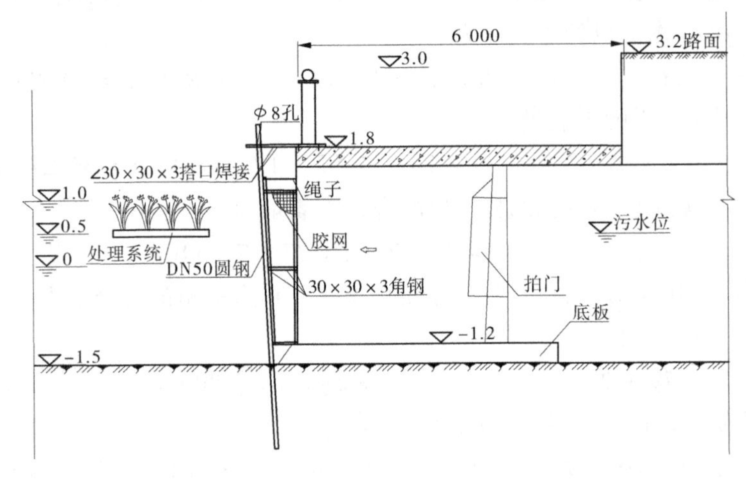

图 5-36　拦污栅剖面图

2) 导流帷幕

挡土墙的外边缘 1.5~2.0 m 处悬挂弱透水油布，高度为 1.9 m，顶部与水面平齐，底部固定在边长为 0.4 m 正方体的混凝土锚墩上，形成一个隔离带导流墙。

3) 沉箱处理系统

自排污渠上游边沿起，在导流墙内设计一个沉箱式生物/生态处理系统区域，该区域长 42.4 m、宽 1.5 m，由 8 套尺寸为长 4.3 m×宽 1.5 m×高 1.9 m 的沉箱式生物/生态处理系统拼装而成，排污渠出口处的两套系统硬性连接，间距 10 cm，并与剩余 6 套系统一起相间 120 cm，独立固定。8 套系统由 2 台曝气器曝气富氧。

沉箱式生物/生态处理系统由生态浮床、3 个载体箱、曝气系统、悬浮载体组成。生态浮床尺寸为长 4.3 m×宽 1.5 m，框体形式和植物布设类似于浮岛式生物处理系统。单个载体箱是一个方钢做支架、悬挂载体的结构形式，其中载体材料采用网状聚氨酯载体。

曝气系统置于载体箱底部，同时曝气系统底部悬挂硬性填料。载体箱直接置于水体

中,上端一边挂掉在浮床上、一端通过钢筋支架固定在挡土墙上,载体箱顶部距水面0.3 m,底部高程为0 m。2台曝气机分布于系统内部,用浮船漂浮于水面上,与系统一起随水位自由涨落。曝气机用电来自附近中海小区,通过定时自动开关控制,另一端连接均匀布置的PVC曝气管,详见图5-37~图5-42。

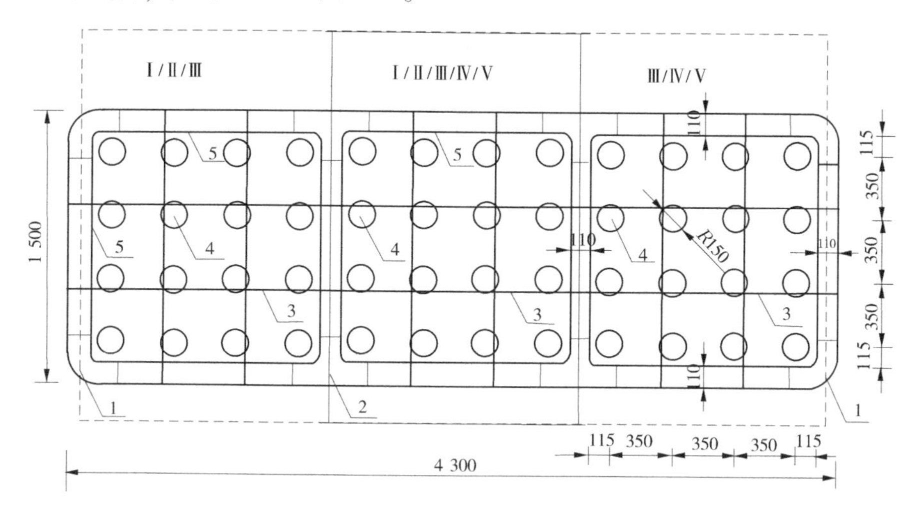

1—110 PVC管弯头;2—110 PVC管三通;3—受拉钢丝;4—150植物种植孔;5—100 PVC管;
Ⅰ—鸢尾种植区,16株*4区;Ⅱ—旱伞草种植区,16株*4区;Ⅲ—美人蕉种植区,
16株*8区;Ⅳ—千屈菜种植区,16株*4区;Ⅴ—再力花种植区,16株*4区

图5-37 单套沉箱系统生态浮床平面图 (单位:mm)

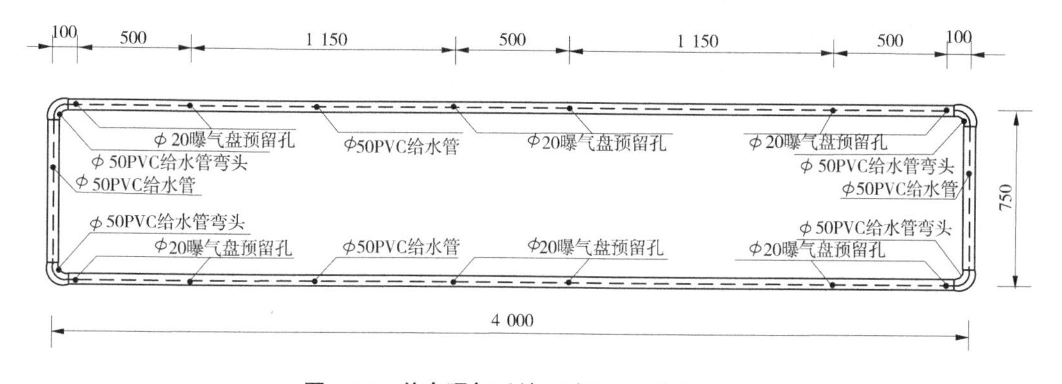

图5-38 单套曝气系统回路图 (单位:mm)

5. 浮岛系统设计

基本参数:拟建示范工程河段长155 m、宽15 m,水面面积约0.23 hm^2。

设计计算:该河段主体功能为排涝,为减少工程建成后对排涝的影响,同时增加改善水面景观的效果,拟定浮床水面覆盖率为2%左右。考虑到制作规整、布设美观、景观协调等要求,设计浮岛生物处理系统面积为48 m^2,水面覆盖率为2.1%。

平面布置:河涌内布设4块面积均为12 m^2的浮岛式生物处理系统,浮岛之间纵向间距15.0 m,沿河涌左岸布置。单块浮岛长12.0 m、宽2.0 m,采用PVC管框式网状床体。浮床上部种植水生植物,以当地物种为主,包括美人蕉、旱伞草、鸢尾、菖蒲、千屈菜等,植

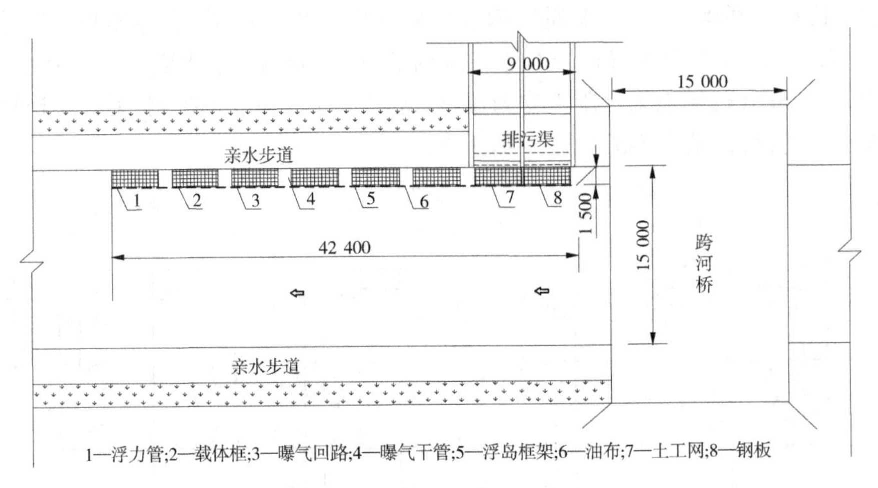

图 5-39　沉箱系统平面布置图　(单位:mm)

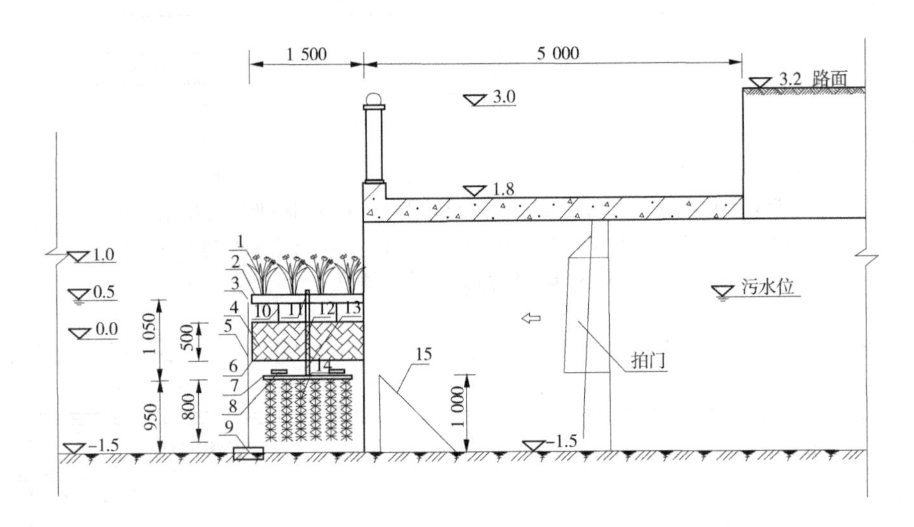

1—水生植物;2—浮岛框架;3—浮力管;4—网状载体;5—油布;6—载体框;7—曝气回路;8—曝气头;9—混凝土墩;10—连接杆;11—曝气干管;12—曝气支管;13—支撑杆;14—弹性填料;15—钢板

图 5-40　沉箱系统横剖面图　(长度单位:mm;高度单位:m)

物间距 0.3 m;浮床下部吊挂自制的微生物载体箱,单个箱体长 1.0 m、宽 0.5 m、高 0.4 m、体积 0.2 m^3,吊挂密度为 0.5 个/m^2,载体箱通过曝气管连接微型曝气机,曝气机(富力 750 W,Q=1 050 L/min)电能来自中海小区。浮床漂在水面上,上、下游两端采用绳式锚固法固定,见图 5-43、图 5-44。

5.3.2.3　工程建设方案

本工程建设内容包括两部分:排污渠出水整治工程建设、河涌水面景观改善工程建设,建设时间包括施工期、调试期和运行期 3 个阶段,为 2014 年 1～10 月,具体进度安排及完成情况如表 5-10 所示。

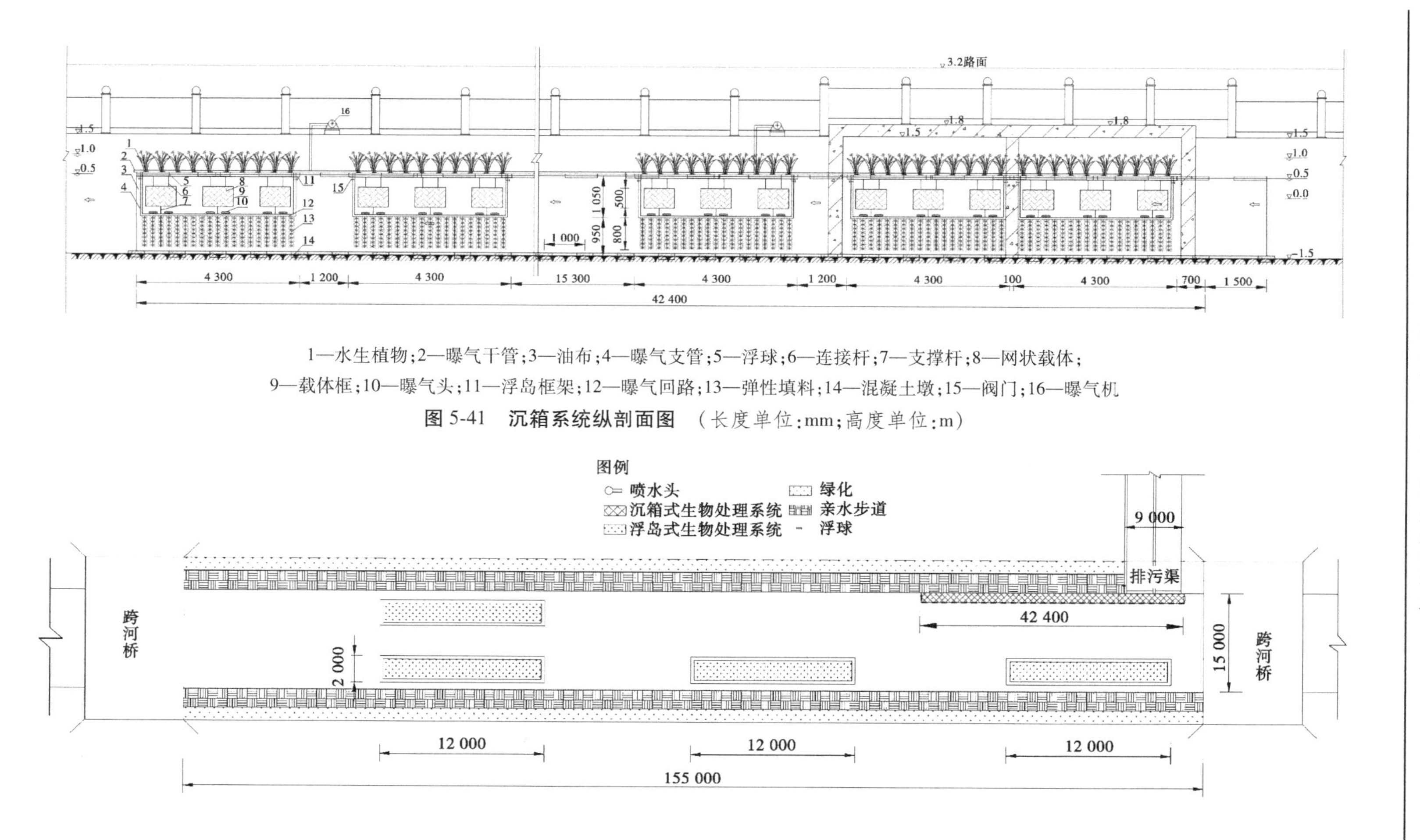

1—水生植物;2—曝气干管;3—油布;4—曝气支管;5—浮球;6—连接杆;7—支撑杆;8—网状载体;
9—载体框;10—曝气头;11—浮岛框架;12—曝气回路;13—弹性填料;14—混凝土墩;15—阀门;16—曝气机

图5-41　沉箱系统纵剖面图　（长度单位:mm;高度单位:m）

图5-42　方案设计总平面图　（单位:mm）

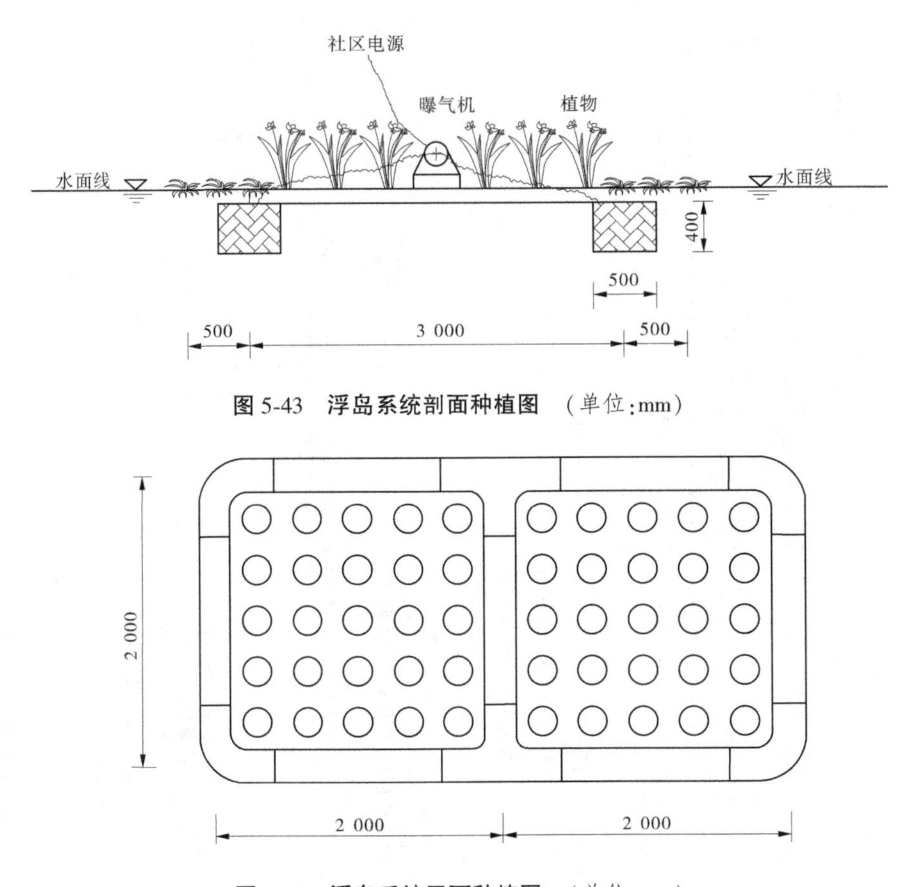

图 5-43　浮岛系统剖面种植图　（单位:mm）

图 5-44　浮岛系统平面种植图　（单位:mm）

表 5-10　进度安排及完成情况

建设内容	对象	1月	2月	3月	4月	5月	6月	7月	8月	9月	10月
第一部分	排污渠	施工期			调试期	运行期					
第二部分	水面景观	—				施工期		运行期			

1. 排污渠出水整治工程建设

1）施工期（2014 年 1～3 月）

主要工作内容：制作并安装改进型沉箱式生物处理系统 60 m^3，以及拦污栅和导流帷幕施工等。

施工工艺：材料准备→载体框、浮床、曝气管路制作→好氧区组装→各单元沉箱系统下水拼装→（厌氧区）弹性载体制作与安装→种植植物→铺设曝气主干管系统→接通电源调试运行。

主要施工过程如图 5-45～图 5-50 所示。

2）调试期（2014 年 4 月）

主要工作内容：调节曝气量及均匀度、微生物驯化、水质监测。

(a)

(b)

图 5-45　沉箱系统(好氧区、厌氧区)制作

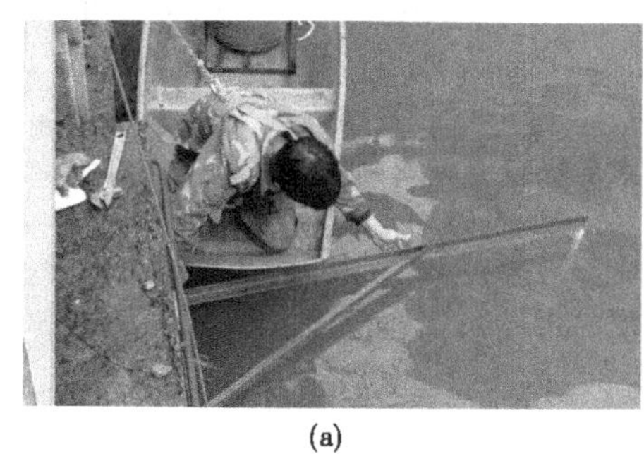
(a)

(b)

图 5-46　沉箱系统(固定杆)制作、安装

(a)

(b)

图 5-47　沉箱系统(拦污栅)制作、安装

(a)

(b)

图 5-48　沉箱系统(油布)定位、安装

(a)　(b)

图 5-49　沉箱系统(曝气机)改进安装

(a)　(b)

图 5-50　沉箱系统组装效果

为激活微生物菌群活性,以及培养更多的微生物,需调节系统内部曝气量大小,且尽可能确保各曝气头均匀出气。检测水质变化情况,当 COD 去除率超过 50%或者氨氮去除率超过 50%时,视为达到调试目的,调试期结束,见图 5-51。

图 5-51　调试过程图片

3)运行期(2014 年 5 月至今)

主要工作内容:材料设备的维护与更新、植物修割、水质跟踪监测。运行情况见图 5-52~图 5-54。

待调试结束后,进入正常运行期,需按照管理及维护要求,开展各项工作内容。

2. 河涌水面景观改善工程建设

1)施工期(2014 年 5~6 月)

主要工作内容:制作安装浮岛式生物处理系统 48 m^2。

(a)　(b)

图 5-52　运行期情况(鱼群及乌龟)

(a)　(b)

图 5-53　运行期情况(泥鳅及螺)

(a)　(b)

图 5-54　运行期情况(内外透明度对比)

施工工艺:材料准备→浮床框架、载体箱制作→各单元浮岛系统下水拼装→种植植物→各套浮岛系统定位。

2)运行期(2014 年 7 月至今)

主要工作内容:材料设备的维护与更新、植物修割、水质跟踪监测。运行期情况见图 5-55~图 5-57。

待浮岛系统制作并安装完成后,进入系统运行期,期间需关注植物涨势,及时补种与修割,同时防止材料设备老化与损坏,做好维修或替换准备。同时,检测不同时段水质变化情况。

图 5-55　运行期情况(排污口植物长势)

图 5-56　运行期情况(整体植物长势)

图 5-57　浮岛系统(浮床)拼接

5.3.2.4　结果与分析

系统施工期为 2014 年 1 月 6 日至 2 月 27 日,调试期为 2014 年 2 月 28 日至 3 月 28 日,运行期为 2014 年 3 月 29 日至今。运行过程见图 5-58~图 5-63。

1. 载体箱挂膜效果

由图 5-64、图 5-65 可见,挂膜启动前,生物载体为黄色;挂膜启动初期,在生物载体表面驯化培养生物膜,经过一周的培养,生物载体表面颜色逐步加深,由原来的黄色转成棕褐色。取水样进行镜检,载体上附着少量以菌胶团为主体的生物膜生物、固着型纤毛虫及游泳型等微生物,还出现了一定数量的原生动物和微型后生动物,表明微生物种类逐渐增多。

图 5-58　浮岛系统(植物)种植

图 5-59　浮岛系统组装效果

图 5-60　浮岛系统运行效果

在挂膜启动 20 d 时,水体中有数量较多的球菌,直径 5~10 μm,此外还有 2~5 cm 的丝类菌,出现少量呈弯曲状的线性、担轮动物门生物。线虫、轮虫、寡毛类微生物逐步成为清除水体中污染物、防止污泥聚合堵塞的主力军。水体中这类寡污带指示性生物种类的

图 5-61　浮岛系统运行效果(上游照)

图 5-62　浮岛系统运行效果(下游照)

图 5-63　浮岛系统运行效果(绽放花蕾)

出现,说明系统运行条件适于微生物的生长,水体的水质趋势逐渐变好。

系统污染物去除性能及稳定性能与生物膜量及数量具有一定的相关性。据调查及有关文献报道,供水厂生物预处理池生物膜厚度一般为 0.06~0.3 mm,普通城市污水厂生物膜法生物膜厚度为 0.5~3 mm。生物载体附着的生物膜进入成熟期时,小孔隙出现毛绒状物质,厚度已经明显可视。据随机抽样测量,生物膜厚度在 0.5~0.9 mm。水体中寡营养型微生物开始出现,说明生物膜内微生物的生长条件十分有利于各种微生物种群的生长演替。

2. 透明度的变化

如图 5-66 所示,相比较施工前,系统内的透明度明显增加,基本保持在 125~146 cm。

图 5-64　挂膜前、后载体情况

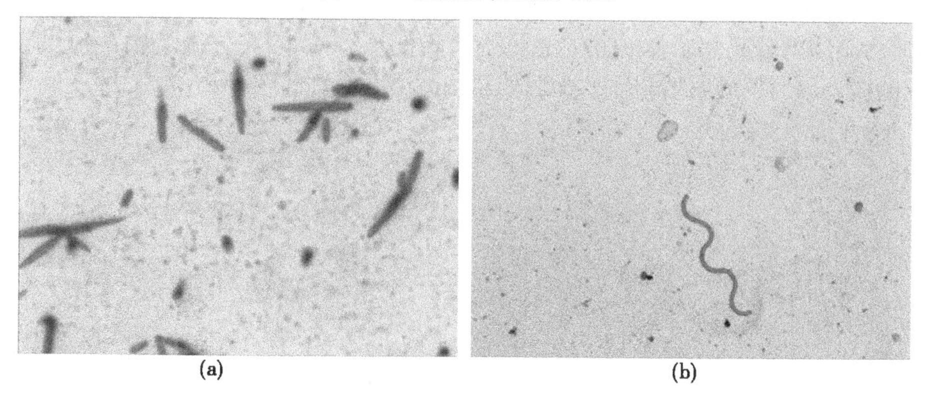

图 5-65　挂膜前、后水体中的微生物(500 倍)

透明度增加原因主要有:治理区放置圬工材料,减缓水体流速,大块悬浮物沉淀;生物膜吸收、转化和分解悬浮体;植物根系吸收、转化和分解悬浮体。

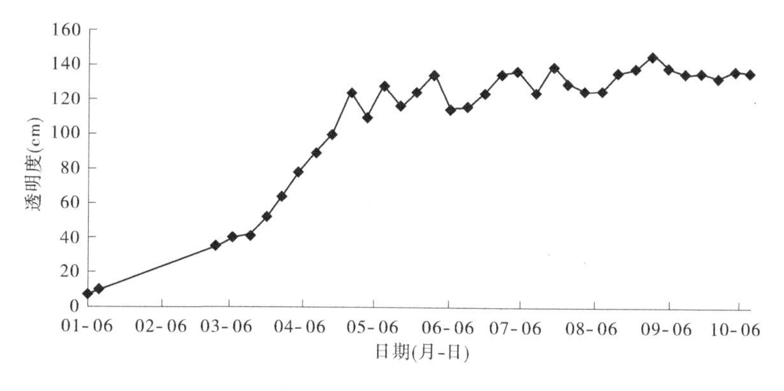

图 5-66　透明度变化情况

3. 对 COD_{Cr} 的去除效果

沉箱系统高效生物载体表面附着生长有生物膜，丰富的微生物的生长均需要充足的碳源，从而对有机物进行降解。通过曝气造流作用，水体在高效生物载体沉箱之间不断来回振荡，载体的物理过滤作用使许多悬浮的有机物积留在载体空隙中，对微生物的选择和生长有利。

如图 5-67 所示，施工期 COD_{Cr} 背景值(治理前)为 63.10~78.02 mg/L，调试期 COD_{Cr} 为 35.00~62.20 mg/L，运行期 COD_{Cr} 为 22.11~38.56 mg/L，单项指标保持在地表水Ⅳ类或Ⅴ类，达到预期设计目标。

COD_{Cr} 降解机制主要包括植物去除和生物膜去除两种。植物去除 COD_{Cr} 的机制：植物根系表面附着生物膜，包括大量的细菌和原生动物，直接吞噬分解污染物或者通过分泌大量的酶促进大分子污染物的分解，使水体得到净化；同时，植物根部可以进行光合作用，为微生物提供氧气，增加了微生物的活性。生物膜去除 COD_{Cr} 的机制：载体表面附着大量的微生物，这些微生物针对性比较强，通过转运、胞吞作用等直接分解污染物质，而且新陈代谢比较旺盛，分解速率比较快，从而使水体得到净化，同时生物膜上有大量酶的结合点，加速污染物的分解。水体 COD_{Cr} 总体上呈降低趋势，说明高效微生物载体、植物根系区形成的微环境，其净化的能力已超外来污水 COD_{Cr} 贡献量。

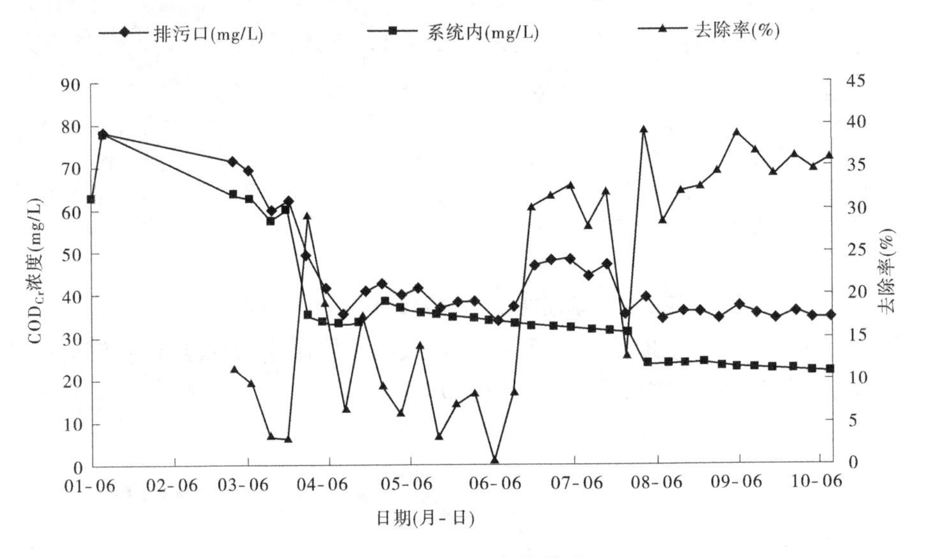

图 5-67　COD_{Cr} 变化情况

4. 对 NH_3—N 的去除效果

氨氮的去除是富营养化水体处理中最难的问题之一，氨氮的生物降解主要是利用硝化反硝化原理。一般而言，碳氧化和氨氮的硝化是分开进行的，即先进行碳的氧化，后进行硝化，因为硝化菌、亚硝化菌在有机物存在的情况下不能生存，且硝化菌、亚硝化菌易受各种因素的抑制，如温度、pH、碱度、NO_2^-、NO_3^-、氨氮和游离氨的浓度等。

如图 5-68 所示，排污渠、明窦涌的氨氮背景值为 17.10 mg/L、7.56 mg/L，由监测结果可知，系统运行过程中氨氮指标呈降低趋势，且十分明显，并降低到 1.74 mg/L 左右，最高去除率为90%,使得氨氮浓度单项指标达到地表水V类。

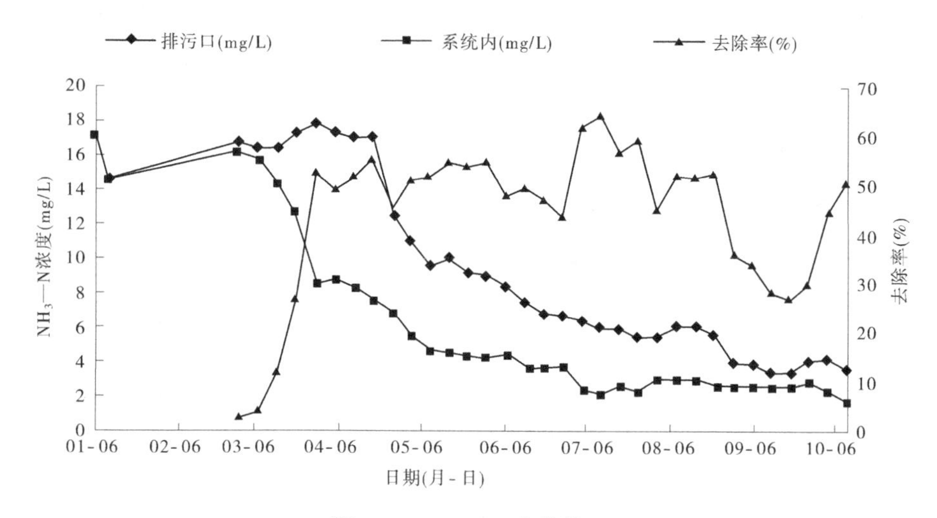

图5-68 NH_3—N变化情况

5. 对TN的去除效果

由图5-69可知,调试期,TN变化范围为17.20~18.65 mg/L。运行期,TN降低到3.00 mg/L。分析认为:微生物生长需要一定的氮源,挂膜早期,水体中溶氧比较丰富,好氧型菌种成为优势菌种,氨氮的降解主要是通过氨化作用和硝化作用;随着微生物膜的厚度的增加、数量的增殖,载体中好氧量也逐步增加,这意味着载体中形成了氧的争夺,有时甚至厌氧菌种成为优势菌种;硝化与反硝化双重作用下,总氮成为微生物合成自身组分的必要氮源或反硝化直接脱除,从而形成了氧的新型平衡体系。因此,在挂膜启动一段时间后,与氨氮降解呈相同趋势。

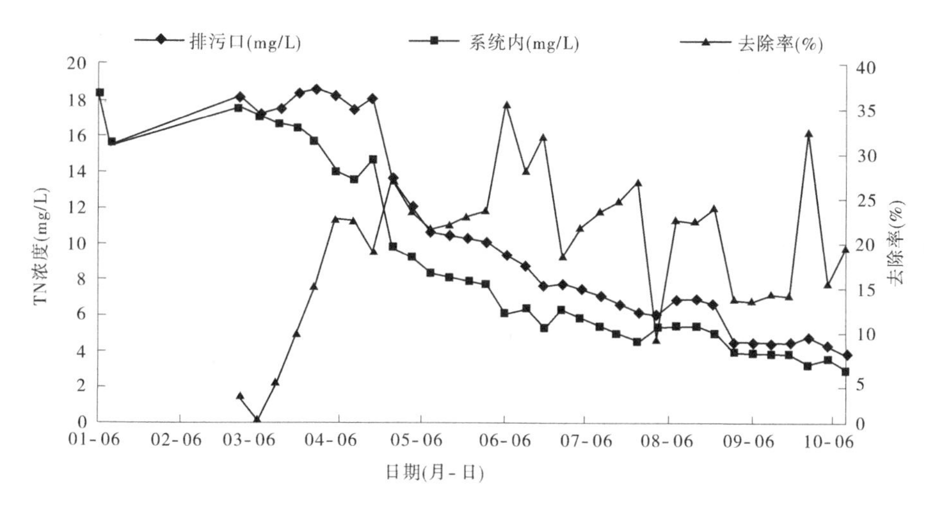

图5-69 TN变化情况

6. 对TP的去除效果

该段河道治理前,进行了清淤工程,但是水体中的磷盐污染依然严重。如图5-70所示。施工前期,TP 为 1.26~1.48 mg/L,调试期,TP 为 0.74~1.47 mg/L,运行期,TP 为 0.23~0.70 mg/L,总体呈降低趋势,去除率最高达到 84%,单项指标达到地表水Ⅳ类或Ⅴ类。TP 得以降解,认为主要由于以下几点原因:第一,部分难溶性磷通过沉降、底泥包埋等方式的转移;第二,生物载体上附着的多聚磷酸菌的吸收作用。

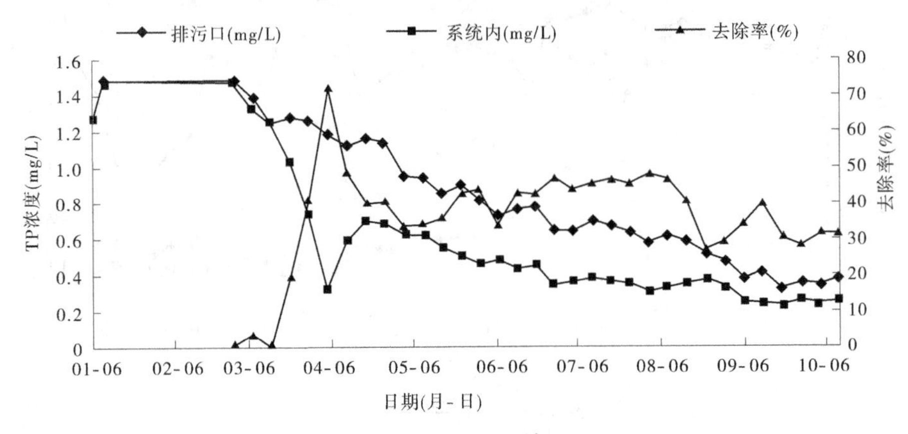

图 5-70　TP 变化情况

7. 效益分析

1) 经济效益

改进型沉箱式生物处理系统建设费用低,直接经济效益和间接经济效益良好。一方面,与普通污水处理厂工程建设投资相比,可节省约 35%的投资。另一方面,系统运行成本为 4.34 万元/年,与传统污水处理厂相比,具有明显的价格优势。而且,该项目的成功示范推广应用,将给城市化农村地区生活污水治理提供充分的技术支持,推广应用市场前景广阔。

需要说明的是,由于本项目属于水利公益性项目,在项目转化资金资助期限内,重点在于对技术系统进一步熟化并进行示范性工程研究,并未对推广应用经济指标做具体量化。在此只能对经济效益做粗略估计。可以确信,在项目技术得到大面积应用推广后,直接经济效益和间接经济效益会更加显著。

2) 社会效益

该项目符合佛山市水环境综合整治规划要求。作为深村基础设施建设的一部分,本项目实施后,项目所在河段的居民生活环境会有显著改善,可以作为水环境整治教学基地,起到改善居民知识结构和普及宣传科技知识的作用。

河道水环境质量在衡量优秀住宅区中,尤显重要。水环境治理及水景观的改善,生活工作的人们的生存环境和生活质量得到改善,有效提高附近小区人居质量,人们也可以充分享受治理的效果,实现“人水和谐”。同时,改善了投资环境,可以增加外来投资吸引力,促进房地产投资商开发和地盘增值,对于区域经济可持续的高速发展有着重要意义。

佛山市禅城区深村境内河涌水系发达,水污染特性为南方城市化农村地区及其生活污水污染的典型。本项目成功推广应用,将给城市化农村地区生活污水治理提供技术的支持,社会效益显著。

3)环境效益

(1)改进型沉箱式生物处理系统项目的实施,有效地改善了河涌水质。通过本项目的实施,明窦涌排污渠出口处水体得到了有效改善,强化了河道自净能力,有效降低水体中主要污染物浓度指标(COD、NH_3—N、TP以及悬浮物等),提高了水体透明度。整体效果见图5-71。

图5-71　明窦涌治理段河道整体效果

(2)运行期间未产生二次污染,且为水生生物再造良好生境。采用的改进型沉箱式生物处理系统技术既没有污水处理厂的噪声污染,也不需要烦琐、复杂的管理和高昂的运行费用。同时,能够有效提高水环境质量,为水生生物营造了栖息空间,尤其是后生浮游动物、螺和蜗牛等底栖动物、鱼类水生动物的出现,在一定程度上恢复了多营养级别的食物链,健全并稳定整个水生态系统。

(3)显著改善了周边的人居环境。项目实施后,河涌臭味消失了,生产生活环境改善;另外,河涌两边及其附近区域休闲的居民也增多了,初步实现了“人水和谐”。

总之,排污渠出口附近河道是明窦涌污染最为严重的河段,其水环境污染问题在城市化农村地区中具有典型的代表性。本书研究成果将对城市化农村地区重污染河道水体的生态修复,尤其是生活污水污染地区,具有重要的示范效应和借鉴价值。

第 6 章　污水资源化利用途径介绍

改革开放以来,经过 40 多年的发展,我国城市化水平近 60%,各类产业迅猛发展,人民生活水平也有了大幅提高,同时,也带来了一系列资源环境问题。当前,我国水资源短缺、水污染严重、水生态环境恶化、水资源供需矛盾突出,已成为制约经济社会可持续发展的主要“瓶颈”。因此,积极开展污水资源化利用的调查研究、实施推广对解决我国目前的水资源、水环境问题有着重要的意义。

由于不同行业所在区域、产生的污水量、污水特征等要素各不相同,这也决定了其污水的资源化利用途径呈多样性。本章重点选取了城镇污水处理等行业,从资源化利用的意义、可行性、途径以及存在的问题等几方面进行了分析探讨。

6.1　城镇污水资源化利用

6.1.1　城镇污水资源化利用的意义

城镇污水资源化是指将经过深度处理后的城市污水,作为再生水资源应用到适宜的用途。污水再利用是指经过处理达到水质要求标准的城市污水,在适宜使用的范围内使用。污水资源化作为一种环保理念,是解决水资源短缺、减少污水危害环境的重要举措,实施污水资源化工程能够推动我国可持续发展战略的落实与发展。

当前,现代化城市人口数量剧增,人们的日常生活和农业生产用水量大幅上涨,这使得污水排放量也不断增长,这在很大程度上加剧了水资源危机。我国水资源分布不平衡,自然生态环境遭受破坏,这使得各个地区频繁发生洪涝和干旱灾害。在这种背景下,我国应特别重视污水资源化,充分利用水资源,有效解决缺水问题,实现我国城市的可持续发展;资料显示,城市供水的 80%转化为污水后经收集处理,其中 70%可以再次循环使用。这意味着通过污水回用,可以在现有供水量不变的情况下,使城市的可用水量增加 50%以上。由此可以看出,城市污水的再生利用即城市污水资源化是促进水资源循环利用的必然选择,可有效保障水资源永续利用。

6.1.2　城镇污水资源化利用可行性分析

首先,从水量来看,我国城市污水总量较大且主要集中在工业园区及市民居住区,污水的数量不受季节变化的影响,水质、水量均具有一定的稳定性。因此,城市用水不受季节限制,再生水可以满足城市常年的水资源需求。同时,我国城市污水资源化发展潜力巨大。有关调查数据表明,首先,目前我国有近 50% 的城市污水能够在加工处理后安全再利用,但城市污水的自利用率仅为 30% 左右。其次,污水资源化技术成熟。在各国积极推进污水资源化进程的实践中,污水处理技术日渐成熟,完全可以将含杂质相对较低的城市污水进行加工处理，使其达到可以再次利用的水资源标准。此外，从经济可行性来看，污水资源化的基建投资相对低廉，比跨流域引水经济合算。如果只将城市污水处理到市政杂用水的程度，投资等同于从 30 km 外调水的投入；如果处理得更精湛，也不超过从 60 km 外调水的投入。因此，污水资源化是一条切实可行的解决城市水资源短缺的途径。

6.1.3　资源化利用途径

6.1.3.1　用于工业

工业无论是从用水量还是排水量看都是大户，是面对清水日缺、水价渐长的现实，工业除将本厂废水循环利用，以提高水的重复利用外，对城市再生水用于工业也日渐重视。目前在国内，城市污水再生水作为电厂工业循环冷却水、造纸用水已得到较多的研究和应用。城市废水再生用于工业用水需满足《城市污水再生利用 工业灌溉用水水质》(GB/T 19923—2005)的相关要求。

城镇污水再利用可缓解工业用水矛盾，特别是循环用水，占工业用水的 70%～80%，如电力、化工等行业冷却水占 90% 以上。但对于再生水的工业回用需注意：一是要确保供水的保证率，决不能因再生水断水而停产；二是要保证工业产品的卫生质量、工业用水系统的卫生质量；三是作为冷却水补充水时，必须确保工业冷却水系统不会因为污水水质硬度、微生物等指标而受到影响。

6.1.3.2　用于农业灌溉

农业灌溉是再生水回用的主要形式。我国北方区域农业灌溉用水缺口日趋严重，再生水灌溉得到越来越多的重视。再生水灌溉，一方面可以为植物生长提供所必需的氮、磷等所需养分，增加土壤有机质，从而提高土壤肥力和生产力水平；另一方面可一定程度深度处理污水，减少环境污染，降低对环境和人类健康的危害。城市废水再生用于农业用水需满足《城市污水再生利用 农业灌溉用水水质 》(GB 20922—2007)的相关标准。

部分已处理污水用于农业灌溉既可以替代宝贵的淡水资源，又可以为农作物提供一定的营养物质，有利于农作物的生长。城市污水处理厂处理后的出水，用于农业灌溉之前要确定其必须是无害的。

6.1.3.3　可作为城市杂用水

处理后的城镇污水可用于城市杂用，如园林浇灌、喷洒马路和补给市政景观水域、冲洗用水(如洗车、厕所的冲洗)、消防用水；改善恶化的环境(通过湿地改善水质)，建设新湿地、补充河流水量以保护野生动物的栖息地或维持湖泊的审美价值。

城市杂用水在使用中与人体接触的概率最大，为保证人体健康，回用时应坚持不与人体直接接触为基本原则。此外，再生水回用于城市杂用水时还应符合国家《城市污水再生利用 城市杂用水水质》(GB/T 18920—2002)的相关要求。

6.1.3.4　作为景观用水

随着人们对生活水平和人居环境质量要求的提高，设置人工湖泊、河道及景观水池已成为房地产开发商吸引用户的一个重要手段。“水景住宅”可以丰富空间环境，增加居住环境的湿度，减少浮沉，为人们营造出回归自然的氛围，带来精神上的享受。水资源短缺已成为限制我国经济发展的一个因素，采用再生水补充景观用水已成为一种必然。例如，北京、天津、西安、郑州等地均已开展再生水补充景观水体实践，取得了一定效果，但在实践中也发现蓝藻爆发、水体颜色变绿等富营养化症状，因此在应用过程中也存在一定的风险。城市废水再生用于景观用水需满足《城市污水再生利用 景观环境用水水质》(GB/T 18921—2002)的相关标准。

6.1.3.5 作为地下回灌水

经过深度处理的再生水排入城区附近的流域，能够通过地表水渗透有效补给地下水资源，避免地下水位降低，有效平衡地下水资源总量。

地下回灌水：城市污水经过数次强化处理后，可就近排入市区或市郊湖泊、水库，以地表水渗漏的方式来补充地下水以达到其涵量的平衡，防止地下水位过度降低。

6.1.4 城镇污水资源化利用模式

目前，以污水再利用需求的不同进行分类，我国污水回用模式主要有建筑中水再利用模式与集中处理再利用模式两种模式。集中处理再利用模式是指将目标水源选定为城市中的污水处理厂中收集的污水，对污水处理厂中的污水资源进行深层次集中处理，使处理后的水质达到水质要求标准，最后通过集中运输配送管道分配给再生水用户。建筑中水再利用模式是与集中处理再利用模式的集中处理相对而言的，对城市中的污水进行分散式处理，主要是将包含商场、宾馆、大型超市、大型酒吧等在内的商业区及居民住宅区等城市区域的自排水作为目标水源，采用独立分布的中水处理设备对污水深度处理后再利用，这种方式产生的再生水主要用作冲厕、洗车等居民生活用水以及城市绿化灌溉、喷洒公路等城市公共资源维护用水。这两种城市污水回用模式各有利弊，使用的情景各不相同。目标水源及水质稳定、水量波动不大、处理效果较好是集中处理再利用模式的显著优点。同时，集中处理再利用模式的处理设备集中，降低了再利用水后期分配运输的成本与难度。相对于集中处理再利用模式而言，建筑中水再利用模式处理水的总规模较小，水量来源及水质情况不稳定。同时，由于各个水源之间分散独立，各个处理系统联系不密切，不仅加大了集中管理的难度，也加大了再生水的运营成本。

6.1.5 城镇污水资源化利用存在的问题

6.1.5.1 思想认识淡薄

一直以来，人们和公共部门对于污水资源化的思想认识比较淡薄，很多地区对于缺水问题，主要采用跨流域调水、地下水开采等措施，这也导致部分地区地下水被过度开采，引发各种地质灾害，严重威胁人们的生存，这主要是由于人们对于水资源形势的认识过于片面，缺少危机感，没有充分认识到水资源稀缺的危害性和城市生活污水资源化的重要性，并且对于污水资源化很多人都存在疑虑，觉得经过处理以后的污水是否可用，这也影响了污水资源化的广泛推行。

6.1.5.2 污水处理设施滞后

我国城市污水资源化发展起步较晚，很多污水处理和循环利用设备已经无法满足污水处理管理和再生利用建设需求，特别是城市污水的工程化和产业化程度不足，再生利用的综合整合和集成化技术还存在很多不足，必须持续更新和改进已有技术，仔细研究污水处理和循环利用设备,积极开发和应用各种新技术、新流程、新工艺,特别注意建设示范性工程,对于城市污水再生利用在工业、市政、生态和农业的成套技术设备、运行管理技术、工程技术、安全用水技术、水质保障技术、水质稳定技术、水质净化技术等进行重点研究,当前城市用户使用再生水量较小,重点解决再生水输送管道系统,合理规划城市污水处理厂,使污水排放达标,实现污水的再生利用。

6.1.5.3 相关政策体系和法律法规不健全

目前,我国关于城市水资源循环利用及污水资源化的相关政策体系和法律法规不健全,这在很大程度上影响了污水资源化的推行,因此我国应积极完善相关政策体系和法律法规,严格立法,通过科学、有效的政策体系,确保各事业单位和政府部门等积极推行污水资源化,实现水资源循环利用,并且完善相关技术标准,推动污水资源化和污水处理的安全运行与规范发展,而且要严惩罚不严格执法的团体和个人。

6.1.5.4 污水处理市场化程度低

一直以来,各个地区政府是城市污水处理设施最主要的投资主体,并且也是运营管理主体。当前,污水处理设施的维护管理或者投资建设费用主要依靠财政拨款,这种情况造成资金严重匮乏、投资渠道单一,并且在污水处理管理方面出现政事不分、政企不分等问题,严重影响了投资效益,企业积极性和主动性不足,这种情况不利于污水处理市场的健康发展,在很大程度上影响了污水再生利用和污水处理机制的应用。

6.1.5.5 污水处理价格相关机制缺乏科学性

城市污水资源化工程需要强大的人力、财力和物力支撑。但目前我国水价相对偏低,政府财政压力巨大。虽然近年来我国推行了一系列水价改革,并把污水处理费纳入收费范围,但在具体征收过程中仍然存在大量问题,影响其执行情况。

6.2 规模化养殖业污水资源化利用

6.2.1 规模化养殖业污水资源化利用的意义

随着我国改革开放和经济发展,我国集约化畜禽养殖业发展迅速,大大地改善了市民的“菜篮子”,提高了人民群众的生活水平。但随着养殖业的快速发展,在大、中城市周边建设了大批集约化畜禽专业养殖区、专业村和专业户,在生产过程中产生大量有机废水(主要包括圈舍冲粪水、饮槽冲洗水、地面清洁用水、设备和设施清洁用水等),而且处理利用率低,给农村生态环境带来极大压力,已成为农村面源污染的主要因素之一;同时,养殖再生水中含有较丰富的 N 、P、K 、Cu 、Zn 等多种营养元素和大肠杆菌、沙门氏菌等多种致病菌,造成养分的巨大浪费和邻近水体的高度富营养化,渗入地下而使地下水中硝态氮、硬度和细菌总数超标;再生水中含有大量的病原微生物和抗生素将通过水体或通过水生动植物进行扩散传播,危害人畜健康。因此,将规模养殖业污水进行资源化利用对于保护农村水环境和缓解农业水资源危机具有重要意义。

6.2.2 规模化养殖业污水资源化利用可行性分析

首先,规模养殖业污水量较大,据资料表明,一个千头奶牛场,可日产粪尿 50 t;一个千头肉牛场，日产粪尿 20 t；一个万头猪场，年产粪尿 3 万 t，全年可向周围排放 100 ~ 160 t 氮和 20 ~ 33 t 磷。其次，养殖污水处理技术逐渐成熟，近年来，随着生物技术的发展、监测手段的增强，人们对厌氧生物和好氧生物处理工艺进行了更进一步的研究和发现，发明了更多的、更先进的处理工艺，这为养殖业污水资源化利用奠定了技术基础。

6.2.3　规模化养殖业污水资源化利用途径

6.2.3.1　作为灌溉用水

畜禽养殖再生水灌溉为污水处理提供了一条经济而有效的解决途径，也为农业生产提供了水肥资源。

6.2.3.2　沼气发电

畜禽养殖产生的污水及粪便可用于沼气发电，据测算一个母猪存栏 2 000 头左右的养殖场，平均每天可发电 1 200 kW · h，基本满足养殖场污水处理用电需要。

6.2.3.3　生产有机肥

畜禽养殖产生的污水一般含有大量粪便等固体物，经过滤后可做成有机肥，经添加微生物、堆积发酵等工艺后，制成新型活性肥，应用于苗木、蔬菜种植基地，减少化肥用量，改善土质，提高农作物品质和产量。

6.2.4　规模化养殖业污水资源化利用存在的问题

6.2.4.1　存在低成本、低能耗预处理技术和合适的稳定储存技术短板

畜禽养殖场的畜禽污水处理后达标排放或以回用为最终目标的处理工艺，处理污水投资和运行成本较高，对于利润较低的养殖户来说很难承受，采用该处理模式的比例很低。养殖废水（包括集约化水产养殖等产生的废水）低成本、低能耗预处理技术和稳定储存技术需进一步研究和完善。环保部门要严格污水排放的监测管理，对造成污染的企业实行“谁污染、谁治理”的政策；各级水利、科研部门要做好污水再利用及污水处理技术的开发应用。

6.2.4.2　养殖污水灌溉对土壤生态影响不明确

目前，我国该方面研究则主要着眼于畜禽粪便污水厌氧消化液（沼液）的正面影响，即改良土壤及增产效果，而对其副作用即长期施用所产生的危害尚未深入研究。

6.2.4.3　缺乏养殖污水灌溉对作物影响的有效评价

养殖再生水是水、氮、磷及其他有机元素的复合体，因此对改善农作物品质应有很好的作用，但与城市再生水在水质上存在一定程度的差异，而我国在这方面的研究还极为少见，对于养殖废水回灌农田对作物品质影响评价的指标体系、评价方法还未有效建立。

6.3　火力发电厂污水资源化利用

6.3.1　电厂污水资源化利用的意义

电厂的大量耗水会不断造成其周边环境的重度污染，同时会形成大量的资源浪费，因

此节约水资源，加强电厂污废回收利用，是当前电厂运行中需要综合考虑的重点问题。现代的部分电厂已经意识到对污废水处理回用的重要性，进而在其各项环节之内都将此点进行了重点考虑，从结果上来看得到的实际效益反应良好。

水利资源作为人们生活、工作当中必不可少的一部分，是社会经济与工业发展的主要动力之本，在目前国内社会发展速度持续加速的宏观经济之下，伴随着工业的不断发展，对电力也有了更高的要求，然而目前电力生产方式大多为火力发电，火电机组发电量为 43 958 亿 kW · h，占总发电总量的 74.37%（国家统计局，2016）。火力发电所产生的废水的处理始终都是其重难点问题，特别是在可持续发展经济与人们的环保意识逐步加强的齐力影响之下，均需火力发电厂通过绿色经济以及合理科学的办法来治理废水，从而确保有关企业能够使社会、环保以及经济发挥其最大的效益。

6.3.2　可行性分析

6.3.2.1　水量大

火力发电厂水量很大，据统计，我国火力发电厂年耗水量约 45.79 亿 m^3，大部分水仅生产环节转变为除灰水、脱硫水等各种污水，可见发电厂产生的污水量巨大。

6.3.2.2　处理技术成熟

经过多年的研究，目前火力发电厂污水处理技术水平有了很大的提升，呈现出多样化、集成化等特点，针对各种废水，采用各种技术集成，实现或趋近了废水“零排放”。

6.3.2.3　利用途径

火力发电厂污水特点、对环境影响及资源化利用途径见表 6-1。

表 6-1　火力发电厂污水特点、对环境影响及资源化利用途径

不同环节产生的污水	污水特点及对环境影响	利用途径
低盐含量冷却水	盐分含量低	在进行初期的澄清、过滤，再到之后的技术处理完毕，其水质基本已经达到了回用水的基础标准，因此此类污废水可以直接进入电厂的循环水系统当中进行使用
高盐污水	盐分含量高	一般情况下，对于此类污废水的处理会采用超膜反渗透技术来实现
脱硫废水	含盐量很高，一般在 30 000 ~ 60 000 mg/L，悬浮物含量高，大多在 10 000 mg/L 以上，具有高硬度、腐蚀性强等特点	

续表 6-1

不同环节产生的污水	污水特点及对环境影响	利用途径
冲灰水	冲灰水指的是用在排除除尘器当中的灰尘以及清洗炉渣的水,通常经过灰场沉降之后再将其进行排出,占总废水数量的 40%~50%。冲灰水作为火电厂的重要污染源之一,是当前火电厂主要排出的废水类型之一。冲灰水对附近水域的污染相对较为严重,尤其是当中所含煤渣量及金属量等较多,导致河流产生极大的污染	

6.4 煤矿污水资源化利用

6.4.1 意义

我国水资源匮乏的地区也是煤矿的主要聚集地,据统计,我国 86 个重要煤矿区有 70% 的煤矿处于缺水状态。煤矿资源的开采会损耗大量地下水,对地下水资源造成了极为严重的破坏,进一步加剧了矿区的缺水状况。此外,煤矿污水含有大量矿化度物质、油类物质,具备着毒性与酸性的特点,污水的排放会造成土壤和地下水污染、农作物枯死、传染疾病蔓延等严重的环境问题。因此,煤矿污水资源化利用是实现矿区经济社会可持续发展的必由之路。

6.4.2 可行性分析

6.4.2.1 污水量大

据统计,我国煤矿平均每吨煤的生产需要排放 2.0~2.5 t 废水,由此可见,煤矿污水水量可观,具备了资源化利用的基本条件。

6.4.2.2 技术成熟

经过多年发展,煤矿污水处理技术取得了长足进步,针对不同特性的煤矿污水均有较为成熟的处理工艺,比如生物滤池工艺、物理过滤技术、混凝沉淀磁粉工艺等,各种处理工艺既可单独运用,也可综合使用,为污水处理奠定了坚实的技术基础。

6.4.2.3 社会经济效益高

处理过的煤矿污水在净化后能够用于人们日常的生产用水与生活用水,不仅有助于对地下水开采的减少,有效节省了地下水资源,为大自然的生态平衡做出贡献,极大地减缓了因过度开采地下深井水而造成的一系列问题,也使得由污染问题造成的民事纠纷等事件的消除,使煤矿企业与人民群众间的关系更为融洽,更是带动了煤矿企业所在地区的经济进步。对于企业,煤矿节能环保水循环利用体系的构建将保证生产煤矿使用合理的水量,促使煤矿企业能够保持正常的生产和经营状态,从而加强煤矿企业的经济效益,同时有助于对周边自然环境的保护与发展。

6.4.3　污水种类、特性及利用途径

6.4.3.1　矿井水

煤矿矿井废水主要指煤炭井工开采或露天开采过程中涌出的地下水,以及采煤生产过程中洒水、降尘、灭火灌浆、消防及液压设备产生的含煤尘废水。

开采过程中涌出的地下水,一般水质清洁,富含微量矿物质;这类污水经适当处理后可回用于生产,如矿井下洒水、降尘,矿区消防、煤场洗煤等。其次经混凝、沉淀、澄清消毒后可用于矿区附件农业灌溉及景观用水等;污水通过进一步的淡化处理还可用于食堂、综合办公楼、设备冷却补水、井下高端设备冷却、地面压风机房、水源热泵机房循环补水等,而且可建设筒装水罐装设施,供职工饮用。

来自采区顶板淋水、设备降温和巷道防尘使用后的防尘水等,此部分水水质污浊,杂质多,与矿物岩尘、煤粉等物质混合,矿物颗粒悬浮水中,同时由于矿井大量使用机械设备,各种废油油脂进入水沟与之混合。此类污水成分复杂,处理难度和成本也较高,经过适当处理后宜作为生产用水,可用于井下洒水、除尘等。

6.4.3.2　洗煤废水

洗煤废水是湿式洗煤时排出的废水。其主要特点是浊度高,固体物粒度细,固体颗粒表面多带负电荷,同性电荷间的斥力使这些微粒在水中保持分散状态,受重力和布朗运动的影响;由于煤泥水中固体颗粒界面之间的相互作用(如吸附、溶解、化合等),洗煤废水的性质相当复杂,不仅具有悬浮液的性质,还具有胶体的性质。由于上述原因,洗煤废水很难自然澄清,而且这类废水经沉淀后上清液仍是带有大量煤泥等悬浮物的黑色液体,其中含有选煤加工过程中的各种添加剂和重金属等有害物质。这类废水一般通过絮凝或压滤等相关工艺处理后可通过循环系统继续回用于洗煤。

6.4.4　煤矿废水处理面临的问题

整体处理系统有待于提高和优化。目前,在处理工艺上还存在着配件、耗材质量不高的情况,比如滤网材料质量差,使得滤网的处理成效降低;其次,一部分建筑物品平面缺少合理性与科学性。在目前日益紧张的用地背景下,需要对建筑物的应用功能进行科学、合理的设计,尽量使用地面积减小。例如,能够对清水池、中间水池、废水排水池进行合建,另外,能够二次性地应用煤矿井下外排水,以此充当防尘用水或灌浆用水,并且能够深入处理,以符合饮用水的指标,以及能够节省资源和减少运行系统的费用。

6.5　石油化工业污水资源化利用

6.5.1　意义

随着经济的发展,石油炼制和石油化工工业也在不断地发展壮大。石油化工是一个高

能耗、高污染的行业,每年要排放大量工业废水。供水不足严重制约着企业的生产和发展。随着人们对石油消费的需求增加,国内石油化工行业的生产规模日益扩大,石油加工深度也不断提高,生产过程中排放的污水水质越来越复杂。在这种情况下,将企业的外排废水经深度处理后回收利用,成为缓解水资源短缺、创造环保效益和经济效益的重要手段。

6.5.2 可行性分析

(1)利用途径广。石油化工污水主要回用于工业循环冷却水的补充水,具有用水量稳定,铺设管网短,投资少,见效快等特点。石油化工污水还可回用于绿化景观用水,洗车消防用水和冲厕用水。

(2)技术可行。石油化工企业污水处理的技术越来越高,各大企业大都已经建立了自己的污水处理及回收再利用装置,推广石化污水回用符合绿色环保发展,又可以节约企业成本。

6.5.3 利用途径

(1)外排污水回用。目前,中国石化绝大部分企业开展了外排污水的回用工作,其中外排污水的适度处理工艺主要针对循环水系统补水,以达到 COD≤60 mg/L、氨氮≤10 mg/L、石油类≤2 mg/L 的回用标准。对于达到国家一级排放标准的污水,典型回用工艺为絮凝过滤—杀菌消毒—水质稳定(缓蚀剂、阻垢剂);对于达到二级排放标准的污水,回用流程为生化处理(BAF、MBBR)—絮凝过滤—杀菌消毒—水质稳定,或生化处理(MBR)—水质稳定;外排污水深度处理的目的是得到一级除盐水,再经混床处理后使水质达到锅炉补给水的标准,典型回用流程为生化处理—絮凝过滤—高级氧化—活性炭吸附—杀菌毒—微滤/超滤—反渗透;炼油企业外排污水回用技术正向集成化、集约化和零排放方向发展。

(2)脱硫净化水回用。正常情况下,脱硫净化水的硫化物为 50~120 mg/L,氨氮为 10~40 mg/L,该净化水可回用作电脱盐装置的注水,以减少新鲜水用量。在此过程中,净化水中的酚类等有机污染物被萃取进入油品,间接降低了进入污水的有机物浓度。净化水同时可作为常减压、催化裂化、延迟焦化等装置的富气洗涤水,也可作为延迟焦化的冷切焦水,以及加氢装置上高压分离器前的工艺注水。

(3)蒸汽凝结水回用。炼油企业提高凝结水回用率的主要措施是完善全厂的凝结水回收系统,在设计过程中综合考虑压力、温度和距离等,尽量采用密闭式凝结水回收系统。当余压满足回水压力要求时,采用低成本的余压凝结水回水方案;当余压回水压力不足时,采用水泵加压回收方案。在凝结水处理方面,选用具有除油除铁功能且能长期稳定运行的冷凝水回收技术,如无须降温冷却环节的陶瓷膜凝结水回收技术。

(4)循环水系统节水运行。循环水系统节水运行的主要途径有:将实施污污分流、污污分治后的含油污水适度处理后补充至循环水场;提高循环水浓缩倍数,特别是回用污水补充至循环水场后,循环水中的盐、有机物和悬浮物与使用新鲜水相比显著增加,因此对药剂的选用和设施管理应极为重视,并使用高性能的缓蚀剂和阻垢剂,防止系统腐蚀、结垢和滋生生物黏泥；加强对循环水质（pH、ORP、电导率等）的在线监测，通过上述参数的变化及时进行加药、消毒、排污和补水等操作，使浓缩倍数达到《炼化企业节水减排考核指标与回用水质控制指标》（Q/SH 0104—2007）中的规定数值；加强设备管理，减少渗透、风吹损失，提高旁滤池的工作效率，减少反洗水的消耗；城市污水处理厂排水水量稳定、生化性好，有条件的企业可就近将其引入，适度处理后补充至循环水场。

6.5.4　存在的问题

（1）污水中的含硫量增加随着油价的不断上涨，含硫和高硫原油的价格差距拉大，高硫原油加工的工艺逐步完善，低硫原油的比例逐渐减少。减压塔顶油水分离罐、催化裂化富气洗水等成为含硫污水的主要来源。原油的品质变差，导致石油化工行业污水水质恶化、水量增加。污水水质越来越复杂，随着石油化工行业竞争的激烈，利润空间逐渐萎缩，更多的企业开始实行炼化一体化，将核心产业向精细化工方向转移发展。原油质量在世界范围内变差的趋势越来越严重，国内生产的原油也开始向重质、高稠方向发展，这类石油的生产数量已经逐渐加大，面对这种情况，石化企业必须加强原油深加工能力的建设。另外，水资源的紧张造成石油化工企业对生产过程中的水循环使用加强重视，污水的排放经过多个工艺流程，导致污水中难降解有机物的浓度和污染物种类的增加。

（2）污水的深度处理和回用石化企业污水水质越来越复杂，利用传统的工艺流程已经很难满足达到环境保护要求，污水必须经过深度处理才能满足污水排放标准。此外，国内1/3以上的石化企业地处干旱缺水地区，在一定程度上存在供水不足的问题。鉴于水资源短缺的紧迫性和污水处理的重要性，石化行业污水处理的要转变思路，改良技术，实现“处理工艺”到“生产工艺”的转变。

（3）污水处理缺乏深度，石油化工企业的污染性大。在我国科学技术的不断发展中，石油化工企业污水处理的技术越来越高，各大企业大都已经建立了自己的污水处理及回收再利用装置，而且对于水资源的循环利用率也有了大幅度提升，这在很大程度上降低了企业的用水量，为我国水资源的节约奠定了基础，同时减少了污水、废水的排放量，为保护我国的自然生态环境做出了贡献，还为企业赢得了巨大的经济效益和社会效益。但是，在长期的发展中，企业生产发展的水平远远高于污水处理的能力，而且因为工艺结构、技术水平以及各企业管理方式的不同，我国的污水处理水平尚需进一步改革与创新，与世界先进国家相比，仍存在着一定的差距，其局限性表现在：所产生的污水成分复杂、浓度高、波动也非常大，并且有些化工企业所产生的污水还带有强烈的腐蚀性和毒性，这与化工企业的生产过程及生产工艺有着密切的联系，这样就给污水的处理工艺带来较大的难度和挑战，在污水处理及回收利用的技术方面，经常会出现处理深度不够、水质不达标等问题。另外，从我国污水处理的现状来看，大多数石油化工企业的污水处理装置均设置在末端部分，而对于污水排放的源头处置力度不够，这就给最后的集中处理技术增加了难度，从而导致回用水处理流程特别长，无形之中增加了成本，影响了企业的效益。

（4）缺乏回用水的质量标准。众所周知，在回用水处理前，其中会含有大量的金属离子、有机物、悬浮物等各种不适于再利用的污染物，在经过处理之后，这些污染物会被去除和清理掉，但仍旧会有一些微小粒子的存在，就当前我国的相关规定来看，回用水可以被用于水循环、冷却水等各种方面，但其标准并不相同，这就需要国家相关部门制定回用水标准及规范，要根据其工艺特点、生产过程、不同水源及使用对象等具体情况进行制定，而非一概而论。

6.6 食品工业污水资源化利用

6.6.1 意义

我国是一个人口大国，食品工业发展的重要性不言而喻。首先，食品生产依赖于水的利用，从农业生产开始，整个食品生产过程离不开水及其水的利用。在缺水的现状下，与其他行业一样，加强污水的资源化利用，是食品工业解决水资源短缺的重要途径。其次，食品工业废水中含有大量的有机物质，且一般无毒，其中更是包含各种生物活性物质（蛋白质、多糖、黄酮类、色素、多酚和膳食纤维），这些可再生食品因子的抛弃不仅给环境带来严重污染，而且造成资源浪费，因此，加强污水中各种物质的回收利用，在经济效益、环境效益上都有着重要意义。

6.6.2 资源化途径

6.6.2.1 水资源回用

大部分食品加工业都会涉及多种工序，不同工序产生的污水差异很大，对于污水量较大、污染物浓度和种类相对较少的污水，处理成本和技术难度相对较低。因此，该环节产生的污水经过处理后可在企业内部循环利用。如马铃薯清洗废水可不经生物处理，经多次沉淀后，COD_{Cr}、SS 即可大幅去除。上清液可作为公司、企业生活区的冲厕所用水、绿化及景观用水，还可清洗车辆等；啤酒业的污水经处理后可供灌装车间真空泵水循环使用，而且可以用低浓度废水对锅炉进行除尘等。饮料业洗瓶工序中使用大量的碱性洗涤液，其 pH 较高，可作为冲灰水对锅炉除尘，既可节约用水量，又实现废水的资源化。

6.6.2.2 污水中有机物质资源化利用

食品工业污水含有多种有机物质，因此，资源化利用方式多种多样，概括起来主要有三方面的途径：一是通过物理化学或生物的方法直接提取有价值资源；二是把污水作为原料，利用微生物发酵工艺生产其他产品；三是利用污水中多种营养物质的特性，作为微生物生长的培养基。下文按以上资源化利用途径对主要的几类食品工业污水的资源化利用进行了归纳总结，见表 6-2。

6.6.3 存在的问题

食品工业污水在资源化利用方面有污水利用普遍存在的问题，下面重点介绍特殊问题。

表 6-2　不同食品加工行业废水资源化利用途径

废水来源	废水特性及环境影响	资源化利用途径		
		直接提取有价值资源	发酵资源化利用	作为培养基或其他方式
马铃薯加工废水	有机物浓度高，呈酸性，进入环境后，所含有机质会自然发酵产生吲哚、H_2S、NH_3 等气体污染环境；易引发水体富营养化	可利用物理化学方法将其中溶解性蛋白质提取出来作为饲料蛋白或者他用	1. 利用产 CH_4 菌在高效厌氧条件下处理，能生产可作为燃料使用的 CH_4 气体。可通过在中、大型淀粉加工企业配套 CH_4 气的精制、罐装和运输设备来实现。 2. 利用不同酶水解马铃薯淀粉废水生成普鲁兰多糖的方法提取多糖物质。 3. 利用少根根霉（DAR36017），采用糖化发酵马铃薯淀粉废水和玉米淀粉废水生产 L-乳酸	可作为培养基，培养筛选产油真菌、酵母菌等微生物
豆制品加工污水	有机物浓度高，可生化性程度高	可利用生物、物理及化学方法提取利用生物活性物质（如具有美容、抗癌、调节代谢等功能的弱植物雌激素——异黄酮；具有抗脂质氧化、抗自由基、增强免疫调节、抗肿瘤和抗病毒等多种生理功能的大豆皂甙；具有糖度低、热值低等特性，还具有保护胃肠道、解毒及防治龋齿等功能的大豆低聚糖；具有很多对人有益的生理功能的大豆乳清蛋白）	1. 可以利用豆制品废水生产具有天然有机酸味及水果香味的饮料。 2. 以微生物代谢的多样性和豆制品丰富的营养物质为基础，通过微生物发酵可生产单细胞蛋白、生物柴油、维生素等多种有用物质	利用豆制品废水还作为菌体的培养基保存菌体

续表 6-2

废水来源	废水特性及环境影响	资源化利用途径		
		直接提取有价值资源	发酵资源化利用	作为培养基或其他方式
味精生产废水	有机物浓度高、酸性强、高 COD、高 BOD 、高硫酸根、高菌体含量、低温等特点。废水中含有大量的谷氨酸、还原糖、SS 与氨氮，任意排放不仅浪费宝贵资源，而且造成严重的环境污染，破坏生态平衡	可利用生物、物理及化学方法提取谷氨酸、菌体蛋白、RNA 等	1. 味精废水经好氧培养生产假丝酵母，不仅能去除60%～70%的 COD，而且能将废水中丰富的有机物和氮源转化为饲料酵母，从而资源化利用。 2. 利用味精废水浓缩液添加辅料固体发酵生产菌体蛋白。 3. 利用产油微生物发酵生产油脂。 4. 将味精废水接种活性污泥后进行批培养，并在发酵液中添加乳酸菌盐，厌氧发酵生产沼气。 5. 利用味精废水发酵苏云金芽孢杆菌生产生物农药不仅能够处理利用味精废水，不造成二次污染，而且能够得到高毒力、对环境无污染的生物农药。 6. 利用出芽短梗霉发酵生产普鲁兰多糖。 7. 以除盐味精母液为原料，并与棉籽粕、菜籽粕混合，经适当处理后制成固体发酵培养基，采用多菌种混合发酵制得优质蛋白饲料。 8. 利用生物絮凝剂产生菌发酵生产复合型生物絮凝剂。 9. 利用味精废水浓缩提取硫酸铵母液生产的有机肥、无机肥。 10. 综合利用谷氨酸发酵废水生产微生物饲料添加剂（如饲用微生态制剂、复合酶益生素、发酵秸秆饲料、秸秆发酵剂和反刍动物微生物饲料添加剂等）	利用味精废水中含有的大量微生物营养物质。对金针菇菌丝体进行了液体发酵培养
谷物加工废水		米糠水中米糠脂多糖的提取		

6.6.3.1 政策与法规

由于食品工业的安全性要求较高,用水量很大,目前研究尚未证明废水回用技术生产没有安全性问题,因此绝大部分国际组织和国家还没有在立法和法规层面上做出详细的规定。部分缺水国家和地区,如以色列、法国、突尼斯、南非、塞蒲路斯、澳大利亚和美国的部分州有一些立法规定,也仅限于农业领域的农业灌溉用水的水质标准,没有食品加工用水的加工处理和企业中再利用的详细标准和法规。中国也是少有的几个缺水国家之一,水资源利用中存在供需矛盾突出、有效利用率低、水质污染严重等问题,从经济可持续发展角度出发,应采取开源节流、高效合理利用水资源、科学管理水资源等措施。深化工业节水工作是推动我国水资源可持续利用,缓解水资源环境压力的重要战略举措。2016年7月,工业和信息化部印发了《工业绿色发展规划(2016—2020年)》的通知,旨在加强工业节水,提高用水效率。目前,已有少量研究将食品加工业废水用作灌溉用水,然而目前国家标准《农田灌溉水质标准》(GB 5084—2005)对水质的要求较严,规定了80多项指标作为合格灌溉水质,因此从直接利用的角度同样很难达到要求。全球范围内,世界卫生组织(WHO)在充分考虑公众安全和水供应的平衡基础上制定了"饮用水品质准则(guidelines for drinking-water quality)",尽管此文件主要是集中于饮用水品质,还是包括了一些关于水回用管理和微生物危害风险评估的文件;国际食品法典委员会(CAC)出版了简短的《食品厂加工废水回用卫生准则》,包括定义、建议和不同食品工厂类型的回用实例。在此准则中,原则上强调回用时应有饮用水的品质,而且在不影响食品质量安全和风险安全的情况下,可有其他选择。对于此准则的补充文件,在一些地区和国家还没有出现。在美国,食品工业直接水回用或处理后回用仅在个例上实施,一般是不符合标准的。一些政府部门,如国家环保署(EPA)和美国农业部(USDA)在考虑不影响产品的品质和保证安全时水和冰的回用前提下,允许一些特殊行业的水回用,如肉类和家禽产业。总之,从管理的角度来看,目前的管理办法相互之间有一些矛盾,同时管理的成本亦较高,这是影响食品工业水回用的一大障碍,急需全球合作,制订合理的管理办法。

6.6.3.2 技术难题

水处理技术已比较成熟,有大量的应用技术可采用,然而对于水回用或水循环使用,各种技术都有各自的局限性,尤其是针对食品工业用水高COD、高黏度的特点,不完全适用,研究关注度不够。

物理法:膜技术是工业废水处理常用的方法,然而膜污染仍然是一个主要障碍。污染可能来自有机质的沉积,无机化合物如$BaSO_4$、$CaSO_4$等沉积,或者由于微生物增殖导致生物膜系统的膜表面污染。这意味着只有对废水进行适当的预处理,才能保证膜系统长期运行。化学法:采用过氧化氢或絮凝剂等化学试剂处理废水,可能带来二次污染以及其他问题。如用过氧化氢处理肉类冷却水进行杀菌,处理需要较高浓度,反应时间较长,并且易与血液中过氧化氢酶反应,这可能会导致食物品质下降。生物法:主要以活性污泥为基础的生物法处理废水的工艺条件要求严苛,在实际应用中难以控制,而且存在嗜盐菌培养困难、嗜盐菌对进水盐度变化极为敏感、出水水质不稳定等问题。驯化污泥处理高盐有机废水中对于如何进一步解决工艺启动慢、驯化周期长、技术工程应用等难题,有待于进一步的研究。

6.6.3.3　安全性

虽然水回用的出发点很好，但食品工业用水的高标准和公众对食品安全的关注，拔高了水回用所要求的科学技术门槛，提出更多挑战。总的来说，微生物风险和安全性是实现水回用前必须考虑的问题。目前所使用的微生物水质指示器与公共卫生的关系并不明确，而且经过杀菌等处理的水也不意味着安全，因为其中的微生物可能依靠其他环境条件继续生存，重新繁殖。在这种情况下，水质可能被误测为达标，因此还需要研发评估微生物休眠或受损伤的方法。此外，当考虑到某些具体工艺用水时，有必要知道该特定工艺的水质基本要求，应不影响产品成形。为保证水质安全可采用在线监测的方法，监测包括温度和时间等参数。其他方法也可能用到，比如经过滤处理后用粒子计数器测定水质等。综上所述，建立一个基于微生物控制和水质安全的控制体系亦非常重要。Kirby R M 等讨论了不同的食品工业和农业的水用途和污染，提出要用 HACCP 的类似的方法来保证中水回用的安全性；Casani S 等于 2001 年建立一套水回用的 HACCP 体系可供参考。

第 7 章　污水资源化利用的工程案例

我国污水资源化利用的领域主要为三部分,分别是工业用水利用、居民生活非饮用水利用和间接饮用水利用。工业用水包括经处理的污水可以回用于各种不需要达到饮用水水质要求的工业企业,各种工业生产中的冷却水、锅炉用水、生产和加工用水、清洗和辅助用水等;居民生活非饮用水包括可以用于冲洗便溺、洗车、清洁和绿化室外的灌溉及各种景观用水;间接饮用水是指将经过处理的污水回灌到土地、水体和湿地中,通过水体的稀释和自净作用、土壤的吸附及地层的截留,再经过取水后的处理,确保它满足饮用水的水质标准。目前,污水回用的主要途径为工业用水、农业灌溉、城市杂用、景观环境、地下水补给等。本章从上述污水资源化利用领域和主要途径分类分析列举相关工程案例。

7.1　污水资源化在工业用水方面的工程案例

7.1.1　煤矿工业废污水处理循环利用工程案例

7.1.1.1　王家山煤矿矿井废污水处理回用工程

目前,矿井水处理核心设备多为市政水处理通用设备。由于矿井废污水和普通地表水的水质特性差异较大,一般净水设施的处理效果并不能令人满意,且具有设备腐蚀和磨损快、药剂投加量较高等缺点。而王家山煤矿矿井废污水处理回用工程的新建污水处理站,采用高负荷一体净化技术,将絮凝、涡流沉淀、悬浮泥渣过滤、斜管分离等多个传统工艺需单独进行的处理过程集中到一个装置内进行,其具体处理工艺为:矿井废污水由井下主排水泵排至地面,经地面排水管路和水沟进入污水处理站调节池,调节池内安装 1 台潜水曝气机和 1 台潜水泵。潜水曝气机用于搅拌池底沉积污泥,充分搅拌后经潜水泵提升至闪速混合器与混凝剂混合,然后进入高负荷一体净化器。在净化器内,废污水首先进入高效沉淀澄清池沉淀,然后进入重力式无阀滤池过滤,最后进入涡流沉淀过滤器二次过滤。出水自流入清水池,检测达标则外排使用,若不合格则重复以上过程,直至达标。

王家山煤矿高负荷一体净化水系统自投用以来,运行稳定,净水效率高,减少新鲜水用量 99 万 m^3/年,可节约大量水资源,直接经济效益为 122 亿元/年,提升了矿井废污水回收利用率。

7.1.1.2　徐庄煤矿废水资源化工程

徐庄煤矿废水排放量约 9 500 m^3/d,主要由两部分构成:一是伴随煤矿开采面排放的矿井水,排放量约 4 500 m^3/d,矿井水中主要含有煤屑、岩粉和黏土等细小颗粒物;二是自生活区、浴室、工业广场及食堂等的生活污水,排放量约 5 000 m^3/d,其主要特点是排水较集中，污水水质、水量变化较大，主要污染物为有机物和少量无机物，同时，含有各种细菌、病毒等。根据徐庄煤矿矿井水水质特点及处理后的用途，矿井水采用混凝、沉淀、过滤及杀菌水处理工艺。针对矿区的两种污水来源，工程分别采用矿井水深度处理工艺和生活污水深度处理工艺，把废水治理与资源化利用有机地结合起来，做到了抓源治本、有的放矢、分类治理、综合处置，矿区废水实现循环利用，并采用新工艺、新技术，大胆创新，经济合理，流程简单实用。同时，根据再生水用户对水质的不同要求，选择合理的废水处理工艺，实现了废水的经济处理和经济运行。为消除污染，徐庄煤矿根据不同的用水对象，采取不同的供水方案，将生活污水处理后作为电厂循环冷却用水水源，实现了废水资源化。

7.1.2 石油化工废水回用冷却水工程案例

7.1.2.1 新疆某石化公司石油化工废水深度处理及回用工程

新疆某石化公司生产区废水主要来自炼油厂、化肥厂、化纤厂、热电厂等生产厂，包括生产废水、生活污水及部分雨水。公司设有废水处理厂，对生产废水及生活污水进行处理，废水处理厂的废水处理系统主要包括含油废水处理系统、含盐废水处理系统以及化肥氨氮废水处理系统等。本工程新建废水回用系统以废水处理厂的合格二级排放水作为回收水源，出水回用于热电厂锅炉补水和炼油厂循环水补水。工艺采用曝气生物滤池—臭氧氧化—膜反应器相结合的深度处理工艺处理石油化工二级处理出水，经过处理后的废水水质达到初级再生水水质标准，并且出水水质稳定，回用至循环冷却水系统后节约了新鲜补水量，同时降低了循环水系统的浓缩倍数。

7.1.2.2 乙烯化工污水回用循环水工程

茂名乙烯污水处理场位于中石化股份茂名分公司化工分部厂区内，设计污水处理能力为 1 500 m^3/h，与茂名乙烯工程同步建设，于 1995 年建成投用。目前，污水处理量约为 1 000 m^3/h，外排污水综合合格率连续多年达 100%，出水水质大大优于国家和地方排放标准，污水处理合格后全部排海。在目前水资源日益紧张的情况下，为达到节水减排的目的，公司将这部分达标污水进行适度处理后，用于循环水补充水或其他用途。乙烯污水处理场原先采用了预处理加两级活性污泥法的处理工艺，其中一级生化为常规曝气，二级生化为延时曝气。处理后的达标污水由放流泵加压后经 19 km 的排海管线排入南海；污水回用改造后，在原有污水处理的流程上增加了内循环 BAF 池和高效纤维过滤器两部分工艺，处理出水的 COD、氨氮、石油类和悬浮物浓度等主要指标可分别小于 50 mg/L、5.0 mg/L、2.0 mg/L 和 10 mg/L，浊度小于 5.0 NTU，符合乙烯化工循环水补充水的要求。这部分达标污水进行适度处理后，用于循环水补充水或其他用途，进一步提高了水的重复利用率，取得了很好的环境效益和经济效益。

7.1.3 食物加工废水回用工程案例

7.1.3.1 玉米淀粉废水资源化改造工程

河北省某淀粉厂玉米淀粉加工过程中产生的废水主要来源于洗涤、压滤、浓缩工段。

废水中含有大量溶解性有机污染物，如蛋白质、糖类、碳水化合物、脂肪、氨基酸等，也含有氮、磷等无机化合物及一定量挥发酸、灰分等。该废水属高浓度有机废水，可生化性好、有机浓度高、处理难度大。改造前，生产过程中产生的玉米浸泡废水外卖，其他污水处理后达到二级排放标准。根据企业实际情况和要求，在原废水处理工艺基础上增加了离子交换法从玉米淀粉浸泡水中提取菲汀过程，产生的废水回用制取纤维饲料，其余废水与其他工艺废水合并后采用“絮凝—厌氧—好氧”工艺处理，处理后的废水能够达到《污水综合排放标准》(GB 8978—1996)一级排放标准。

改造工艺中，玉米浸泡废水经过离子交换柱后进入回收池，用泵从回收池打入到饲料制取车间。离子交换柱运行约6 h、其中有机磷含量达到70%以上时，离子交换柱停止进水，用预先配置的HCl溶液洗脱有机磷。洗脱约1 h、有机磷含量低于2%时，停止洗脱，然后用4倍离子交换柱体积的自来水浸泡4 h，再用清水冲洗30 min，使离子交换树脂再生；再生后的离子交换柱返回继续生产。该工程有效利用了玉米浸泡废水，将其资源化回用，制取饲料，既减少了废水排放，又节约了企业成本。

7.1.3.2 马铃薯淀粉废水资源化工程

哈尔滨市哈南工业新城绿色食品产业园区规划面积为56 km^2，是国家新型工业化食品产业示范基地，目前已有十余家食品加工企业入驻。其中，上好佳集团和旺旺集团为马铃薯加工企业，产生马铃薯淀粉废水量500~600 m^3/d。目前，该厂废水经处理后达标排放，本案例研究中对废水分流而治，实现全面资源化。其中，高浓度废水经过预处理去除SS后，通过厌氧生物处理去除部分COD和脱蛋白；低浓度废水经预处理、混凝沉淀后在厂内回用。

该工程中，淀粉废水全面资源化方案有助于淀粉废水“零排放”，兼具环境效益和经济效益。

7.1.3.3 洗瓶废水处理回用工程

贵州某食品公司成立于1996年，企业现拥有一栋4层的多功能办公大楼及4个生产基地。通过多年的艰苦创业，企业已经发展成为全国知名企业、国家级农业产业化经营重点龙头企业。目前，总部已形成日产量150万瓶食品的生产能力，是目前国内生产及销售量最大的食品生产企业。每天洗瓶150万个，洗瓶水720 m^3/d，现洗瓶水洗瓶后直接进入已建投入使用的污水处理站处理后直接排放，大大浪费了污染比较小的洗瓶废水资源。为了节约水资源，减少环境污染，污水回用工程将洗瓶废水处理回用。

其处理工艺主线为洗瓶废水自流进入调节池，在废水进调节池之前加一道细格栅滤掉粗块漂浮物，调节池均衡水量后提升泵将废水提升进入管道混合器，与计量投药泵投加的混凝剂PAC混合后，进入BWFL变截面无阀过滤器除浊。出水加二氧化氯消毒后自流进入清水池，再经回用水泵送回用水系统。项目实现后，每年可回用水23.76万 m^3 左右，处理成本0.75元/m^3。若以自来水价为2.0元/m^3 计算，每年可节省32.076万元的经费，排污费按0.8元/m^3 计算，每年可节省排污费19.0万元；每年可节省总经费51.076万元，建设投资在1年内回收，经济效益良好。

7.2　污水资源化在居民生活非饮用水方面的工程案例

7.2.1　污水回用景观用水工程案例

7.2.1.1　柳川河综合治理工程

柳川河是河北省张家口市宣化区内的一条重要河流，隶属洋河分支。柳川河流域面积 428.2 km²，全长 60.2 km，平均坡度 6.4‰，由北向南流入宣化区后绕城折西转南汇入洋河，自上游至下游分别为三期河道、一期河道、二期河道。柳川河属于季节性河流，具有行洪时间短、洪峰流量大等特点，河道内径流时间为同年 6～9 月，一般年份洪水次数为 2～3 次。

羊坊污水处理厂地处宣化区东南，设计规模为近期日处理污水 12 万 t，远期日处理污水 18 万 t。羊坊污水处理厂现状每天产生约 10 万 t 再生水，经工艺改造后出水水质提高到了一级 A 标准，但是再生水的回用程度十分有限，仅有少量用于热电厂冷却用水，其余直接排入洋河，开发与利用空间巨大。

柳川河综合治理工程将羊坊污水处理厂处理后的再生水引入柳川河，阶段性地实现水环境修复和景观再造，选定串联分区的模式进行再生水输送，在输水管道上预留取水口，为城市绿地灌溉、道路清洗以及洗车用水等提供再生水源，充分利用现状地形进行加压泵站设计，有效降低泵站后期运行费用。

7.2.1.2　城市污水回用于水上公园景观水体工程

太原市污水回用于汾河水上公园景观水体工程，即太原城市污水厂尾水经过深度处理后作为再生水回用于汾河水上公园景观水体，并对汾河水上公园水系采取水质保持措施，防止水华发生，该工程的工艺流程如下：自污水处理厂排放的尾水经管道输送，首先进入一级水平潜流人工湿地，一级潜流湿地采用沸石、砾石等填料，种植各类脱氮植物，进一步去除尾水中的 COD 和 TN；一级潜流湿地出水进入二级湿地，经钢渣、砾石等填料处理，去除尾水中的 TP 和其他微量悬浮物，处理达到预设的排放指标后，进入多水源调度系统的再生水提升泵站，其工艺流程如图 7-1 所示。

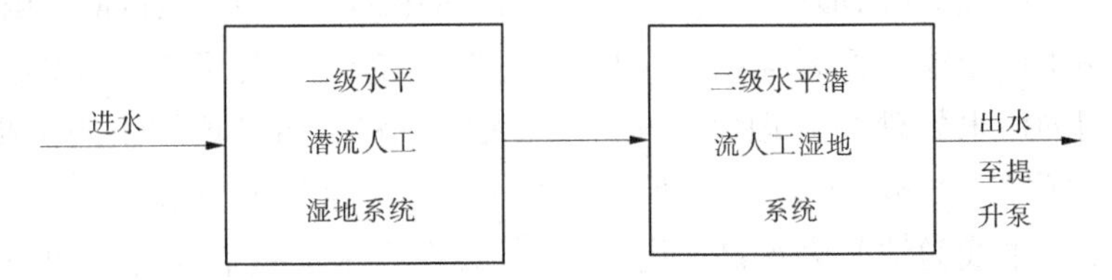

图 7-1　太原市污水回用于汾河水上公园景观水体工程工艺流程

再生水景观水系水质保持的技术流程为：在正常情况下，景观水体通过自身净化，并流经人工曝气充氧测流，同时将大麦秆收割捆绑，与砾石、铁网等重物连接投入水体内多个断面，并在每 4 个月更换一次，保持再生水景观水体的水质稳定。太原城市污水回用于汾河水上公园景观水体工程实现了再生水景观利用所面临的藻类控制技术问题的突破，通过选取适合的抑藻技术实现对太原市汾河水上公园景观水体富营养化的预防和控制，提出了从日常维护到应急的多角度水质保持及治理方案,从而实现汾河水上公园的再生水补水及其水质保障。

7.2.1.3 森林公园污水回用改造工程

昆明市某森林公园有人工湖面积6 700 m^2,平均水深0.7 m,平均日蒸发量为15.561 m^3。在建设污水处理回用站前,该公园的景观、绿化以及人工湖补给用水一直采用自来水,日耗水量为700 m^3/d。2007年1 000 t/d污水处理回用站建成后,用处理后的再生水代替自来水,采用两级UASB+缺氧+好氧+沉淀+活性炭过滤工艺,出水水质达到《城市污水再生利用景观用水水质》(GB/T 18921—2002)标准中观赏性景观环境用水水景类水质标准。由于进水水质发生变化较大,整个污水处理回用系统无法正常使用,于2011年停止使用并进行改造。

改造工程主要建(构)筑物包括调节池、缺氧池、好氧池、MBR膜池、污泥池、清水池及辅助设备间。具体流程如图7-2所示。

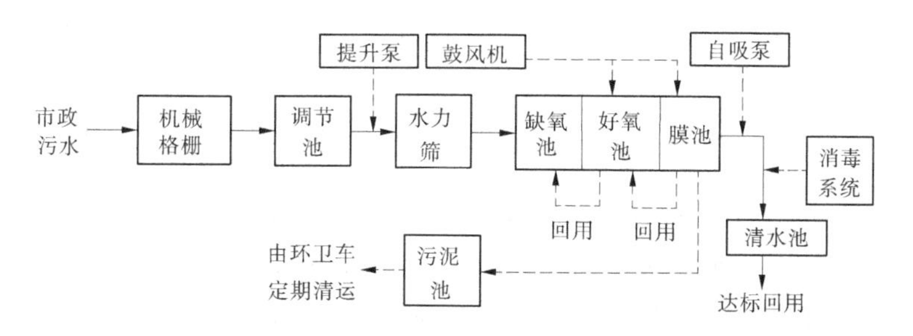

图7-2 改造工程流程

该改造工程实施后,减少了新建设备的占地面积,只需在原有构筑物上进行改造;改造后中水回用工程出水水质全面优于景观用水标准,可达到设计要求的回用标准;该工艺流程简单,自动化程度高,可实现无人值守,只需定时巡视即可;改造后的MBR工艺运行费用低于原工艺费用,污水处理回用工程改造完成后,再次实现了中水回用,节约了水资源,减少了污染物的排放,具有显著的经济效益和环境效益。

7.2.2 污水回用城市杂用水工程案例

7.2.2.1 综合医院污水回用工程

抚顺市某综合医院始建于1969年,是一所集医疗、科研、教学、预防和保健为一体的全国首批三级甲等医疗机构,原有床位800余张,产生医疗污水近600 m^3/d,新诊疗大楼开诊后,产生的医疗污水达800 m^3/d。为了满足环境保护的需求,该医院建设了污水处理站及中水回用工程。大部分污水经处理后实现达标排放,另有一小部分经深度处理后作为医院冲厕、绿化浇灌等杂用。2009年6月,该污水处理工程经环保验收合格后投入使用。

该工程的污水处理及中水回用的工艺流程如图7-3所示。

本工程建成后,环保监测部门对该医院的总排放口水质和中水回用水水质进行了连续3个月的监测,完全达标合格。该医院污水处理站及中水回用工程的基建和运行费用、

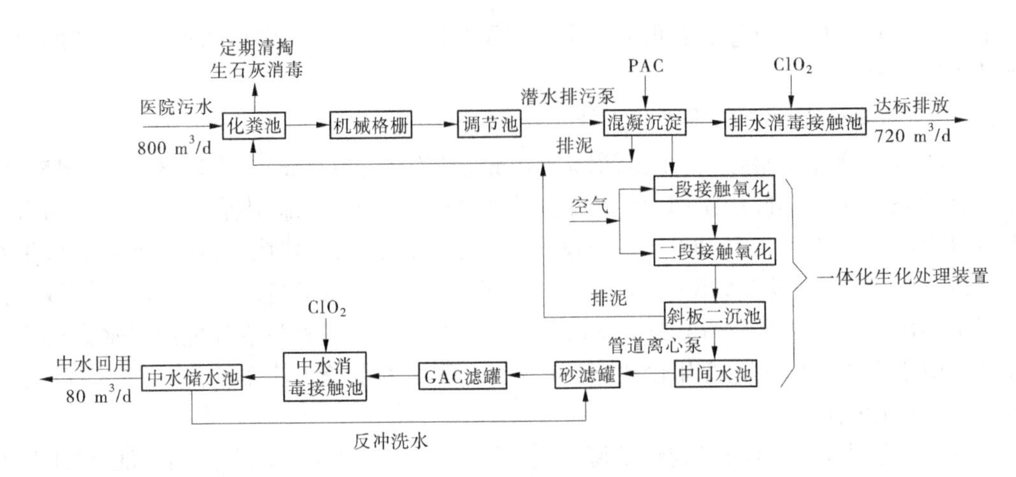

图 7-3　抚顺市某综合医院的污水处理及中水回用工艺流程

制水成本均较低，处理水质好，既节约了自来水水费，又保护了水生态环境。

7.2.2.2　住宅小区生活污水回用工程

本工程住宅小区位于陕西省西安市，中水回用的原水水源为住宅小区内 6 栋高层住宅楼除粪便污水外的杂排水，设计流量 $Q=85\ m^3/d$。处理工艺采用生物接触氧化池为核心的处理单元；以小区内杂排水为原水水源，并使出水水质达到《城市污水再生利用城市杂用水水质》(GB/T 18920—2002)的要求，处理后的水可回用于小区绿化、浇洒道路、洗车、冲厕等，不但可以缓解城市水资源危机，还对社会、环境和经济产生一定的积极意义。

工程采用生物接触氧化池为核心的处理工艺，工艺流程如图 7-4 所示。

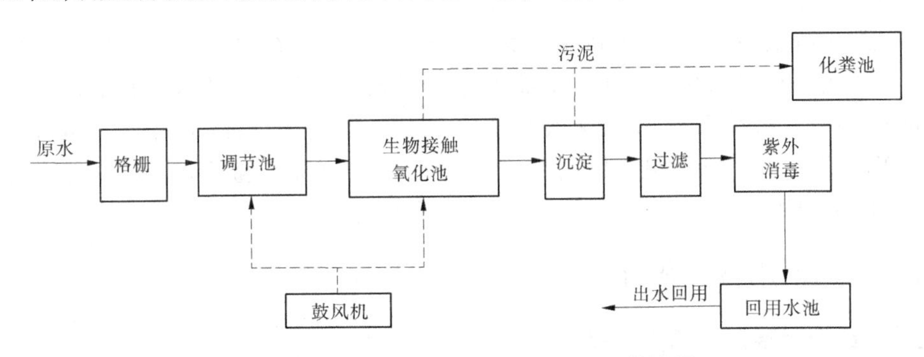

图 7-4　住宅小区生活污水回用工程工艺流程

该工程处理后的水可以用来小区绿化、浇洒道路、冲厕等，这样不仅能满足小区污水处理、水资源重复利用的要求，还可以缓解城市供水紧张与水资源短缺的问题，具有一定的社会效益、环境效益和经济效益。

7.2.2.3　高校学生公寓洗浴废水回用工程

工程采用膜生物反应器 MBR 工艺对高校学生公寓洗浴废水进行处理，具有工艺流程简单、操作维护方便及占地面积小等特点；洗浴废水中主要污染物为浊度、五日生化需氧量 BOD_5、化学需氧量 COD 及总大肠菌群等，出水水量和水质可满足冲厕和绿化需求。

工程工艺流程为原水通过废水管网进入，首先经过格栅，大颗粒物在此捞除后进入调节池，通过对池水预曝气，减轻后续处理设施负荷，并能防止沉淀物沉淀于调节池。废水按序进入毛发过滤器，去除废水中的毛发，通过一级提升泵提升至 MBR 池。鼓风机对 MBR 池进行曝气，对池中的活性污泥提供充足氧分，达到净化的目的。净化水渗透到膜组件膜管中，通过自吸泵的抽吸，提升到清水池。清水池中的洁净水通过变频泵送至用水点。具体流程如图 7-5 所示。

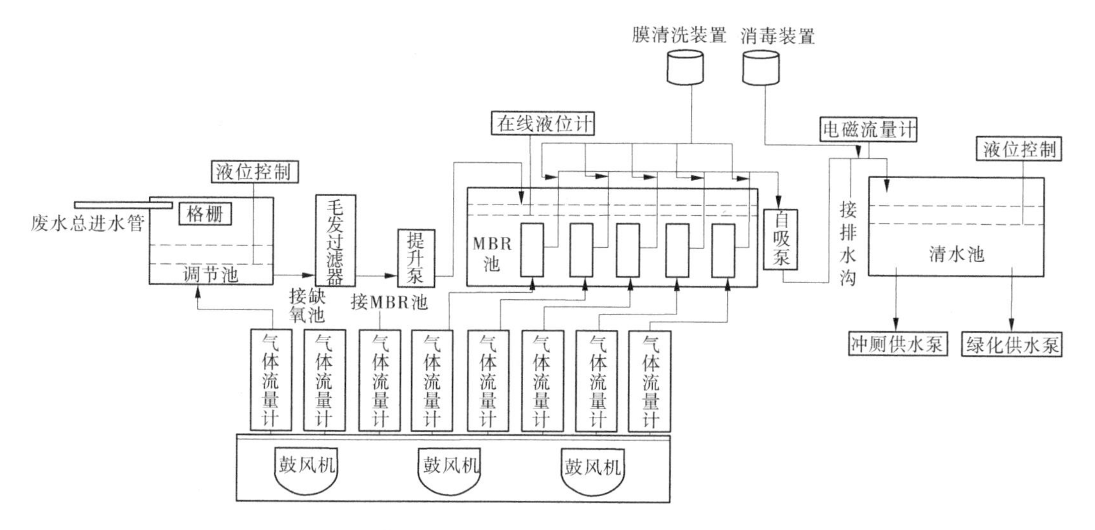

图 7-5 高校学生公寓洗浴废水回用工程工艺流程

该校中水站由物业公司中水处理工负责运行，每天运行 16 h，原水来水量高峰时集中收集洗浴废水，非高峰时处理废水后贮存在清水池，供学生公寓冲厕和周边绿化用水。由于自动控制设施完善，每天 2 个班，每班 1 人，主要负责检查设备运行状态，栅渣、毛发和排泥清运、控制曝气量、保持污泥浓度、定期水质检测、清洗药剂添加及膜清洗消毒等。栅渣、毛发等每天由运行人员负责清理外运，格栅每年进行一次彻底清洗和防锈蚀处理。调节池每年进行清理清洗。

该工程中，学生公寓盥洗室和淋浴间的废水属于优质杂排水，可作为中水水源，其水量、水质相对稳定，处理后可以回用于冲厕和绿化，从而节约新鲜自来水用量，节约水资源；MBR 工艺适用于高校学生公寓洗浴废水的处理，具有工艺流程简单、操作维护方便及占地面积小等特点，可节约校园用地。

7.2.3 污水回用灌溉用水工程案例

7.2.3.1 天然橡胶加工废水回用胶林灌溉工程

某天然橡胶加工厂产能为 4.5 万 t/a，其中包含 TSR5 标准胶 0.75 万 t/a、TSR9710 标准胶 0.75 万 t/a、TSR20 标准胶 1.5 万 t/a 和乳胶级标准胶 1.5 万 t/a。生产废水主要来自胶乳凝固、压薄、造粒、杂胶洗涤等工艺环节。废水经中和—沉淀—UASB—AO 生化—混凝沉淀—砂滤—消毒工艺处理后，作为生产工艺用水的补充水及胶林浇灌用水，无废水外排。

其具体工艺流程(见图 7-6)为:凝胶废水首先经过沉淀池前端的栅网拦截碎胶块和漂浮物,栅格间隙为 8 mm,采用人工清理并定期收集回收碎胶,碎胶经清洗后可回用于生产。凝胶废水沉淀池采用平流式沉淀池,通过重力沉降分离出废水中剩余的悬浮颗粒,出水再自流进入调节池,进一步均衡水质水量后由泵提升进入配水池。

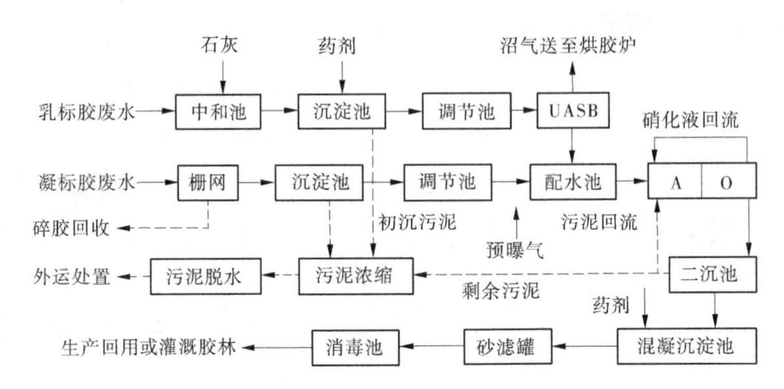

图 7-6　天然橡胶加工废水回用胶林灌溉工程工艺流程

采用 UASB—AO 生化—混凝沉淀过滤为主的工艺处理天然橡胶加工废水可取得良好的处理效果,出水水质可同时满足《城市污水再生利用 工业用水水质》(GB/T 19923—2005)中工艺与产品用水标准和《城市污水再生利用农田灌溉水水质》(GB 20922—2007)中露地蔬菜标准的要求。处理后出水 10%用于浇灌橡胶林和绿化,其余可全部回用于析胶、洗胶、设备清洗、冷却塔等生产流程,无废水外排,降低环境污染的同时可有效节约宝贵的水资源。

7.2.3.2　城市污水回用于农业灌溉工程

城市污水经过二级处理后回用于农田灌溉既可以提高水资源的利用率,为污灌区农业提供稳定的水源,减少水体污染,同时减轻了污水处理的投资,特别是把二级生化处理也难于去除的氮、磷等营养物,既用来作为农作物的肥料,又避免了水体富营养化。城市污水必须处理到农田灌溉的水质标准,还要求处理过程必须对环境不产生危害。一般情况下,城市污水经过二级处理后水质可以达到农田用水的标准。

以色列是一个严重缺水的国家,污水资源化非常受重视,目前城市废水利用率可达 70%。由于水资源的匮乏,需要通过拓宽城市污水的用途来代替传统水源来支持农业。在以色列和巴勒斯坦,预计到 2040 年将有 1 000 亿 m^3 处理的城市污水作为农业灌溉水源,占总用水量(1 400 亿 m^3)的 70%。

以色列科技人员开发了一种同时决定农作物组成和水源的优化模型,根据模型在回用水灌溉区选择回用水灌溉还是间歇灌溉。污水回用灌溉,可以节约淡水水源和化肥,同时减少排河水处理的成本,而对环境的危害可以通过提高处理程度,远离动含水层地区灌溉。在以色列中部地区用污水回用灌溉农田能够支持农业的可持续发展同时减少农业成本。而输送污水至南部虽然会有一些经济损失,但与此同时可以减少河流污染,而且会从保持环境的贡献中得到补偿。

7.3　污水资源化在间接饮用水方面的工程案例

7.3.1　城市污水处理厂尾水人工湿地净化工程

近年来,太湖水污染问题一直备受关注,宜兴为环太湖上游城市,河网密布,城市污水的排放对太湖影响较大,因此需进一步削减其周边污水处理厂尾水污染物负荷,控制进入太湖水体的氮、磷等营养物质的浓度非常关键。有研究团队在宜兴设计建设的 5 000 m^3/d 污水处理厂尾水净化复合式人工湿地系统,复合式人工湿地系统对宜兴城市污水处理厂尾水具有良好的净化效果,可实现氮、磷营养物质的高效去除。

该复合式人工湿地系统的工艺流程如图 7-7 所示。利用潜水泵将尾水运输至生态强化单元进行高位配水、调节水量,去除 SS;出水自流进入 4 座并联的双向横流单元,完成有机物和 SS 的高效去除,并进行初步脱氮;出水自流进入多层介质潜流单元,强化层间氧传递,促进有机物的分解、磷的吸收和深度硝化;出水通过生态渠形成均匀水平流分别进入折流式潜流单元和底部导流潜流单元,进一步降解 COD、TP 等污染物,实现反硝化脱氮除磷;出水再流入表流湿地单元实现植物生态净化,深度去除水中氮、磷等污染物;出水最后进入生态人工湖,进一步提高水体的透明度,保障出水水质。经过人工湿地处理的出水,可以有效补充湖泊水源。

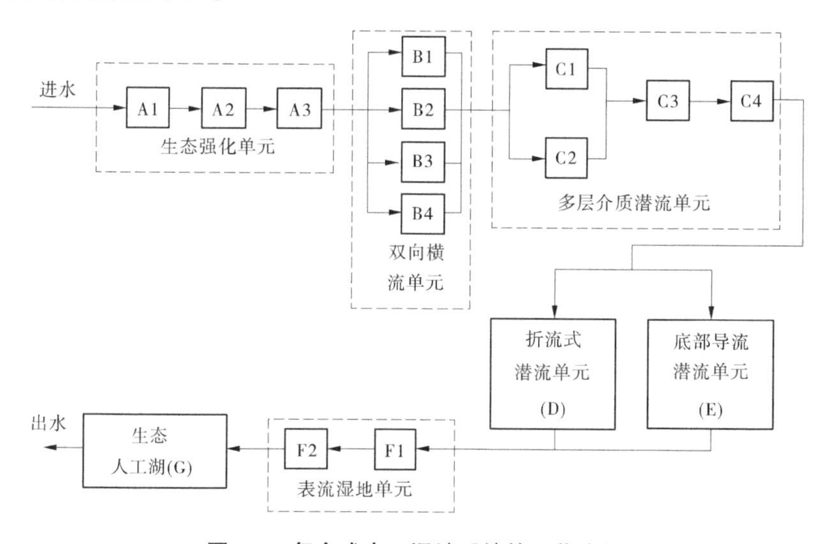

图 7-7　复合式人工湿地系统的工艺流程

7.3.2　复合人工湿地处理某污水处理厂尾水工程

长江经济带某污水处理厂尾水原直接排入长江,为响应水利部的号召,并根据该污水处理厂尾水入江排污口设置的行政许可相关规定,该污水处理厂尾水水质达到《城镇污水处理厂污染物排放标准》(GB 18918—2002)一级 A 标准后须经人工湿地再次深度净化处理。

本工程除去垃圾堆场及被河道分隔的用地后,可利用的面积大约为 22 hm^2,整个湿地的水力负荷将不低于 0.67 $m^3/(m^2 \cdot d)$。为保证出水水质达标,高适应性人工湿地设计方案如下:污水处理厂尾水由提升泵提升至湿地前端配水池,根据环境容量计算,设计分流 1.5 万 m^3/d 至生态河道,承担部分流量的尾水净化功能;分流 13.3 万 m^3/d 至人工湿地,人工湿地共设置了 3 个功能单元,依次为生态渠、表流湿地、沉水植物区。其中,生态渠根据工程实际用地情况共设置四级,边坡采用多孔混凝土护坡,并设置一至两级的植物表面滤床和生态浮床,增强植物及微生物的生境以强化对污水的去除效果;生态渠出水通过溢流堰跌至表流湿地,并在表流湿地末端设置水位控制堰,通过水位调控以不同的模式运行;表流湿地出水通过水位控制堰跌至沉水植物区,沉水植物区对表流湿地出水进行复氧,稳定出水水质,并在沉水植物区设置软围隔以优化流场。最终,生态河道中的尾水汇至沉水植物区,沉水植物区 25%出水回用于道路洒洗、绿化养护、河道补水及企业生产,75%出水由排江泵站排至长江。

目前,该湿地接纳污水总量为 9.8 万 m^3/d 左右,工程于 2018 年 3 月完工并进行调试,经过 3 个月的稳定运行后,系统运行情况良好,植物生长正常,出水水质达到设计标准。该工程通过设计合理的功能分区、采用多孔混凝土护坡技术、布置生态浮床和植物表面滤床、设置软围隔、建立合理的植物配置等措施,突破了建设场地类型复杂、用地紧张等限制因素,间接补充了地表水源,保障了污染物的有效去除,降低了沿江水环境风险。

第 8 章　污水有效利用的前景与风险分析

污水排放是人们生活和社会发展不可避免的问题,但由于人口剧增和城市化的快速发展,污水排放量不断增加,大量污水的排入,使我国水资源面临严重的污染问题,因此污水资源化利用必不可少。但由于污水的来源多种多样,污染物也千差万别,特别是一些有毒污染物的排放,对污水的有效利用产生了一定的风险,因此在有效利用污水的同时更应提前了解其潜在威胁,以至于更好地使污水资源化利用。

8.1　污水有效利用前景

8.1.1　有效解决水资源短缺的必由之路

水是一切生命的源泉,是人类可持续发展的必备条件。我国水资源紧缺,加之工业用水和生活用水过程中对水资源的严重浪费和污染,导致可利用的水资源越来越少。伴随着工业和城市的发展,数量有限的水资源成为迅猛发展的工业部门、越来越富裕的城市人口竞相追逐利用的目标,水资源的数量供给和质量保障均面临严峻的挑战。在工业化和城市化的进程中,由于对水资源的需求越来越大,往往造成中国水资源不断向城市非农产业等部门倾斜,其中工业用水量所占的比重较之以往有较大的增幅,统计数据表明,1949~2004 年城市化的快速推进过程中,工业用水量所占的比重从 2%增长到 22%,生活用水量的比重则从 1%增长到 13%。大量的城市污水未经处理就直接排入水域,导致中国城市目前水污染的现象非常严重,七大江河水系中劣Ⅴ类水质占 41%,1/4 的人口饮用不合格的水。据 120 多个城市地下水质监测资料统计分析,97. 5%的城市受到不同程度的污染,其中 40%的城市受到重度点状污染和面状污染,且有逐年加重的趋势。另外,沿海城市的海岸带污染也十分严重。随着地表水资源日趋减少,人们开始开采地下水资源,但是地下水过度开发不仅会导致城市地面沉陷,而且地下水资源的过量开采还会进一步加剧城市水污染危机。

根据我国环境保护相关部门发布的环境状况调查结果报告,我国 2013 年废水排放总量为 690 多亿 t,其中,工业废水排放量 209. 8 亿 t,占到总废水排放量的 30. 2%;城镇生活污水排放量 485. 1 亿 t,占总废水排放量的 69. 8%,比 2012 年增加 2. 2 个百分点。据 2013 年我国对 5 364 座城市污水处理厂的调查统计结果,我国全年处理废水总量达 456. 1 亿 t,其中,生活污水 397. 7 亿 t,占总处理水总量的 87. 2%。由此可知,我国城镇生活污水排放量和处理量均明显高于工业废水,城镇生活污水对水资源的破坏尤为严重。

城市居民的粪便和洗涤污水是城市生活污水两大主要来源,其组成成分包括漂浮和悬浮的固体颗粒、胶状和凝胶状的扩散物及纯溶液等。城市生活污水的组成成分相对复杂而且较为稳定,其中含有大量碳水化合物、氨基酸、纤维素、淀粉、糖类、脂肪和蛋白质等有机化合物,以及氯化物、硫酸盐、磷酸盐、碳酸氢盐、钠、钾、钙和镁等无机物营养物质,这为细菌、病毒和寄生虫卵提供了一个环境适宜的生长繁殖场所,此外,城市生活污水中所含成分的浓度相对较低,水质质量也相对比较稳定。因此,鉴于城市生活污水含有较高的碳、氮、磷等生物营养元素,对其合理有效地处理,可以实现污水在农田灌溉、城市园林浇灌、电厂和工业用水等方面的资源化再利用。

污水资源化能够将污水经过技术处理使其达到一定标准水质并应用于一定用途,不仅在一定程度上解决了污水排放问题,更在客观上减少了水资源在开发阶段的输入,同时提高了水资源的利用率,是一种缓解水资源压力的有效措施,因此实现污水资源化在社会的全面推广不仅是人类用水方式的发展趋势,也是社会发展的必然选择。

8.1.2 国家层面的政策、法律法规的支持

8.1.2.1 我国污水资源化法律法规概述

目前,基于我国污水资源化整体上尚处于起步阶段、再生水使用绝对量和比重都较小的背景,我国直接调整污水资源化相关社会关系的全国性立法仍是空白,尽管也存在着部分地方出于对污水资源化光明前景的预期而出台的涉及污水资源化的地方性法规,比如西安市 2012 年出台的《西安市城市污水处理和再生水利用条例》以及宁波市 2008 年出台的《宁波市城市排水和再生水利用条例》,但由于缺乏高位阶立法,这些地方性法规无法形成一种具有全局意义的法律体系,无法从根本上满足污水资源化在全国范围内建设发展必要的制度需求。再者,上位法在污水资源化这一“新领域”的缺失也可能造成地方性法规出于实际需要在法律空白区域自行设置权限,无形中扩大了公权力的边界,实质上违背了“法无授权即禁止”的法治要求。

另外,经过几十年的实践及经验总结,我国在水资源立法建设方面取得了长足的进步,形成《中华人民共和国水法》为核心的水资源法律体系,包括《中华人民共和国水污染防治法》等法律,《取水许可制度实施办法》《城镇排水与污水处理条例》《城市用水条例》等行政法规和《取水许可申请审批程序规定》《取水许可监督管理办法》等行政规章,从不同层面、不同角度对水资源的合理开发利用保护以及可持续使用进行规范和调整,也形成了一些符合国情、行之有效的具体的制度,这些制度不仅在当前一定程度上填补着我国污水资源化制度空白,更为解决我国污水资源化立法问题和我国水资源法律体系建设提供了制度基础。

就目前而言,因为缺乏直接调整污水资源化的法律规范,探讨污水资源化所存在的立法问题时,仍应当以《中华人民共和国水法》以及《城镇排水与污水处理条例》为主要对象,对我国当前污水资源化立法进行总结和简要评价。

1.《中华人民共和国水法》

现行《中华人民共和国水法》于 1988 年经全国人大常委会通过后实施,历经三次修订,现行版本为 2016 年 7 月最新修订。《中华人民共和国水法》以合理开发、利用、节约和保护水资源,防治水害,实现水资源的可持续利用,以实现水资源开发利用能够适应国民经济和社会发展的需要为立法宗旨,就如其宗旨所述,《中华人民共和国水法》在具体内容上,也大致遵从了这样一个框架顺序,包括水资源的规划、开发利用、水资源保护、配

置和节约使用,也包括了水事纠纷处理与执法监督检查,以及法律责任部分,从整体上看,调整的范围包括了水资源的开发、利用和排污环节,并且也明确提出了水资源的可持续利用,具备了水资源法律体系中"基本法"的功能,但就法条中具体内容来看,该法在最新修订后仍难以保证其中的制度能够彻底有效地实施。

首先是立法理念仍以行政管理为重心,具有浓厚的行政色彩,以水资源规划与配置为例,许多法条规定了政府在水资源的配置中具有较大的权限,以及在具体制度制定方面有着较大的法律空白空间,实质上扩大了行政权力的边界;其次,《中华人民共和国水法》有着太多的原则性的规定,其立法目的的实现需要太多的具体制度规范以及技术标准的配合,这就存在着相关配套制度是否完整以及现存的配套制度是否合法合理的问题,诚然一些技术性规范由于客观原因无法在法律条文中罗列,但一些条文大可以进行删改;再次,法律责任的缺失,《中华人民共和国水法》第七章共十四条规定了法律责任,但明显无法与其权利义务相对应,不仅政府在《中华人民共和国水法》中的行政权力却缺乏相对应的责任去约束,而且其余十三条关乎企业或个人的法律责任,也没有做到完善,因此造成的水资源浪费以及对社会经济秩序的影响等对公共利益的损害,很难在法律责任的范围内解决,同样会造成权责不一致的局面。

《中华人民共和国水法》中诸如以上的问题并不在少数,而具体到污水资源化方面,《中华人民共和国水法》中与之相关的,就是其在立法宗旨中所述的实现水资源的可持续利用,仅仅表现在第五十二条这一条的内容,城市人民政府应当因地制宜采取有效措施,鼓励使用再生水,提高污水再生利用率。这一条不仅存在着《中华人民共和国水法》的通病,而且全文仅此一条的规定,并不能匹配水资源可持续利用与水资源其他环节并列于其立法宗旨的地位。

因此,现行《中华人民共和国水法》虽然于2016年7月新近修订,但就达到其水资源可持续利用的目的,仍然存在着巨大的空白,对于全面推广污水资源化,实现再生水的高利用率所必需的制度需求来说,几乎完全不能提供制度保障。

2.《城镇排水与污水处理条例》

2013年10月2日国务院发布了最新审议通过的《城镇排水与污水处理条例》,并于2014年1月1日起正式实行。《城镇排水与污水处理条例》制定的背景是近年来我国城镇化、工业化的进程不断加速,但城镇排水与污水处理这一基础设施却远远没有跟上城市规模扩张的步伐,排水和污水处理系统的落后不但造成了许多城市在雨季内涝频繁,而且不科学合理的排水和污水处理方式造成了城市周边生态环境污染破坏严重,同时在一定程度上造成城镇排污管网的损耗,使得维修成本提高。因此,国务院通过出台这样一部法规,使得城镇排水与污水处理工作有法可依,有据可循,为依法推进城市排污系统建设和现有排污系统升级改造提供了制度保障。《城镇排水与污水处理条例》也确定了不少具有前瞻性和能够落到实处的措施和制度,相较于《中华人民共和国水法》等具有更强的可操作性和执行力,具体表现在以下几个方面:

(1)制定了较为详细的规划制度。随着城市规模的进一步扩张,在新城区建设时先期通过合理的规划,建设相对完善的排水和污水处理系统,使得城市免于落入先建设再整改的老路,不但能使城市功能更加趋于完善,更能节省市政建设维修成本、节省公共资源。

(2)提出了排水与污水处理综合管理的理念。从过往我国水资源立法来看,水资源利用过程中的各环节实际上是被分割开来的,针对各环节出现的问题分别出台不同的规范性文件,比如《中华人民共和国水法》更多地强调水资源在输入端问题的制度解决,而《中华人民共和国环境保护法》以及《中华人民共和国水污染防治法》则更多地对水资源利用末端的水污染问题加以规制和调整,《城镇排水与污水处理条例》则强调解决水资源问题要将水资源开发、使用、排污等环节统筹考虑,以便能实现进一步保护水资源、提高水资源利用率、防止污水排放过度影响生态环境。

(3)促进污水再生利用。《城镇排水与污水处理条例》在第六条第二款规定了政府鼓励污水的资源化和再生利用,以及第三十七条明确规定了工业生产、城市绿化、建筑施工等用途要优先使用再生水,同时还规定了再生水纳入水资源统一进行配置。显而易见,《城镇排水与污水处理条例》的这些规定已经意味着再生水在生产生活中的使用具有了一定的普遍性,而再生水相关法律制度的空缺引起了政府的关注,并在法律缺失的背景下,在行政法规中予以了一定程度的补充,使得实践中污水再生利用有一定程度的制度保障。

(4)准许社会资本参与城镇排水与污水处理行业。《城镇排水与污水处理条例》规定了政府鼓励采取特许经营、政府购买服务等方式吸引社会资本进入这一行业。这一规定对城镇排水与污水处理问题的解决具有非常大的现实意义,一方面,城镇排水和污水处理问题的解决最终还是落到地方政府,而许多地区地方经济发展的重任以及地方各项事业建设往往令地方财政捉襟见肘,即使以经济指标作为政绩考核唯一重点的趋势已经有所改变的背景下,新建城区科学的排水和污水处理系统建设的高成本及城市建成区现有的落后的系统改造仍然是一笔较大的支出,引进社会资本能够有效地缓解财政的困境,更好地推动排水和污水处理建设。另一方面,引进社会资本,实质上就意味着在相关的资源配置过程更多地交由市场来决定和处理,这也更符合经济发展的规律。

尽管《城镇排水与污水处理条例》在上述措施和制度的规定上,对于污水资源化的发展具有相当的积极意义,但就污水资源化的全面推广来说,其仍未能在现有的立法中占据主要地位,《城镇排水与污水处理条例》的主要立法目的还是倾向于解决城镇排水与污水处理等水资源利用末端的问题,就其内容来看,排水与污水处理的主要方式还是向野外排放,只不过对排放的水质标准有着严格的技术要求。而《城镇排水与污水处理条例》中提到的污水再生利用,也只是被看作处理污水的一种方式而已,并没有上升到单独拿出来进行的层面。

从以上两部目前与污水资源化息息相关的立法来看,它们都没有在实质上对污水资源化产生积极影响,究其根本,它们都着力于解决水资源利用过程中输入端和输出端单一环节的问题,尽管《城镇排水与污水处理条例》提出了整个环节统筹考虑的理念,但并没有作为一种立法的指导思想贯穿始终,而贯穿其中的仍然是以"事后治理"的落后理念,而污水资源化是高度契合循环经济理念的一种新的用水模式,循环经济"减量化""再使用""再循环"的原则在污水资源化得到了完全的体现,而这三个原则又分别能够对应水资源利用过程的三个环节。因此,只有能够体现这三个原则的水资源立法才能真正保证污水资源化的制度需求。

8.1.2.2　我国污水资源化的相关制度

经过几十年的实践及经验总结,随着我国水资源立法工作的不断推进和发展,我国根据国情及实践经验,在微观层面上的水资源具体制度建设方面取得了一定的成就,现行水资源法律所确定的部分制度,实质上承担着调整污水资源化关系的功能,部分制度在可持续发展和循环经济背景下具有一定的前瞻性,但随着水资源开发利用排污相关技术的发展,相关具体制度却没有做到与时俱进,亟待加以完善。

1. 取水许可制度

早在 1988 年我国颁布的《中华人民共和国水法》中,就确立了取水许可制度。《中华人民共和国水法》规定,国家对水资源依法实行取水许可制度,单位或个人直接取用法定水资源(地表水和地下水),应当向水行政部门或流域管理机构申请领取取水许可权。这一制度是建立在水资源国有的基础上,从公共利益的角度讲,水资源作为人类生存和从事生产活动的必要的战略资源,具有很明显的公益性,如果对取用水资源不加以规范,那么很可能会带来一种负外部性效应,不利于公共利益的维护,因此包括许多发达国家在内,水资源的所有权都是收归国有,再通过不同的方式使得取水的主体能够合法获得取水权。因此,这一制度的规定是符合当前世界范围内水权制度发展趋势的,在很大程度上保障了水资源安全。另外,从循环经济的角度看,存在严格的取水许可制度,使得水资源在水循环的输入端能够有所减少,在一定程度上遏制了粗放式开发利用水资源的情况,符合循环经济"减量化"原则。取水许可制度也是《中华人民共和国水法》对水资源开发环节各种关系进行规制的具体体现,由于水资源的稀缺性以及其相对脆弱的自我再生能力,在水资源的整个利用过程中,从一开始的开发取水环节就加以规范,能使水资源在很大程度上不至于被粗放开发和浪费。

2. 有偿用水制度

如同取水许可制度一样,有偿用水也是《中华人民共和国水法》所确立的一大制度,《中华人民共和国水法》同样在第七条对此进行了规定。但由于该条文对此并没有进行详细描述,因此水资源有偿使用制度主要是通过一些政府规范性文件加以规制,比如《电力工业部关于对水电站征收水资源费和库区开发费问题的通知》(1993 年)、《国务院办公厅关于征收水资源费有关问题的通知》(1995 年)等。同取水许可制度一样,有偿用水制度同样是在水资源开发环节进行规制。由于水资源的稀缺性,以及考虑到水资源自然再生能力远远不能满足经济社会对于水资源的需求,用水者取用水资源势必会在某种程度上造成公共利益的损害,也就是所谓的负外部效应,但生产生活又不能离开水资源,因此有必要实施有偿用水制度。尽管资源在一定程度上讲具有无价的特征,但考虑到社会的实际需求,有必要让取水者通过支付相应的价款来取得水资源的使用权。首先,有偿用水可以将水资源价值转换为相应金额的货币,让用水者直观地意识到水资源的价值性,从而减少过度浪费水资源的情形;其次,有偿用水可以在一定程度上弥补水资源这种公共利益在取用水过程中的损失,水资源的所有权人(国家),可以将实施有偿用水制度所得的收入相应地用于水资源的保护以及污水排放等相关问题中,从而进一步推动水资源相关问题得以解决。

3. 落后工艺、设备和产品强制淘汰制度

《中华人民共和国水法》确立了对水资源消耗大的落后工艺、设备和产品的强制淘汰制度，具体名录由国务院经济综合主管部门会同国务院水行政主管部门和有关部门制定并公布。这一制度旨在推动工农业生产用水中高水耗量的技术、设备等工具的淘汰，提高水资源的利用率，从而实现水资源在生产生活中输入的“减量化”。与许多类似“促进”“鼓励”的规定不同的是，这一制度有着较强的执行力和强制性保障，《中华人民共和国水法》在法律责任部分专门规定了违反本制度的法律后果。这一制度有力地推动了高水耗量的生产工艺、技术的淘汰和更新换代，推动我国工农业产业升级的同时有效地保护了水资源。

8.1.3　污水处理技术发展的推动

8.1.3.1　农村生活污水的处理技术

目前，国内应用的农村生活污水治理的技术比较多，但从工艺原理上通常可归为两类：第一类是自然处理系统。利用主壤过滤、植物吸收和微生物分解的原理，又称为生态处理系统，常用的有人工湿地处理系统、地下土壤渗滤净化系统、塘处理系统等；第二类是生物处理系统，又可分为好氧生物处理和厌氧生物处理。好氧生物处理是通过动力给污水充氧，培养微生物菌种，利用微生物菌种分解、消耗吸收污水中的有机物、氮和磷，常用的有普通活性污泥法、AO 法、生物转盘和 SBR 法等。厌氧生物处理是利用厌氧微生物的代谢过程，在无须提供氧气的情况下把有机污染物转化为无机物和少量的细胞物质，常用的有厌氧接触法、厌氧滤池、UASB 升流式厌氧污泥床等。针对农村地区特点，常用污水处理技术有人工湿地处理技术、地下土壤渗滤净化系统、好氧生物处理系统、厌氧生物处理系统。

1. 人工湿地处理技术

人工湿地，是一个复杂的自然湿地的仿真结构，是由人工设计模拟自然湿地的结构与功能的复合体，它由水、处于水饱和状态的基质、水生植物和动物等组成，并通过其中一系列生物、物理、化学过程来达到净化污水的目的。人工湿地类型多样化，根据人工湿地工程设计中的系统布水方式的不同或水在系统中流动方式不同，人工湿地一般又可分为：自由表面流人工湿地(free water surface constructed wetland, FWS)，又称地表流湿地系统或水面湿地系统；潜流人工湿地系统(subsurface flow constructed wetland, SSF)，也称渗滤湿地系统。前者水体是水平的流动，而后者潜流人工湿地系统水体既可以水平流动也可以垂直流动，因此潜流人工湿地系统又可以分为水平潜流人工湿地系统和垂直潜流人工湿地系统。

人工湿地对有机污染物、氮、磷去除效果较好。人工湿地通过添加炉渣、水泥熔渣等渗滤材料对磷的吸附，系统出水磷的浓度小于 1 mg/L。人工湿地在处理面源污染中起到了很大的作用，往往是与渗滤系统相结合处理污水。对城镇污水和面源污水，经过快速渗滤处理后，水中的污染物浓度降低，再流入湿地处理效果会更好。在加拿大，湿地是作为二级污水处理后的一个深入处理，最终出水达到排放湖泊的标准。

人工湿地是 20 世纪 70~80 年代蓬勃兴起的一种废水处理新技术。人工湿地处理污水具有高效率、低投资、低运转费、低维持费、低能耗等特点。国外研究资料表明,在进水浓度较低的情况下,人工湿地 COD 的去除率达 80%以上,氮的去除率可达 60%,磷的去除率可达 90%以上。

2. 地下渗滤系统

地下渗滤系统通常是指由化粪池和地下渗滤装置构成的污水处理系统,在重力和土壤毛细管力的作用下扩散运动,污水在此迁移过程中通过物理截留、物化吸附、化学沉淀、微生物降解、动植物作用等被净化。它在国外应用也很普遍,通常用于没有市政管道的独栋的住房,在化粪池后面的污水处置方法。

3. 土地渗滤系统

土地渗滤处理是将污水排入到天然土壤或种有植物的天然土壤表面,污水垂直渗入地下,借助于土壤—植物—微生物系统,利用过滤、吸附和微生物降解等复杂的综合过程,使得污水得以净化的土地处理工艺。按照渗滤速率不同分为慢速渗滤系统和快速渗滤系统。慢速渗滤系统易与农业生产结合,可代替废水三级处理,因而被许多国家及地区广为应用。慢速渗滤土地处理系统对氮、磷的去除率很高,对有机物的去除也有很好的效果,是处理乡镇污水和面源污染的一种方法,但是单位面积处理水量小,而且季节性较强。

自然快速渗滤系统受当地的土质限制,因此采用人工构建渗滤介质,使其能灵活、广泛地应用。在我国"七五"攻关课题中就有对人工土快速渗滤系统的研究,以砂、草炭和耕作土壤混合的人工土作为介质对污水进行渗滤处理,处理后的水质达常规二级处理水平。较一般天然土地处理的水力负荷率高几倍到几十倍。由于投资、运行费用低,管理简单等优势,具有广阔的应用前景。

4. 生物沼气净化池技术

沼气技术是通过微生物在厌氧条件下分解人畜粪便等有机物,产生的沼气作为能源来利用的一种技术,沼渣、沼液可以用作有机肥。粪便污水通过沼气技术进行处理与综合利用,从源头上大大减小了排放污水中污染物的浓度,与此同时,沼气池对于污水中致病微生物也具有良好的去除效果。我国在农村沼气应用方面投入巨大,并且走在世界前列。生活污水净化沼气技术具有投资省、管理方便、运行费用低、回收能源(沼气)等特点,适用于居住相对集中的,难以纳入城市污水管网的城镇生活污水的处理,很适合在广大农村地区推广使用。

5. 生物稳定塘处理技术

生物稳定塘是一种工艺简单、效果良好、节能、操作管理简单的一种污水处理方法,主要是利用天然水中存在的微生物、藻类,对有机废水进行好氧、厌氧生物处理的天然或人工池塘,它可以通过生化自净作用,在自然条件下完成废水的生物处理。生物稳定塘处理系统已在许多国家得到广泛应用,我国从 20 世纪 80 年代开始至今在全国范围内开展了研究。

稳定塘污水处理系统具有基建投资和运转费用低、维护和维修简单、便于操作、能有效去除污水中的有机物、无须污泥处理等优点,近年来越来越受到人们的重视。针对传统稳定塘中存在的缺陷,人们不断地对稳定塘进行改良,出现了许多新型塘,其中包括高效藻类塘、水生植物塘和养殖塘、高效复合厌氧塘、超深厌氧塘、悬挂人工介质塘、移动曝气塘、生物滤塘等,这些技术进一步强化了稳定塘的优势,弥补了原有技术的不足。

6. 蚯蚓生态滤池处理技术

蚯蚓生态滤池处理技术是由法国和智利的科研人员开发的一项针对城镇生活污水的处理技术,主要是根据蚯蚓具有吞食有机物、提高土壤渗透性能和蚯蚓与微生物的协同作用等生态学功能而设计的一种污水生态系统处理技术。蚯蚓生态滤池是一个复杂的生态系统,生长着蚯蚓和大量的细菌、真菌、霉菌等。蚯蚓生物滤池是根据蚯蚓具有提高土壤通气透水性能和促进有机物分解转化等生态功能而设计的,集物理过滤、吸附、好氧分解和污泥处理等功能于一身,利用滤料截留、蚯蚓和微生物分解利用污水及污泥中的有机物和营养物并具有促进含氮物质的硝化与反硝化作用,是一种生态型污水污泥同步处理新技术。有研究表明,在水力负荷为 1.0 $m/(m^2 \cdot d)$时,蚯蚓生物滤池对 COD 的去除率可达 95%以上,对 BOD_5 和 SS 的去除率达 90%以上,对氮和磷的去除率也分别在 80%和 70%以上。

蚯蚓生态滤池具有投资低、工艺简单、操作方便、占地面积小、维护和运行费用低、无剩余污泥产生等优点,对于没有系统的污水收集管网、管理水平和技术水平都相对较低的农村地区来说,是一种极具推广价值的生活污水处理技术。

近几年来,我国各地在社会主义新农村生活污水处理工程建设中,将以上几种技术进行优化组合,总结出了一些不同的技术模式,如浙江省总结了 10 种生活污水处理模式:

模式一:沼气池资源化利用。分解产生的甲烷可收集起来作为能源使用,沼气池出水还含有较高浓度的氮、磷等,不可直接排放,可用作农村农业堆肥,实现资源化利用。

模式二:沼气池+兼氧生物过滤。出水水质可以达到《污水综合排放标准》(GB 8978—1996)二级排放标准。

模式三:沼气池+微动力。在沼气池净化处理的基础上,配套微动力曝气装置,一步去除污水中的杂质。出水水质可以达到《污水综合排放标准》(GB 8978—1996)一级排放标准。

模式四:沼气池+人工湿地。出水水质可以达到《污水综合排放标准》(GB 8978—1996)一级排放标准。

模式五:沼气池+稳定塘。出水水质可以达到《污水综合排放标准》(GB 8978—1996)一级排放标准。

模式六~九:技术原理分别与模式二至模式五类似。在第二阶段处理时以厌氧处理为前处理,对其处理后的尾水进行深度处理,以满足相应的污水排放标准。

模式十:多种技术综合。每一种单一的处理工艺各有其优缺点,该模式综合运用多种处理技术,以达到取长补短、提高生活污水处理效果的目的。

8.1.3.2 城市生活污水的处理技术

城市生活污水的处理主要依托城市污水处理厂完成,而我国城市污水处理厂一方面由于资金投入缺乏和处理技术相对落后,导致一些污水厂处理过的污水不能符合国家排放标准,污水厂无法正常运转,对城市生活污水处理效率造成严重影响;另一方面,由于我国城市污水厂建设位置过于集中,且多位于城市偏远的地方,为此就要为污水排放建造独立的污水截流系统,给再生水的回收再利用带来了很大的难度。我国污水处理厂对城市生活污水的处理方法主要可以分为物理、化学及生物三种处理方法。物理处理法主要运用离心和筛滤技术对城市生活污水进行处理；化学处理方法主要运用萃取、吸附、离子交换和化学反应等技术对城市生活污水进行处理；生物处理方法主要依托微生物代谢和生物膜特性对城市生活污水进行处理，污水生物处理法因其能耗低、效果好、流程简单和便于推广应用等特点，已成为现代污水处理中应用最为广泛的技术之一。

1. 常规污水处理技术

根据污水处理技术的处理程度进行分类，可将现代污水处理工艺技术分为一级、二级与三级。一级的处理方式主要是以物理处理法将较大漂浮物截留。在通常情况下，沉砂池主要是设在格栅后面，同样能设在初沉池前面。这是为了将较大无机颗粒去除。二级的处理方式主要是以生物处理方法来将污水中所含有的有机污染物（呈胶体、溶解性状）去除。在处理流程中，生物处理构筑物为主要部分。二沉池的目的是能够将在生物处理过程中所产生的生物体去除。由于在城市污水处理过程中，一级和二级为常用处理方式，故而又被称作常规污水处理法。三级处理方式是在一、二级处理的基础上对降解程度较高的有机物、氮、磷等可溶性无机物进行进一步的处理。其主要处理方法包括活性炭吸附法、生物脱氮除磷法、砂滤法、电渗析法、混凝沉淀法、离子交换法等。其中，最典型的有反硝化除磷技术、化学磷回收辅助生物除磷技术和剩余污泥厌氧共消化技术。

2. 反硝化除磷技术

常规强化生物除磷工艺（EBPR）是使活性污泥不断在厌氧—好氧两种状态下形成动态循环，进而选择驯化出一定数量具有超量聚磷能力的微生物——聚磷菌（PAOs）。活性污泥中的 PAOs 在厌氧环境下会分解胞内贮存的多聚磷酸盐（Poly—P），在获得能量的同时向外界释放正磷酸盐，而这部分能量将主要用于吸收污水中的挥发性脂肪酸（VFAs），并以聚—β—羟基—丁酸脂（PHB）的形式存储在细胞内；当变成好氧环境时，污水中的有机物已被大量吸收或转化，此时 PAOs 开始利用游离的分子氧（O_2）作为电子受体，氧化胞内贮存的 PHB 提供生长所需的能量和碳源，同时产生的能量还用于 PAOs 过量摄取水中的正磷酸盐，并再次以 Poly—P 的形式贮存在细胞内，并达到非常高的程度，PAOs 细胞内的磷含量可高达 12%（以细胞干重计），而普通污活性污泥含磷量仅为 1%~3%。最后通过排放剩余污泥而达到去除污水中磷的目的。

在污水的脱氮除磷实践中，发现某些在缺氧条件下具有反硝化功能的兼性微生物也具有以硝酸氮（NO_3^-）为电子受体过量吸磷的能力，因而把这类具有反硝化吸磷能力的菌群称为反硝化除磷菌（DPB），这种缺氧条件下同时进行的反硝化和过量吸磷现象被称为反硝化除磷。DPB 首先发现于 UCT 和 A_2/O 工艺之中，与常规 PAOs 的不同点在于，这种细菌可以一石二鸟，可以将生物脱氮除磷完美地结合到一起。换言之，DPB 使用同一碳源即可实现缺氧反硝化吸磷，可以在很大程度上避免以 O_2 作为唯一电子受体的吸磷现象，不仅节省了脱氮除磷的碳源，亦可节省曝气量。理论上说，相较于常规 EBPR 工艺，反硝化除磷可节省 50%的 COD 和 30%的曝气量。COD 的节省不仅能缓解生物脱氮与生物除磷在碳源需求上的矛盾，也意味着更少的剩余污泥量。

3. 化学磷回收辅助生物除磷技术

进水碳源（COD）不足，C/P 偏低是我国污水处理厂进行生物除磷普遍面临的首要问题。单独的 EBPR 要求 COD/P>22，在同步脱氮的情况下，因反硝化作用导致对碳源的竞争将导致这一比值进一步增大。即便利用 DPB 同步脱氮除磷具有节省 1 倍碳源的功效，但现实污水中 C/P 过低亦不足以富集足够的磷细菌（PAOs/DPB）进行生物除磷。为了保证磷的去除效果，固然可以通过在厌氧池中投加碳源（乙酸、甲醇等）方式加以解决，但亦可以采取厌氧池上清液侧流磷回收相对增加 C/P、C/N 的方法获得异曲同工的效果，即利用化学除磷辅助生物除磷。

传统化学除磷工艺主要通过向曝气池或沉淀池中投加金属离子，生成不溶性的磷酸盐固体并以沉淀的形式析出。然而这造成了两个问题：首先，投加点处的磷酸盐（PO_4^{3-}）浓度一般较低，根据化学反应动力学，初始 PO_4^{3-} 浓度越高，化学反应所需的金属离子与 P 摩尔比就越低，反之则越高。换句话说，如果采用化学除磷方式将污水中通常 2～5 mg P/L 的 PO_4^{3-} 降低至Ⅳ类水体标准，过量投加化学药剂所带来的运行成本以及制造、运输药剂间接产生的 CO_2 排放量显然与污水处理节能降耗之目标背道而驰；其次，磷沉淀与活性污泥固体混合在一起生成的化学污泥难以处理，无法实现磷资源回收。众所周知，磷是构成生命不可缺少的营养元素，在地球以矿藏形式存在。磷矿开采后主要（80%）用于化肥生产，以增加作物产量。人、动物只能吸收粮食中磷含量的很少比例，大部分磷将随排泄物进入水体环境，使磷呈现出一种从陆地向海洋的直线流动模式。这就导致陆地磷矿资源日益匮乏，已形成比“水危机”更为窘迫的“磷危机”现象。资料显示，目前陆地上现存且能够经济开采的磷矿资源已不足人类使用 100 年时间。有鉴于此，国际社会早在 20 世纪末便关注从污水以及动物粪尿中回收磷的理论与实践活动。在此方面，瑞士是世界上第一个提出全面实现从污水、动物粪尿、动物骨粉中回收磷的国家（从 2016 年 1 月 1 日起执行），欧洲其他国家亦有相应行动。我国在经历了十多年的逐渐“认识”之后，目前也把磷列入“稀土”之列，说明从国家层面即将开始倡导磷回收。

化学除磷的特点是“宏”量效果好，而生物除磷的优势是“微”量效果佳。因此，磷回收的最佳位点是厌氧池末端，并通过侧流离线方式将富磷上清液引入专一反应器沉淀并回收磷，回收磷不仅意味着磷资源的再生利用，更重要的是选择厌氧上清液侧流磷回收还可以实现相对提高脱氮除磷所需 C/N、C/P 的作用，进而提高生物脱氮除磷的效率，从而大大节省因进水“低碳源”而常常需要投加的外部碳源（乙酸、甲醇等）。因此，污水处理厌氧池上清液侧流磷回收具有“一石二鸟”之功效，不仅可以回收磷，而且还能节省碳源投加。特别是定位于满足污水厂提标改造（TN≤10 mg N/L、TP≤0. 3 mg N/L）的前提下，外加碳源往往解决的是反硝化脱氮问题，而低的出水磷浓度不得不靠投加大量化学药剂来实现。事实上，生物脱氮除磷并不是对立、分离的双轨车道，而是可以通过反硝化除磷细菌（DPB）合二为一的生物过程，在某种程度上可以节省一半碳源。只要满足磷细菌（PAOs/DPB）对碳源等环境因素的需求，磷细菌很容易便能实现 TP≤0. 1 mg N/L 的出水要求，比起化学除磷来说事半功倍。因此，反硝化除磷再加上厌氧侧流磷回收对满足磷细菌碳源需求具有双重护航作用。

4. 剩余污泥厌氧共消化技术

对于剩余污泥厌氧消化转化能源（甲烷/CH_4）其实是污水处理的常规技术，但最大的限制因素在于其能源转化效率不高。因此，国内外对剩余污泥厌氧消化的研究方向也主要集中在能源转化效率的提高上,如污泥预处理技术强化污泥水解、投加外源物质促进甲烷增产以及与其他有机废物厌氧共消化产生协同效应提高甲烷产量等。然而,技术的可行性并非完全取决于对能源转化的促进能力,它对环境的影响和成本的投入回收比亦是重要的评价考察指标。Cano 建立了一套关于预处理技术的评价体系,发现虽然污泥预处理的确有助于甲烷增产,但对于大多数的预处理方式而言,其甲烷增产量所转化的能源甚至难以抵消预处理过程所要消耗的能量,换言之,通过污泥预处理提高甲烷产量更像是一桩"赔本的买卖"。而对于投加外源物质促进甲烷增产的方式,尽管近年来迅速成为各国学者研究的热点,但大都尚停留在实验室研究阶段,鲜有污水处理厂大规模应用的案例。

相反,早在 20 世纪 70 年代末就已经有了利用市政固体废弃物与污水处理厂剩余污泥共消化的研究,从这个意义上讲,厌氧共消化(AcoD)并不是一个新概念或新技术。所谓厌氧共消化,主要是在厌氧反应器中同时加入两种或多种有机基质,以期提供单一底物缺少的营养元素或将单一底物的有毒组分稀释到阈值之下,实现甲烷增产的目的。实践与研究表明,选用市政固体废弃物(如厨余垃圾或含高脂肪油脂废弃物)作为共消化基质与剩余污泥厌氧共消化,更易实现生物气和甲烷增产。考虑到对市政固体废弃物进行共消化处理既可缓解废物本身对环境的潜在污染,又能通过与剩余污泥共享基建设施来降低厌氧消化的成本。因此,采用厌氧共消化技术,特别是利用厨余垃圾与剩余污泥共消化是集生态效益、环境效益和经济效益于一体的技术,也更具工程化推广意义。

8.1.3.3　污水处理新技术

为解决产业园排水系统的污水问题,拟建一座自来水厂约 11 万 t /d 处理能力来满足供园区的日常用水需求。建造城市生活污水处理工厂,集中处理生活污水,在达到《城镇污水处理厂污染排放标准》的规定标准后才能进行排放。含有有害物质、毒性的工业废水则需进行单独处理,同样在处理后达到《城镇污水处理厂污染排放标准》后才能进行排放。污水处理新技术包括 MBR 膜生物反应器、反消化滤池、超滤技术等。

1. MBR 膜生物反应器

膜生物反应器简称为 MBR,是一种新型的污水处理技术,它结合了膜分离技术和活性污泥法,能维持较高的生物量。MBR 通过膜分离技术极大地提高了生物反应器功能,不但提高了活性污泥浓度,还解决了出水水质不稳定、污泥膨胀等问题,大大提升了固液分离的效率。膜生物反应器有剩余污泥产生量少、占地面积小、工艺设备集中、设备智能化等优点,从根本上解决了传统方法存在的诸多弊端,而且出水效果较好,出水水质稳定,已达到深度处理的效果,可在消毒后直接回用。其操作简单易懂,可实行自动控制,很适合我国现在污水回用、污水排放指标提高的发展趋势。膜生物反应器的膜制造成本较低,且占地较少,在经济上有一定竞争力,拥有无限应用潜力。膜生物反应器是我国鼓励发展的城镇污水处理技术,不但在城镇污水处理方面有广阔前景,且非常适用于小区回用水、生活污水处理使用,如图 8-1 所示。

2. 反硝化滤池

具备普通滤池的功能同时具备反硝化功能,且能够对总氮进行深度去除的滤池叫作反硝化滤池,是高标准污水处理厂中非常重要的组成部分,依据运行方式、滤料、结构等的不同分为许多种类。

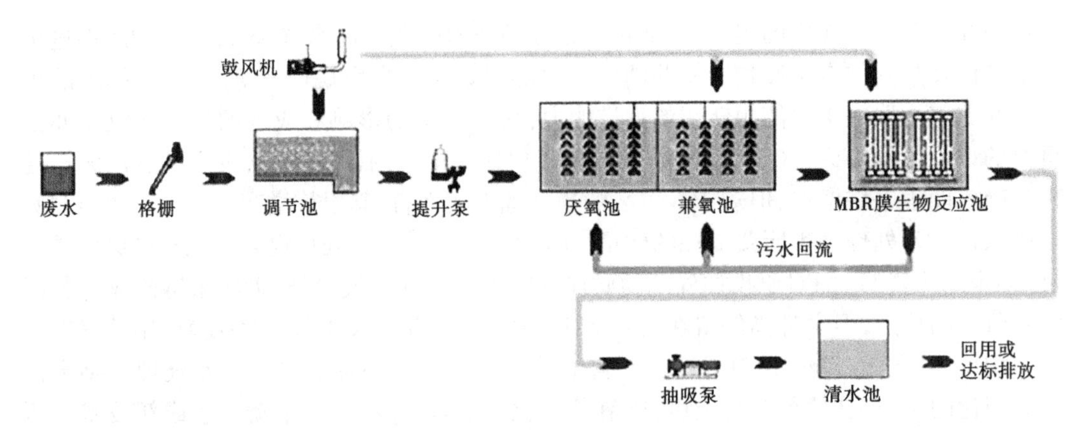

图 8-1 污水处理流程

反硝化滤池是在曝气生物滤池的基础上改造而来的。当前有法国 OTV 公司的 Diocarbone、法国 De Frabce 公司的 Biofor 以及丹麦 Kruger Lnc 公司的 Biostyr 3 种形式。我国反硝化生物滤池使用较少,有待进一步开发。过滤、生物代谢和吸附是该工艺的基本工作原理,主要是以池中填料为载体,使滤池产生缺氧的环境,污水流过时,主要是对生物膜中的活性微生物的生物絮凝、生物膜、生物代谢和填料的吸附和拦截,以及分级捕食,去除反硝化脱氮和其他污染物进行有效去除。

反硝化深床滤池是在传统V形滤池的基础上改进而来的,挂膜介质是特殊规格的石英砂,深床为去除硝酸氮和悬浮物的极好构建物,介质有很好的悬浮物拦截效果,在反复冲洗时,能拦截 7.3 kg 及以上的固体悬浮物。固体物负荷高的特质大大延长了过滤周期,使反复冲洗的次数大大减少,在处理峰值流量和处理厂污泥膨胀等问题时也能轻松应对。

3. 超滤技术

超滤属于一种膜过滤新技术,其过滤的精度 0.01 μm,在过滤水时,经超滤膜微孔将水中含有>0.01 μm 的颗粒过滤。另外,在除去藻类、胶体、有机大分子以及病毒上具有良好的效果。超滤膜的微孔直径比微滤膜大,因此在除去有机大分子、病原体、病毒上具有优势。溶液在静压差的推动下进行的液相分离的过程称为超滤,它的主要机制是物理的筛分作用。随着 20 世纪 70~80 年代的高速发展,超滤技术在食品工程、水处理以及燃料工程等方面得到了广泛应用,超滤技术的原理见图 8-2。生化处理过程中不能去除的微小颗粒超滤技术完全可以过滤,一般在污水生化处理后进一步处理,解决了传统污水处理技术费用高和效果不稳定等问题,具备了处理效果稳定、高效自动化以及出水水质高的优点。将其与传统生化工艺相结合形成了更加高效的处理模式,它们的结合形式主要是由两段活性污泥处理系统、生物接触氧化处理系统和厌氧生物超滤系统组成。两段活性污泥处理系统在处理污水管道、污水处理厂方面应用广泛,此种方法处理效果稳定、耐冲击力好。处理小型生活污水一般使用生物接触氧化法,此种方法有多种处理净化功能,不但可以脱氧、除磷,还可以高效去除有机物。内部装有填料作为载体的厌氧生物膜的处理装置为厌氧生物滤池处理装置。有运行效果稳定、出水水质较好、管理简单方便、造价低等优点。

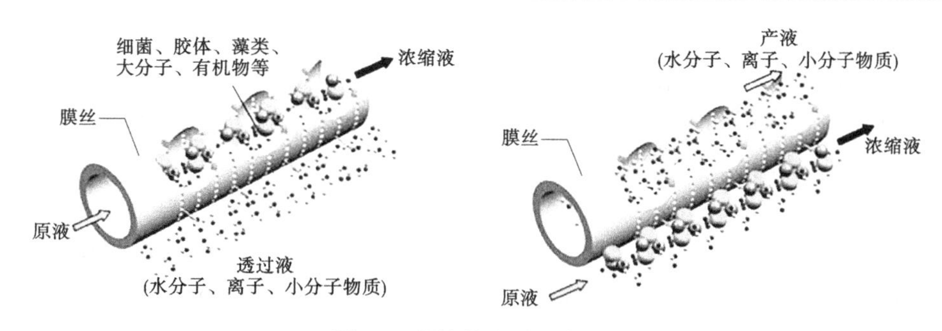

图 8-2　超滤技术原理分析图

由于生活污水排放逐年增加,生活污水的回收利用已经不可避免,生活污水处理技术越来越趋向于环保高效可回收,使水资源调配的压力逐渐降低,在一定程度上缓解了水资源短缺问题,生活污水处理技术的高效发展,推动着污水更为有效的利用。

8.2　污水有效利用的风险分析

8.2.1　水质不稳定的风险

污水进入污水处理厂后,会存在水质不稳定的风险,出水水质的不稳定在一定程度上除了受到季节变化的影响,还受到工艺、规模、管理方针、地理位置等的影响。由于大部分小型污水厂采用的都是传统的 A_2/O 工艺,该工艺虽然稳定,但是为了控制较低的出水浓度,单位能耗会比大型污水厂大很多,成本也会大幅上升,因此能耗、成本等都会影响管理者对于污水厂的管理方针,从而影响污水厂的运行。一些小型污水处理厂由于受到规模效应的影响,能耗很难降低,可能会导致出水水质某个指标的不稳定。一些中型污水处理厂的工艺需要充足的碳源,但由于其处理的污水来源主要为生活污水,其碳源往往不能满足该工艺的要求,使得出水水质不能稳定。一些污水处理厂的氨氮和总氮都只能通过生物法进行处理,而昼夜温差会影响水中溶解氧的浓度,从而对污泥和微生物产生影响,导致出水水质不稳定。因此,污水的有效利用存在着水质不稳定的风险。

8.2.2　潜在环境污染风险

对生活污水资源化再利用,不仅极大地减缓了其对生态环境的压力,并且实现了废物资源化、养分再循环和能量再利用,而且促进了生产和社会经济的可持续发展。对生活污水进行资源化再利用,主要体现在污水灌溉方面。

城市生活污水中含有植物生长所必需的多种营养元素及大量的有机营养物质。研究表明,城市生活污水的农业资源化利用不仅可提供给植物生长所需的养分物质,还能提高作物产量和改善品质,特别是一些氮、磷含量比较高的生活污水,对于植物的生长起到一定的促进作用。但由于生活污水中或多或少地存在一些有害物质,特别是重金属容易累积对土壤造成污染,进而导致植物污染并通过食物链影响到人类健康,因而成为农业资源化利用的主要限制因子。

污水灌溉是将未经过污水厂处理或经过简单预处理的城市生活污水灌溉于农田的一

种污水资源化再利用方法。该方法通常将城市生活污水和农业用水配比起来，进行合理的灌溉，具有缓解农业生产用水的需要，既节约了宝贵的水资源，又减轻污水对城市环境和生态环境的污染和破坏。污水灌溉资源化再利用节省了农田灌溉用水量，并且使污水得到了具有净化功能的土壤处理，大大减少了污水处理的费用。

污水既是农业生产的水资源，也是农业生产的肥资源。出现在中华人民共和国成立初期时的污水灌溉方法，因为污水中含有多种植物生长所需要的营养元素，如污水含氮量为 15~75 mg/L，被污水灌溉的农田作物大多数都出现明显的增产效果，所以在我国一些缺水地区，特别在我国大、中城市的郊区发展速度很快。据统计，到 1980 年，我国已超过 2 000 万亩农田应用了污水灌溉，且全年污水灌溉使用量高达 74 亿 m^3，占我国全年污水排放总量的 20%左右。世界上很多国家同样在利用处理后的污水进行农田灌溉。例如美国加利福尼亚州全年经过污水厂处理过的污水有超过一半（64%）用于农业灌溉；俄罗斯大约有 150 万 hm^2 的农田面积已采用污水灌溉，而德国在 1980 年就有 6 万 hm^2 的农田面积采用污水灌溉。与我国不同的是，国外污水灌溉的农田主要种植青化饲料和牧草，而我国污水灌溉的农田主要种植玉米、小麦、水稻等农作物。

此外，土壤—植物生态系统对污水有一定的自然净化能力。因此，许多国家把污水灌溉作为处理污水的一种方式。研究表明，经过土壤—植物系统净化的污水，可以去除 94%~99%的生化需氧量、67%~84%的总氮及 44%~99%的总磷。此外，在污水灌溉前增加处理设施——氧化塘，不但可以达到初步净化污水的效果，同时可以起到调蓄水量的作用，因此带有前处理氧化塘的污水灌溉系统在我国经济条件发达的的地区正在被推广使用。然而，由于污水中含有多种大量有毒有害物质，若未经处理对土壤进行灌溉，土壤中的有机污染物及重金属含量超过了土壤吸持和作物吸收能力，必然造成土壤污染，出现土壤板结、肥力下降、土壤的结构和功能失调，使土壤生态系统平衡受到破坏，引起土壤环境恶化，土壤生物群落结构衰退，多样性下降，产生环境生态问题。

（1）有机污染。

氰、酚、多环芳烃、烷基苯、磺酸盐、苯并（a）芘等都是有害的有机化合物，其中很多是三致（致癌、致畸、致突变）物质。有机污染物的挥发性小，残留期长，难以被生物降解，易通过食物链在生物体内积累。目前，某些污水灌区由于污水中含有有机污染物，已经造成了土壤有机污染。沈抚灌区是我国最大的石油类污水灌区之一，污水灌溉历史已长达 40 年。全区污水灌溉面积达 0. 87 万 hm^2，由于长期采用抚顺市排放的富含石油烃、挥发酚、硫化物等污染物的工业污水、生活污水进行灌溉，已使该区域农田土壤遭受严重污染，土壤中毒物积累严重。上游地区石油类含量均值在 500 mg/kg 以上，超过清灌区（对照点）6 倍；中下游地区平均约 200 mg/kg，超过清灌区 2 倍以上。济南小清河污水灌区，在 1993 年已检出土壤中有机化合物 8 类 29 种，以烷烃、酸类、酮类检出种数为多，29 种有机化合物中，5 种为致癌物，1 种为致畸物和致突变物，4 种为刺激性物质。

（2）重金属污染。

土壤重金属污染具有污染物在土壤中移动性差、滞留时间长、不能被微生物降解的特点。长期灌溉含有大量重金属的污水会使土壤中的一些重金属的含量增加，如广州市郊污灌区土壤中 Cd、Pb、Hg、Zn、Cr、Cu 的浓度为清灌区的 1. 8~ 4. 5 倍（见表 8-1），污灌区土壤 Hg 的浓度最高达 2. 3 mg/kg,Zn 的浓度最高达 1 320. 0 mg/kg,明显异常。

表 8-1　广州市郊污灌区与清灌区土壤中重金属浓度

重金属	样品数(个)	污灌区最大值(mg/kg)	污灌区平均值(mg/kg)	清灌区平均值(mg/kg)	污灌区/清灌区
Cd	34	228. 0	2. 1	0. 47	4. 5
Pb	34	920. 0	99. 7	48. 67	2. 0
Hg	34	2. 3	0. 28	0. 16	1. 8
Zn	34	1 320. 0	142. 8	46. 0	3. 1
Cr	34	616. 0	28. 0	9. 0	3. 1
Cu	12	216. 0	87. 9	21. 1	4. 2
As	28	72. 5	25. 1	22. 1	1. 1

据我国农业部进行的全国污灌区调查,在约 140 万 hm^2 的污灌区中,遭受重金属污染的土地占污灌区面积的 64. 8%,其中轻度污染的占 46. 7%,中度污染的占 9. 7%,严重污染的占 8. 4%。

(3)酸、碱、盐污染。

经常引用含酸、碱、盐的废污水灌溉会改变土壤的 pH,引起土壤次生盐渍化、碱化等土壤退化问题,导致土壤结构破坏。污水中 Na^+ 过高还会引起土壤颗粒分散,物理性质恶化。污水中的可溶性盐分随水进入农田土壤,越靠近污水输水干渠,土壤全盐含量越高。如新疆乌鲁木齐市东郊水磨河灌区,污水矿化度为 1. 38~2. 11 g/L,多年污水灌溉后土壤表层含盐量达 0. 21%~0. 51%,出现轻度至中度盐渍化。表 8-2 为太原不同污水类型灌区土壤中全盐量变化,其大小顺序为工矿污水>城市生活污水>清灌。工矿污水灌区土壤 Cl^- 的含量全部高于对照清灌区和城市生活混合污水灌区。

表 8-2　太原市污灌区与清灌区土壤盐分含量比较

污灌类型	全盐(mg/kg)	氯化物(mg/kg)
清灌	492. 00	23. 22
城市生活污水	696. 50	76. 23
工矿污水	1 259. 24	158. 33

土壤酸度增加往往会加速土壤养分的淋失,特别是 Cu、Zn 等植物必需元素的淋失,而对于受重金属污染的土壤,酸度增加会引起重金属活性提高,从而增加对植物的毒害。

(4)其他污染。

氮污染:污水中所含大量氮磷化合物在土壤微生物的作用下,会转化为硝酸盐和磷酸盐。氮、磷在土壤中大量累积,会由于水的淋洗作用及地表径流引起水体富营养化;土壤氮含量过高,会导致作物徒长、倒伏、贪青、晚熟,易遭受病虫危害。

生物污染:主要是病毒、病菌和寄生虫卵等。利用含有致病菌的污水灌溉的土壤,很可能会成为某些疾病流行的媒介,污染地下水和作物,进而危及人类及家畜的健康。

悬浮物污染:污水中含有大量悬浮物,土壤经长期污灌,会增加土壤容重,堵塞土壤孔隙,破坏土壤结构,使土壤出现板结现象等,使土壤肥力降低。

其中,对人体健康危害最为严重的当属重金属元素,如锡元素、铅元素不仅可以通过人食用农作物进入体内,而且可以通过食物链中的食草动物兔、牛、马等吃了含重金属的农作物对人类健康造成危害。此外,超量的氮元素可以通过淋洗对地下水或汇入地表水造成污染,导致饮用水中硝酸盐超标影响人类的健康;污水中如果含有较高的盐分,经过灌溉到农田后会破坏土壤结构和导致土壤发生次生盐碱化等问题。因此对污灌区的土壤必须加强监测,以确保安全,充分发挥污水灌溉的预期效益。

8.2.3　经济成本风险

污水回用的经济效益有很多,如污水回用作为一种替代供水源可以促进农业及工业的经济发展,因为农作物可以吸收水中的营养物质,因此将污水用于农业可以节约肥料的使用量;污水回用还可以减少对建设和更新改造水基础设施的潜在需要。

从城市污水采取分区集中回收再用的方式的实践中,得出污水回用与开发其他水资源相比,在经济上的优势如下:

(1)比远距离引水便宜。将城市污水处理到回用作生活杂用水或工业冷却用水的程度,其基建投资只相当于从 30 km 外引水,若处理到可回用作较高要求的生产工艺用水,其投资相当于从 40~60 km 外引水。

(2)比海水淡化经济。城市污水中所含的杂质小于 0.1%,而且可用深度处理方法加以去除,而海水则含 3.5%的溶解盐和大量有机物,其杂质含量为污水二级处理出水的 35 倍以上,需要采用复杂的预处理和反渗透或闪蒸等昂贵的处理技术,因此无论基建费还是单位成本,海水淡化都高于污水回用。

(3)污水回用于中水工程,规模越大者,基建和运行费单价越便宜。但由于污水回用处理需要很大的资金,在运转上也需要很大的投入,而最后带来的社会经济效益和环境效益可能会比较低,因此污水的有效利用可能会处于亏损状态,从而产生一定的经济成本风险。

8.3　风险应对策略和措施

8.3.1　完善相关法律法规

政府通过政策法规等宏观调控措施是促进城市污水回用工作健康发展的重要保证,从目前的具体情况出发,以下方面将会是宏观控制的重点:

(1)改革水价结构。水价是水资源管理的主要经济杠杆,对水资源的配置和管理起重要的导向作用,目前水价政策在很多方面有待完善。完整的水价体系应体现每一个水的使用者必须负担从采水、引水、处理水、传输水、排水、净化水使之完全无害于环境的全部费用,实际情况与这一原则相去甚远,使水资源的合理配置难以实现,也是遏制城市污水回用的主要瓶颈之一。这一问题已得到各界的充分关注，相信不久的将来会逐步完善。

(2)完善中水回用标准。目前，污水回用还未有国家标准，相应的行业标准有 1998 年的《生活杂用水水质标准》(CJ 25.1—89)(新标准号为 CJ/T 48—1999)、《再生水回用于景观水体的水质标准》(CJ/T 95—2000)等。但回用到补给地面或地下水水源、工业、市政景观小区杂用和农业灌溉等的水质要求都不一样，行业标准中对这些要求的体现尚欠完全，如《生活杂用水水质标准》(CJ 25.1—89)将厕所冲洗、城市绿化用中水列入同一类水质标准。绿化用中水需考虑对人体皮肤和人体呼吸道的影响及对植物生长的影响，要求远离于厕所冲洗，水质要求高低明显不同的用水采用同一标准，给实际工程在操作上增加了许多困难。因此，借鉴发达国家在回用水标准方面的经验，结合中国国情，制定按不同要求分类完全的回用水水质标准及相应的技术标准、规范，将会达成共识并逐步成为现实。

(3)研究适合国情的国有技术与设备。我国各个地区经济发展水平差异较大，作为发展中国家，在积极研究和引进发达国家先进技术与设备的同时，重视研究开发适合中国国情的技术与设备是市场的要求。如我国内地的县级市城镇，污水量一般小于 5 万 m^3/d，资金有限，技术力量薄弱而劳动力相对丰富，采用经济、简易、有效的处理技术，如人工塘系统等与当地的生态农业相结合，作为生态农业的一个组成部分。因此，满足不同区域实际情况要求的技术与设备将有巨大的需求空间和市场。

(4)规划领先。除建筑小区、家庭回用外，以城市污水处理厂为基础的规模型回用需结合区域情况进行总体规划，要求污水处理厂在选址、规模、处理工艺、水质标准及管线安排等方面满足回用要求。这就要求在宏观控制上进行总体规划，要求政府部门实行“一龙管水，多龙治水”模式将成为必然要求。

(5)产业化、市场化是必然趋势。在宏观政策框架下，依靠市场机制作用，逐步培育起污水回用市场，使之产业化、市场化，不仅符合国家的经济体制改革与发展方向，也是城市污水回用发展的方向。政府宏观调控、依托技术进步、市场化运作、用户参与将是城市污水回用产业发展的主线。

8.3.2　提高污水处理技术水平

随着时间的发展，污水处理技术越来越趋向于无害资源化，越来越多的污水得以回收利用，并且随着我国不断加大对环保的资金投入力度，加之人们环保意识不断增强，逐渐扩大了污水处理厂的覆盖率。大型的集中污水处理厂抓住机遇，提高了污水处理能力，确保了出水水质。城市污水的产生以及排放量日益增加，对污水处理提出了更高要求。为了更好地适应这种需求，在未来发展过程中将会不断加大对污水处理新技术的研发力度，研究与开发出高效、合理的污水处理工艺以及新型处理技术，一方面可提升污水处理的工作效率，减小水资源供需压力；另一方面还可提高社会效益与经济效益，从而让碧水蓝天回归我们的生活。

8.3.3　加强风险监控研究

污水回收利用的同时可能会给人们的健康带来潜在的威胁，也可能对环境带来一定的影响,因此需要加大对潜在的风险进行研究的力度,探索更多可能出现的潜在威胁,制定出风险快速反应机制,使风险发生时能制定出快速、准确的风险应对措施。加强对风险的预防工作,尽量避免一些未经处理的有毒有害污水进行回收利用,特别是对人体和环境有严重威胁的污水。加强对一些污水偷排漏排现象的监督管理,避免一些有毒有害污水未经处理汇入回收利用的污水中。

参考文献

[1] 郭培章. 中国城市可持续发展研究[M]. 北京: 经济科学出版社, 2004.

[2] 邓科. 城市生活污水有机成分与ASM水质特性参数关系研究[D]. 上海:同济大学, 2006.

[3] Smith S R. Agricultural Recycling of Sewage Sludge and the Environment[M]. CAB international: Wallingford, 1995.

[4] Kvba T, M C M van Loosdrecht, Heinen J J. Phosphorus and nitrogen removal with minimal COD requirement by integration of denitrifying dephosphatation and nitrification in a two-sludge system[J]. Water Research, 1996, 30(7).

[5] 王凯军, 贾立敏, 王保学. 城市污水生物处理新技术开发与应用[M]. 北京:化学工业出版社, 2001.

[6] 金波, 李宝新. 城市污水处理厂污泥的综合利用探讨[J]. 环境科学与管理, 2010, 35(5): 106-109.

[7] 王保学. 我国农村生活污水处理技术分析[J]. 水电与新能源, 2015(3):67-69,78.

[8] 何刚, 霍连生, 战楠, 等. 新农村污水治理工作的探讨[J]. 北京水务, 2007(6):22-25.

[9] 安树青. 湿地生态工程—湿地资源利用与保护的优化模式[M]. 北京:化学工业出版社, 2002.

[10] Ghermandi A, Bixio D, Thoeye C. The role of free water surface constructed wetlands as polishing step in municipal wastewater reclamation and reuse[J]. Science of the Total Environment, 2007, 380: 247-258.

[11] Vymazal J. Horizontal sub-surface flow and hybrid constructed wetlands for wastewater treatment[J]. Ecological Engineering, 2005, 25: 478-490.

[12] Zhang Baoli, Lu Jing, Wu Wenliang, et al. The research and development of filtration media materials for application in water filtration treatment systems[C]. Advanced Materials Research, 2013 (779-780): 825-830.

[13] 张建, 黄霞, 魏杰, 等. 地下渗滤污水处理系统的氮磷去除机理[J]. 中国环境科学, 2002(5): 55-58.

[14] 孔刚, 许昭怡, 李华伟, 等. 地下土壤渗滤法净化生活污水研究进展[J]. 土壤, 2005(3): 251-257.

[15] 赵建芬, 马香玲, 韩会玲, 等. 慢速渗滤土地处理系统的改进试验研究[J]. 河北农业大学学报, 2005(5): 107-109,117.

[16] 李正昱, 何腾兵, 潘彩萍, 等. 人工快速渗滤系统在污水资源化中的应用研究[J]. 水土保持学报, 2004(6): 41-44.

[17] 何江涛, 段光杰, 张金炳, 等. 污水渗滤土地处理系统中水力停留时间与出水效果的讨论[J]. 地球科学, 2002(2): 203-208.

[18] 侯京卫, 范彬, 曲波, 等. 农村生活污水排放特征研究述评[J]. 安徽农业科学, 2012, 40(2): 964-967.

[19] 沈连峰, 陈景玲, 马巧丽, 等. 沼气建设对改善农村生态环境的研究[J]. 中国沼气, 2009, 27(5): 21-24.

[20] 卢旭珍, 邱凌, 王兰英. 发展沼气对环保和生态的贡献[J]. 可再生能源, 2003(6): 50-52.

[21] 张巍, 许静, 李晓东, 等. 稳定塘处理污水的机理研究及应用研究进展[J]. 生态环境学报, 2014,

23(8): 1396-1401.
[22] 刘华波, 杨海真. 稳定塘污水处理技术的应用现状与发展[J]. 天津城市建设学院学报, 2003(1): 19-22.
[23] 王夙, 邹斌, 杨健, 等. 蚯蚓生物滤池的研究与应用进展[J]. 中国给水排水, 2010, 26(8): 20-24.
[24] 方彩霞, 罗兴章, 郑正, 等. 改进型蚯蚓生态滤池处理生活污水研究[J]. 中国给水排水, 2009, 25(1): 22-25.
[25] 郭飞宏, 方彩霞, 罗兴章, 等. 多级蚯蚓生态滤池处理生活污水研究[J]. 环境化学, 2010, 29(6): 1096-1100.
[26] 李伟国, 刘建锋, 梁师俊, 等. 浙江省农村生活污水处理技术的选用原则与处理模式[J]. 农业环境与发展, 2008(5): 81-86.
[27] 张莺, 周瑜, 何一俊, 等. 城市生活污水厂处理高比例工业废水时的运行探索[J]. 中国给水排水, 2013, 29(10): 95-100.
[28] 杨勇, 王玉明, 王琪, 等. 我国城镇污水处理厂建设及运行现状分析[J]. 给水排水, 2011, 47(8): 35-39.
[29] 黄立南, 蓝崇钰. 湿地处理污水的研究[J]. 生态科学, 1996(2): 119-122.
[30] 张凯松, 周启星, 孙铁珩. 城镇生活污水处理技术研究进展[J]. 世界科技研究与发展, 2003(5): 5-10.
[31] Davis H E. Sewage treatment method: U. S. Patent 5, 674, 399[P]. 1997-10-7.
[32] 彭超英, 朱国洪, 尹国, 等. 人工湿地处理污水的研究[J]. 重庆环境科学, 2000(6): 43-45.
[33] Mara D. Sewage Treatment in Hot Climates[M]. Chichester, Sussex: John Wiley & Sons Ltd, Baffins Lane, 1976.
[34] Sullivan Ⅲ D W. Sewage treatment method and apparatus: U. S. Patent 4, 592, 291[P]. 1986-6-3.
[35] Meijer S C F. Theoretical and practical aspects of modelling activated sludge process[D]. Delft: Delft University of Technology, 2004.
[36] Kuba T, van Loosdrecht M C M, Brandseb F A, et al. Occurrence of denitrifying phosphorus removing bacteria in modified UCT-type wastewater treatment plant[J]. Water Research, 1997, 31: 777-786.
[37] 郝晓地, 赵义, 仇付国, 等. 从微观机制认识污水处理厂的节能减排[J]. 中国给水排水, 2008(4): 89-94.
[38] 郝晓地, 戴吉, 周军, 等. 磷回收提高生物除磷效果的验证[J]. 中国给水排水, 2006(17): 22-25.
[39] 郝晓地, 衣兰凯, 王崇臣, 等. 磷回收技术的研发现状及发展趋势[J]. 环境科学学报, 2010, 30(5): 897-907.
[40] 郝晓地, 王崇臣, 金文标. 磷危机概观与磷回收技术[M]. 北京: 高等教育出版社, 2011.
[41] Schwarzenbeck N, Pfeiffer W, Bomball E. Can a wastewater treatment plant be a powerplant? A case study[J]. Water Science and Technology, 2008, 57: 1555-1561.
[42] 胡真智, 胡明阁. 城镇粪便污水、生活污水的资源化利用和无害化处理及前景[J]. 资源节约和综合利用, 1994(3): 47-50.
[43] 蒋成爱, 黄国锋, 吴启堂. 城市污水污泥处理利用研究进展[J]. 农业环境与发展, 1999(1): 14-18, 50.
[44] 陈晓东, 常文越, 冯晓斌, 等. 沈抚灌区土壤生态恢复途径初步研究[J]. 环境保护科学, 2002(2): 33-35.

[45] 田家怡，张洪凯，薄景美，等. 小清河有机化合物污染及其对污灌区生态系统的影响[J]. 生态学杂志，1993(4)：14-22.

[46] 廖金凤. 城市化对土壤环境的影响[J]. 生态科学，2001(Z1)：91-95.

[47] 崔德杰，张玉龙. 土壤重金属污染现状与修复技术研究进展[J]. 土壤通报，2004(3)：366-370.

[48] 张乃明，张守萍，武丕武. 污水灌溉的生态效应与损益分析[J]. 农业环境科学学报，1999，18(4)：185-188.

[49] 中国能源编辑部. 2019中国生态环境状况公报发布[J]. 中国能源，2020，42(7)：1.

[50] 邢美兰，高鹏，袁亚杰，等. 城市水污染的现状及治理建议分析[J]. 科技信息，2014(3)：240.

[51] 杨德信，韦树铌. 城市水污染现状及其治理对策研究[J]. 资源节约与环保，2019(4)：114.

[52] 于紫萍，许秋瑾，魏健，等. 淮河70年治理历程及"十四五"展望[J]. 环境工程技术学报，2020，10(5)：746-757.

[53] 付小峰. 淮河流域水环境现状和防治建议[J]. 陕西水利，2019(11)：83-85.

[54] 刘姜艳. 黄河流域水污染现状分析及控制对策研究[J]. 资源节约与环保，2020(5)：86.

[55] 程建美. 基于城市水污染现状及其治理对策研究[J]. 低碳世界，2020，10(5)：33,35.

[56] 刘超，张亚军. 探究我国地下水污染现状与防治对策[J]. 黑龙江水利科技，2019，47(2)：201-202.

[57] 王琪，王佳旭. 我国地下水污染现状与防治对策研究[J]. 环境与发展，2017，29(5)：70,72.

[58] 高荣伟. 我国水资源污染现状及对策分析[J]. 资源与人居环境，2018(11)：44-51.

[59] 李国学，李莲芳. 我国小城镇和乡村水体污染及控制对策[J]. 中国农业科技导报，2003(4)：25-31.

[60] 李茂静. 中国水污染现状及对策分析[J]. 化工管理，2019(6)：16.

[61] 刘晓丹，张雪雁，刘珩. 珠江流域近10a水质状况评价及污染特征分析[J]. 环境科学导刊，2018，37(1)：67-70,89.

[62] 水利部发布2019年度《中国水资源公报》[J]. 水资源开发与管理，2020(9)：2.

[63] 李艳杰. 科学利用水资源实现经济可持续发展[J]. 黑龙江科技信息，2009(5)：222.

[64] 綦隽娜，胡星. 我国水资源利用现状与节水灌溉发展对策经验谈[J]. 智能城市，2018，4(18)：150-151.

[65] 高秀清. 我国水资源现状及高效节水型农业发展对策[J]. 南方农业，2016，10(6)：233,236.

[66] 刘玉明. 我国水资源现状及高效节水型农业发展对策[J]. 农业科技与信息，2020(16)：80-81,83.

[67] 龙晓辉，周卫军，郝吟菊，等. 我国水资源现状及高效节水型农业发展对策[J]. 现代农业科技，2010(11)：303-304.

[68] 宋晶晶，周鑫，王共磊，等. 部分硝化-短程反硝化-厌氧氨氧化系统脱氮效能及N_2O排放特性的研究[J]. 现代化工，2020，40(11)：104-108.

[69] 李文洪，熊春莲. 脱氮除磷新工艺在污水处理中的应用研究[J]. 环境与发展，2020，32(9)：115,117.

[70] 王磊. 城市污水处理的主要工艺及发展趋势[J]. 绿色科技，2020(16)：82-84.

[71] 尹晓雪，徐圣君，郑效旭，等. 低温条件下人工湿地中微生物脱氮的强化措施[J]. 湿地科学，2020，18(4)：482-487.

[72] 林忠秒. 环保工程污水处理技术探究[J]. 环境与发展，2020，32(6)：98,100.

[73] 邱庆奎. 环境工程污水处理措施及新技术研究[J]. 工程技术研究，2020，5(10)：269-270.

[74]《上海水务》编辑部. 上海持续推进生态河湖建设[J]. 上海水务，2020，36(1)：33.

[75] 蒋启华. 厦门市筼筜湖综合整治工程方案介绍[J]. 工程建设与设计, 2020(5): 223-224,227.
[76] 呼婷婷. 城市河流水环境修复与水质改善技术探讨[J]. 资源节约与环保, 2020(2): 15.
[77] 季永兴, 刘水芹. 苏州河水环境治理20年回顾与展望[J]. 水资源保护, 2020, 36(1): 25-30,51.
[78] 史凌楠. 水处理中脱氮除磷的理论与技术研究[J]. 内蒙古科技与经济, 2019(17): 103,105.
[79] 杨胜鑫. 佛山市三家污水处理厂提标改造工程设计方案[J]. 净水技术, 2019, 38(6): 35-40.
[80] 张莹. 重污染城市河流水污染特征分析及补水方案研究[D]. 重庆:重庆大学, 2019.
[81] 刘国臣, 王福浩, 梁家成, 等. 不同水位垂直流人工湿地中植物及微生物特征[J]. 中国海洋大学学报(自然科学版), 2019, 49(2): 98-105.
[82] 赵敏华, 龚屹巍. 上海苏州河治理20年回顾及成效[J]. 中国防汛抗旱, 2018, 28(12): 38-41.
[83] 莫秋燕, 曾凡菊, 张颂, 等. TiO_2 光催化原理及其应用综述[J]. 科学技术创新, 2018(30): 79-80.
[84] 刘晓涛, 陈玺撼. 从苏州河治理到河长制治水[J]. 档案春秋, 2018(8): 19-22.
[85] 王思凯, 张婷婷, 高宇, 等. 莱茵河流域综合管理和生态修复模式及其启示[J]. 长江流域资源与环境, 2018, 27(1): 215-224.
[86] 蒋昊琳, 刘立新, 杨明全, 等. 超声波在水处理中的应用与研究现状[J]. 化工进展, 2017, 36(S1): 464-468.
[87] 余珊. 佛山市汾江河综合治理问题研究[J]. 低碳世界, 2017(18): 18-19.
[88] 王雨轩, 魏巍, 李萍萍, 等. 人工湿地微生物的研究进展[J]. 生物技术通报, 2017, 33(10): 74-79.
[89] 黎晓霞, 蔡河山, 程林梅, 等. 佛山城市内河涌环境现状及综合整治措施研究[J]. 安徽农学通报, 2017, 23(11): 97-98.
[90] 阿肉甫江·阿布都外力. 中山市某污水处理厂提标改造研究[J]. 建材与装饰, 2016(53): 84-85.
[91] 王友列. 英国泰晤士河水污染治理及对淮河流域的启示[D]. 合肥:安徽大学, 2016.
[92] 孙伟毅. 污水处理 A_2O 工艺的原理及发展现状探析[J]. 能源与环境, 2015(6): 61-62.
[93] 宋玲玲, 程亮, 孙宁. 泰晤士河整治经验对国内城市河流综合整治的启示[A]. 中国环境科学学会(Chinese Society For Environmental Sciences). 2015年中国环境科学学会学术年会论文集(第一卷)[C]. 中国环境科学学会(Chinese Society For Environmental Sciences): 中国环境科学学会, 2015: 5.
[94] 钟宁, 杨文杰, 区良益. CASS工艺在城镇小型污水处理厂的应用[J]. 广东化工, 2015, 42(11): 169-170.
[95] 刘映东. 城市污水处理现状及其发展趋势分析[J]. 资源节约与环保, 2015(2): 161.
[96] 张勇. 东莞市首座城镇污泥处理处置中心工程设计[J]. 中国给水排水, 2014, 30(16): 58-61.
[97] 边玉, 阎百兴, 欧洋. 人工湿地微生物研究方法进展[J]. 湿地科学, 2014, 12(2): 235-242.
[98] 耿英杰, 袁亚杰, 邢美兰, 等. 城市生活污水处理技术现状及发展趋势研究[J]. 科技信息, 2014(3): 245,266.
[99] 王友列. 从排污到治污: 泰晤士河水污染治理研究[J]. 齐齐哈尔师范高等专科学校学报, 2014(1): 105-107.
[100] 何颖然. 佛山水道汾江河污染整治成效的调查与分析[J]. 环境, 2013(S1): 56-58.
[101] 范玉玲. 人工湿地系统微生物去除污染物的研究进展[J]. 生物技术世界, 2013(10): 13.
[102] 姚阳. 城市河流治理与沿岸开发研究——以佛山汾江河为例[J]. 科技管理研究, 2013, 33(14): 54-57,62.
[103] 许建萍, 王友列, 尹建龙. 英国泰晤士河污染治理的百年历程简论[J]. 赤峰学院学报(汉文哲学社会科学版), 2013, 34(3): 15-16.

[104] 唐红亮. 重污染池塘水体富营养化生态修复技术及实例研究[D]. 广州:华南理工大学, 2012.
[105] 李允熙. 韩国首尔市清溪川复兴改造工程的经验借鉴[J]. 中国行政管理, 2012(3): 96-100.
[106] 王婉丽. 近代以来苏州河的污染与治理[D]. 上海:上海师范大学, 2012.
[107] 付立凯. 国内外城市污水处理现状及发展趋势[J]. 石油石化节能与减排, 2012, 2(1): 34-38.
[108] 曾超. 佛山汾江河综合整治工程后评价研究[D]. 武汉:华中科技大学, 2012.
[109] 邱维. 广州京溪地下污水处理厂设计经验总结[J]. 中国给水排水, 2011, 27(24): 47-49.
[110] 陈宏伟. 筼筜湖治理存在的问题及对策初探[J]. 厦门科技, 2011(3): 26-27.
[111] 王芳. 农村生活污水与垃圾处理工艺研究[D]. 武汉:武汉理工大学, 2011.
[112] 谭学军, 张惠锋, 张辰. 农村生活污水收集与处理技术现状及进展[J]. 净水技术, 2011, 30(2): 5-9,13.
[113] 汪传新, 邱维. 广州京溪地下污水处理厂建设实践与思考[J]. 中国给水排水, 2011, 27(8): 10-13.
[114] 周丽君, 韩爱霞, 曹于平. 超声波技术在水处理中的研究进展[J]. 广东化工, 2011, 38(2): 133-134,144.
[115] 梁耀元, 陈小奎, 李洪远,等. 韩国城市河流生态恢复的案例与经验[J]. 水资源保护, 2010, 26(6): 93-96,100.
[116] 李珍明, 蒋国强, 朱锡培. 上海地区黑臭河道治理技术分析[J]. 净水技术, 2010, 29(5):1-3,45.
[117] 钟丽琼. 超声波在水处理中的应用研究进展[J]. 广东化工, 2010, 37(7): 202-203,208.
[118] 郭洪光, 高乃云, 姚娟娟,等. 超声波技术在水处理中的应用研究进展[J]. 工业用水与废水, 2010, 41(3): 1-4.
[119]邱珊. 曝气生物滤池处理城市生活污水的特性研究及工艺改良[D]. 哈尔滨:哈尔滨工业大学, 2010.
[120] 林峰. 纵观新加坡河综合更新工程[J]. 合肥工业大学学报(自然科学版), 2009, 32(12): 1896-1899.
[121] 史虹. 泰晤士河流域与太湖流域水污染治理比较分析[J].水资源保护, 2009, 25(5): 90-97.
[122] 王军, 王淑燕, 李海燕, 等. 韩国清溪川的生态化整治对中国河道治理的启示[J]. 中国发展, 2009, 9(3): 15-18.
[123] 郭卫华. 中国百年城市污水处理技术发展简史[D].太原: 山西大学, 2009.
[124] 马健鹏. 城市生活污水处理模式研究[J]. 科技创新导报, 2009(5): 124.
[125] 许卓, 刘剑, 朱光灿. 国外典型水环境综合整治案例分析与启示[J]. 环境科技, 2008, 21(S2): 71-74.
[126] 朱锡培. 上海苏州河综合整治的主要经验[J]. 城市公用事业, 2008(4): 9-12.
[127] 黄迪. 国外著名河流治理模式[J]. 中国水运, 2008(8): 26-27.
[128] 关共凑, 梁聪. 佛山水道汾江河污染情况调查与整治对策[J]. 国土与自然资源研究, 2008(2): 61-62.
[129] 谢丹丹. 筼筜湖治理后水质状况调查及对策初探[J]. 厦门科技, 2008(2): 27-28.
[130] 高晓琴, 姜姜, 张金池. 生态河道研究进展及发展趋势[J]. 南京林业大学学报(自然科学版), 2008(1): 103-106.
[131] 冷红, 袁青. 韩国首尔清溪川复兴改造[J]. 国际城市规划, 2007(4): 43-47.
[132] 尹鸣. 佛山市汾江河污染治理工艺研究[D]. 武汉:华中科技大学, 2007.
[133] 梁祝, 倪晋仁. 农村生活污水处理技术与政策选择[J]. 中国地质大学学报(社会科学版), 2007

(3)：18-22.

[134] 钟建红. 城市河流水环境修复与水质改善技术研究[D]. 西安：西安建筑科技大学，2007.

[135] 冯杰. 城市污水处理工艺综合比选研究[D]. 重庆：重庆大学，2007.

[136] 孙桂琴，董瑞斌，潘乐英，等. 人工湿地污水处理技术及其在我国的应用[J]. 环境科学与技术，2006(S1)：144-146,150.

[137] 孙巍，李真，吴松海，等. 磁分离技术在污水处理中的应用[J]. 磁性材料及器件，2006(4)：6-10,24.

[138] 毛大庆. 环境政策与绿色计划——新加坡环境管理解析[J]. 生态经济，2006(7)：88-91,102.

[139] 刘恒，陈霁巍，胡素萍. 莱茵河水污染事件回顾与启示[J]. 中国水利，2006(7)：55-58.

[140] 张旺，万军. 国际河流重大突发性水污染事故处理——莱茵河、多瑙河水污染事故处理[J]. 水利发展研究，2006(3)：56-58.

[141] 张文艺，翟建平，郑俊，等. 曝气生物滤池污水处理工艺与设计[J]. 环境工程，2006(1)：9-13，2.

[142] 邓柳. 城市污染河流水污染控制技术研究[D]. 昆明：昆明理工大学，2005.

[143] 崔福义，张兵，唐利. 曝气生物滤池技术研究与应用进展[J]. 环境污染治理技术与设备，2005(10)：4-10.

[144] 王道增，林卫青. 苏州河综合调水与水环境治理研究[J]. 力学与实践，2005(5)：1-12.

[145] 王星，王德汉，张玉帅，等. 国内外餐厨垃圾的生物处理及资源化技术进展[J]. 环境卫生工程，2005(2)：25-29.

[146] 汪秀丽. 国外典型河流湖泊水污染治理概述[J]. 水利电力科技，2005(1)：14-23.

[147] 彭亚男. 超声波在水处理中的应用[J]. 化学工程师，2004(11)：27-29.

[148] 喻泽斌，王敦球，张学洪. 城市污水处理技术发展回顾与展望[J]. 广西师范大学学报(自然科学版)，2004(2)：81-87.

[149] 廖振良，徐祖信，高廷耀. 苏州河环境综合整治一期工程水质模型分析[J]. 同济大学学报(自然科学版)，2004(4)：499-502.

[150] 朱勇. 城市污水处理工艺方案的层次分析和工程设计实践[D]. 重庆：重庆大学，2004.

[151] 毛德裕. 筼筜湖恶臭污染的综合治理[A]. 国家环境保护恶臭污染控制重点试验室. 恶臭污染测试与控制技术——全国首届恶臭污染测试与控制技术研讨会论文集[C]. 国家环境保护恶臭污染控制重点试验室：国家环境保护恶臭污染控制重点试验室，2003：3.

[152] 张凯松，周启星，孙铁珩. 城镇生活污水处理技术研究进展[J]. 世界科技研究与发展，2003(5)：5-10.

[153] 唐秀云. 佛山汾江水体恶臭的化学因素特性研究[J]. 佛山科学技术学院学报(自然科学版)，2003(2)：63-66.

[154] 白韬光. 城市污水处理技术及其发展[J]. 机电设备，2003(3)：38-42.

[155] 刘兴平，郝晓美. 城市污水处理工艺及其发展[J]. 水资源保护，2003(1)：25-28,60.

[156] 王同生. 莱茵河的水资源保护和流域治理[J]. 水资源保护，2002(4)：60-62.

[157] 姜彤. 莱茵河流域水环境管理的经验对长江中下游综合治理的启示[J]. 水资源保护，2002(3)：45-50,70.

[158] 张杰，曹相生，孟雪征. 曝气生物滤池的研究进展[J]. 中国给水排水，2002(8)：26-29.

[159] 郝晓地，汪慧贞，钱易，等. 欧洲城市污水处理技术新概念——可持续生物除磷脱氮工艺(下)[J]. 给水排水，2002(7)：5-8.

[160] 崔玉民，范少华. 污水处理中光催化技术的研究现状及其发展趋势[J]. 洛阳工学院学报，2002

(2):85-89.
[161] 徐亚明, 蒋彬. 曝气生物滤池的原理及工艺[J]. 工业水处理, 2002(6):1-5.
[162] 郝晓地, 汪慧贞, 钱易, 等. 欧洲城市污水处理技术新概念——可持续生物除磷脱氮工艺(上)[J]. 给水排水, 2002(6):6-11,1.
[163] 杨永兴. 国际湿地科学研究的主要特点、进展与展望[J]. 地理科学进展, 2002(2):111-120.
[164] 贺捷. 筼筜湖水环境治理情况考察[J]. 厦门科技, 2002(1):20-21.
[165] 王薇, 俞燕, 王世和. 人工湿地污水处理工艺与设计[J]. 城市环境与城市生态, 2001(1):59-62.
[166] 齐兵强, 王占生. 曝气生物滤池在污水处理中的应用[J]. 给水排水, 2000(10):4-8,2.
[167] 谢瑞欣, 李京生, 李刚. 上海市苏州河环境综合整治规划探讨[J]. 城市规划汇刊, 2000(3):52-55,80.
[168] 白晓慧, 王宝贞, 余敏, 等. 人工湿地污水处理技术及其发展应用[J]. 哈尔滨建筑大学学报, 1999(6):88-92.
[169] 高廷耀. 污水处理的新技术与新发展[J]. 上海环境科学, 1999(4):162-164.
[170] 姜礼燔. 英国治理泰晤士河污染的基本经验[J]. 中国渔业经济研究, 1999(2):3-5.
[171] 汤建中, 宋韬, 江心英, 等. 城市河流污染治理的国际经验[J]. 世界地理研究, 1998(2):114-119.
[172] 顾詠康. 上海河道水环境的污染与治理[J]. 上海建设科技, 1998(4):21-23.
[173] 马蔚纯, 陈燕. 运用系统工程方法对苏州河进行综合整治[J]. 上海环境科学, 1998(6):7-8,20.
[174] 陈宗明. 上海苏州河的环境综合整治[J]. 城市发展研究, 1998(3):3-5.
[175] 张敬东, 张家华. 污水处理技术的新发展[J]. 环境技术, 1997(6):30-35.
[176] 陈一申, 吴国豪, 黄解田, 等. 苏州河水环境污染现状分析[J]. 上海环境科学, 1997(1):11-14,26.
[177] 方宇翘, 张国莹, 裘祖楠. 苏州河水的黑臭现象研究[J]. 上海环境科学, 1993(12):21-26,54.
[178] 彭永臻. SBR 法的五大优点[J]. 中国给水排水, 1993(2):29-31.
[179] 鲍强. 中国水污染防治政策目标和技术选择[J]. 环境科学进展, 1993(1):1-24.